Preface 前言

Illustrator是Adobe公司推出的矢量绘图软件，广泛应用于平面设计、广告设计、UI设计、电商美工设计等领域。基于Illustrator在相关领域的应用度之高，我们编写了本书。本书选择了行业中较为实用的21个综合案例，基本涵盖了应用该软件的常见工作项目。

与同类书籍大量介绍软件操作的编写方式相比，本书最大的特点在于其更加侧重以行业常用案例作为核心，以理论分析作为依据，使读者既能掌握案例的制作流程和方法，又能了解行业理论知识和案例设计思路。

本书内容

第1章　标志设计，包括标志设计概述、标志设计实战案例。

第2章　名片设计，包括名片设计概述、名片设计实战案例。

第3章　VI设计，包括VI设计概述、VI设计实战案例。

第4章　海报设计，包括海报设计概述、海报设计实战案例。

第5章　广告设计，包括广告设计概述、商业广告设计实战案例。

第6章　UI设计，包括UI设计概述、UI设计实战案例。

第7章　包装设计，包括包装设计概述、包装设计实战案例。

第8章　书籍设计，包括书籍设计概述、书籍设计实战案例。

第9章　网页设计，包括网页设计概述、网页设计实战案例。

第10章　电商美工设计，包括电商美工设计概述、电商美工设计实战案例。

本书特色

◎ 涵盖行业多。本书涵盖了标志设计、名片设计、VI设计、海报设计、广告设计、UI设计、包装设计、书籍设计、网页设计、电商美工设计10大主流应用行业。

◎ 学习易上手。本书案例虽然为中大型实用案例，但是讲解方式由浅入深，步骤详细，即使零基础的读者，也能轻松学习。

◎ 理论结合应用实践。本书每章都安排了行业的基础理论概述，每个案例都配有“设计思路”“配色方案”“版面构图”等板块，让读者不仅能学会软件操作，还能懂得设计思路，融会贯通，更快提高设计能力。

本书案例中涉及的企业、品牌、产品以及广告语等文字信息均属虚构，只用于辅助教学使用。

本书由淄博职业学院的刘天庆老师编著，共计370千字，其他参与本书内容编写和整理工作的人员还有杨力、王萍、李芳、孙晓军、杨宗香等。

本书提供了案例的素材文件、效果文件以及视频文件，扫一扫右侧的二维码，推送到自己的邮箱后下载获取。

由于作者水平有限，书中难免存在疏漏和不妥之处，敬请广大读者批评和指正。

编　者

中文版

Illustrator 矢量图形设计实战案例解析

刘天庆 —————— 编著

清華大學出版社
北 京

内 容 简 介

本书全面、系统地剖析了Illustrator软件在热门行业中的实际应用，注重实践与理论相结合。全书共设置21个精美实用案例，每个案例的讲解均以“设计思路”+“配色方案”+“版面构图”+“技术要点”+“操作步骤”的方式组织，可以方便零基础的读者由浅入深地学习，从而循序渐进地提升操作Illustrator软件的技能及设计能力。

本书共分为10章，以热门行业进行章节划分，内容分别为标志设计、名片设计、VI设计、海报设计、广告设计、UI设计、包装设计、书籍设计、网页设计、电商美工设计。

本书不仅适合作为平面设计、广告设计、电商设计专业人员的参考书籍，也可以作为大中专院校相关专业和相关培训机构的教材，还可以供设计爱好者学习使用。

图书在版编目(CIP)数据

中文版Illustrator矢量图形设计实战案例解析 / 刘天庆编著 . —北京：清华大学出版社，2023.7（2024. 2重印）

ISBN 978-7-302-64101-8

Ⅰ. ①中… Ⅱ. ①刘… Ⅲ. ①图形软件 Ⅳ. ① TP391.412

中国国家版本馆CIP数据核字(2023)第131194号

责任编辑：韩宜波
封面设计：杨玉兰
版式设计：方加青
责任校对：翟维维
责任印制：丛怀宇

出版发行：清华大学出版社
网　　址：https://www.tup.com.cn, https://www.wqxuetang.com
地　　址：北京清华大学学研大厦A座　**邮　　编：**100084
社 总 机：010-83470000　**邮　　购：**010-62786544
投稿与读者服务：010-62776969，c-service@tup.tsinghua.edu.cn
质 量 反 馈：010-62772015，zhiliang@tup.tsinghua.edu.cn
印 装 者：三河市君旺印务有限公司
经　　销：全国新华书店
开　　本：185mm×260mm　**印　　张：**14.5　**字　　数：**371千字
版　　次：2023年8月第1版　**印　　次：**2024年2月第2次印刷
定　　价：79.80元

产品编号：093166-01

Contents
目录

第4章 海报设计

第5章 广告设计

第6章 UI设计

第7章 包装设计

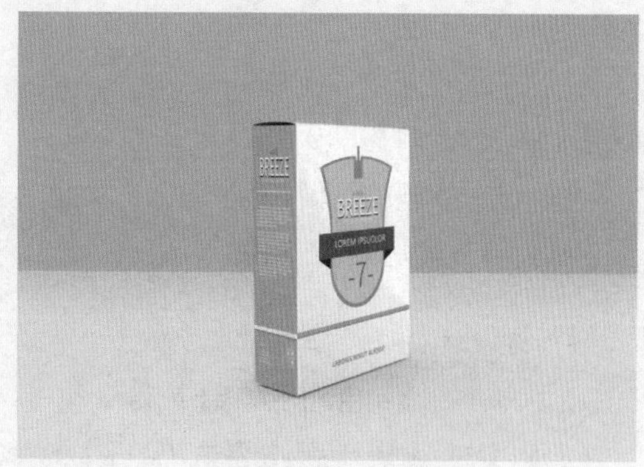

第8章 书籍设计

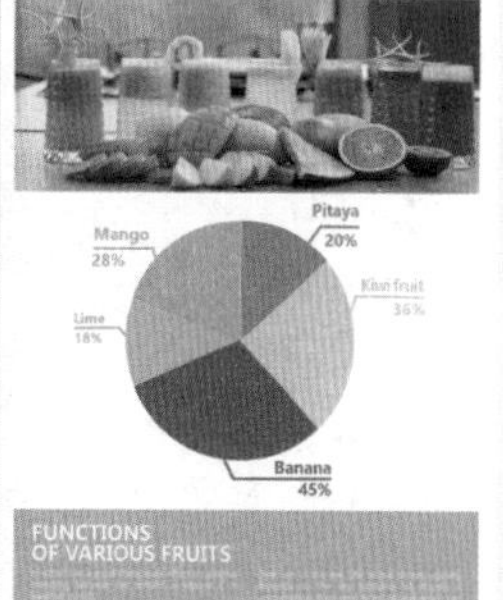

第9章 网页设计

第10章 电商美工设计

第1章

标志设计

本章概述

标志是体现品牌形象的标记与符号，因此在标志设计之初就必须了解并依据相应的设计规则和要求进行设计，才能设计出符合产品本身特性、符合市场需求、符合大众审美的标志。本章主要从认识标志、标志的构成、标志的表现形式等方面来学习标志设计。

1.1 标志设计概述

1.1.1 认识标志

标志设计是以区别于其他对象为前提，突出事物特征属性的一种标记与符号，是一种视觉语言符号。它以传达某种信息，凸显某种特定内涵为目的，以图形或文字等方式呈现。

在原始社会中，每个氏族或部落都有其特殊的记号（即称之为图腾），一般选用一种认为与本氏族有某种神秘关系的动物或自然物象，这是标志最早产生的形式。无论是国内还是国外，标志最初都是采用生活中的各种图形的形式。可以说，它是商标标识的萌芽。如今标志的形式多种多样，不再仅仅局限于生活中的图形，更多的是以所要传达的综合信息为目的，成为企业的"代言人"，如图1-1所示。

图1-1

标志既是消费者与产品之间沟通的桥梁，也是人与企业之间形成的对话。在当今社会，标志设计俨然成为了一种"身份的象征"。穿越大街小巷，各种标志映入眼帘，即使是一家小小的店铺也会有属于它自己的标志，如图1-2所示。

图1-2

标志就是一张融合了对象所要表达内容的标签，是企业品牌形象的代表。其将所要传达的内容以精练而独到的形象呈现在大众眼中，成为一种记号而吸引观者的眼球。标志在现代社会中具有不可替代的地位，其功能主要体现在以下几点。

（1）**向导功能：**为观者起到一定的导向作用，同时确立并扩大了商品或企业的影响。

（2）区分功能：它可以用来区分不同的产品和品牌，并为拥有该产品的企业创造一定的品牌价值。

（3）保护功能：为消费者提供了质量保证，为企业提供了品牌保护的功能。

1.1.2 标志的构成

从标志的构成方式来看，大体可分为3种，即以文字为主的标志（文字型标志）、以图形为主的标志（图形标志）以及图文结合的标志。

文字型标志中汉字、字母及数字较为常见。主要是通过对文字的加工处理进行设计，根据不同的象征意义，进行有意识的文字设计，如图1-3所示。

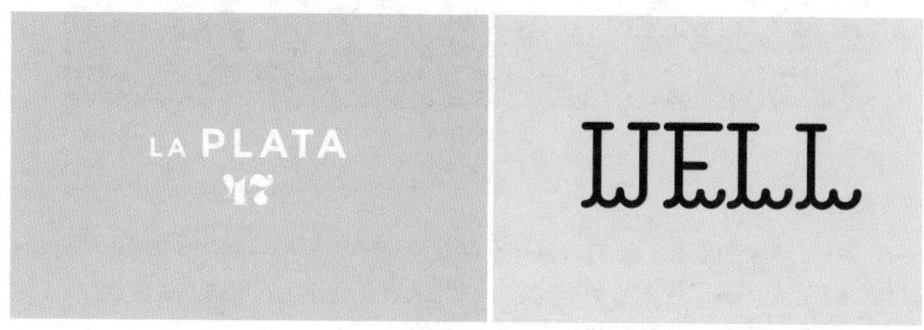

图1-3

图形标志是以图形为主，可分为具象型图形和抽象型图形。图形标志相较于文字标志更加清晰明了，易于理解，如图1-4所示。

图1-4

图文结合的标志是以图形加文字的形式进行设计的。其表现形式更为多样，效果也更为丰富饱满，应用的范围更为广泛，如图1-5所示。

图1-5

1.1.3 标志的表现形式

1. 具象形式的标志

具象形式的标志是对客观存在的物象进行模仿性的表达，特征鲜明、生动，但又不失原有的象征意义。其素材有自然物、人物、动物、植物、器物、建筑物及景观造型等，如图1-6所示。

图1-6

2. 抽象形式的标志

抽象形式的标志是将几何图形或符号进行有创意的编排与设计。利用抽象图形的自然属性所带给观者的视觉感受而赋予其一定的内涵与寓意，以此来表现设计主题所蕴含的深意。常用的图形元素有三角形、圆形、多边形等，如图1-7所示。

图1-7

3. 文字形式的标志

文字形式的标志是指将汉字、拉丁字母、数字等文字作为设计母体进行创意表达的标志形式。文字本身就具有意、形等多种属性，文字形式的标志是利用文字和标志形象组合的表现形式。其既有直观意义又有引申和暗含意义，依设计主体而异，如图1-8所示。

图1-8

1.2 标志设计实战

1.2.1 实例：纺织企业标志

设计思路

案例类型：

本案例为纺织企业的标志设计项目，如图1-9所示。

图1-9

项目诉求：

企业标志是企业品牌形象的重要组成部分，要求通过设计一个有表现力的标志来传递企业的品牌理念和价值观。

设计定位：

该企业属于纺织行业，因此标志的设计需要突出行业特色，同时展现企业在行业中的地位和竞争优势。本项目的标志选取企业名称的首字母并结合纹理制作进行设计。字母A作为第一个字母，代表企业争做行业“龙头”的决心。同时，同心圆的线条也能够使人联想到纺织品纹理，从而能更好地展现企业的特色。

配色方案

标志采用无彩色的配色方案，有规律的黑色线条能够让人联想到纺织品的纹理，在白色底的衬托下，密集的纹理也不会显得凌乱，如图1-10所示。

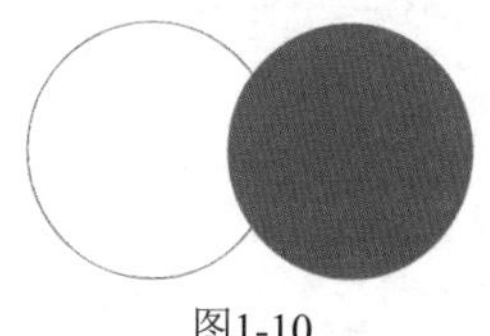

图1-10

版面构图

为了表现品牌的经典和稳重特点，该标志采用了文字和图形相结合的设计风格。标志中使用了品牌名称的首字母作为基础图形，并通过重复和叠加的方式组成了一个独特的图案。整体设计风格给人留下一种庄重而典雅的感觉。

本案例制作流程如图1-11所示。

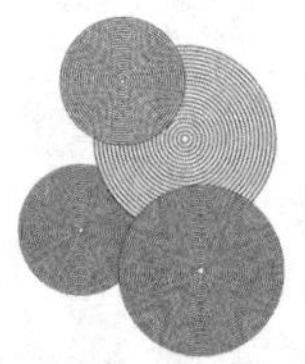

图1-11

技术要点

- 使用“直接选择工具”删除字母A的部分锚点。
- 使用“混合工具”制作出由正圆组成的纹理图案。
- 使用“剪切蒙版”将图案剪切至字母A中。

操作步骤

1 执行“文件>新建”命令或使用Ctrl+N组合键，在打开的“新建文档”对话框中单击“打印”按钮，在“空白文档预设”列表框中选择A4选项，在右侧设置“方向”为横向，单击“创建”按钮，如图1-12所示。

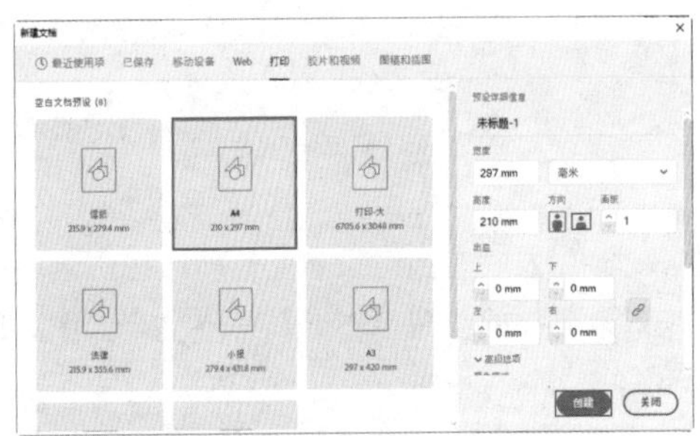

图1-12

2 执行操作后的效果如图1-13所示。

图1-13

3 选择工具箱中的“矩形工具”，在控制栏中单击“填充”按钮，在弹出的下拉面板中单击白色色块，如图1-14所示。

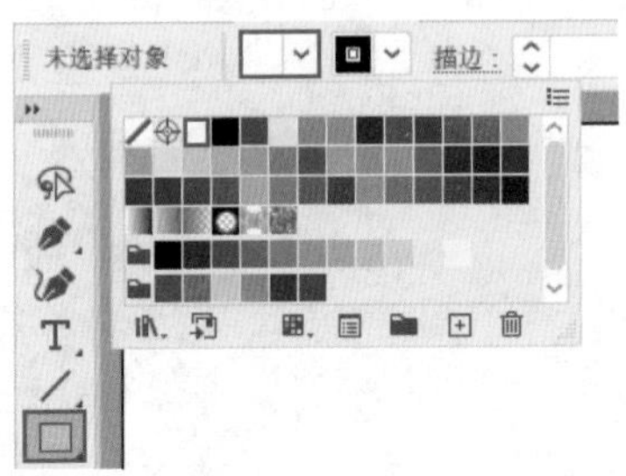

图1-14

4 单击右侧的“描边”按钮，在弹出的下拉面板中单击“无”，如图1-15所示。

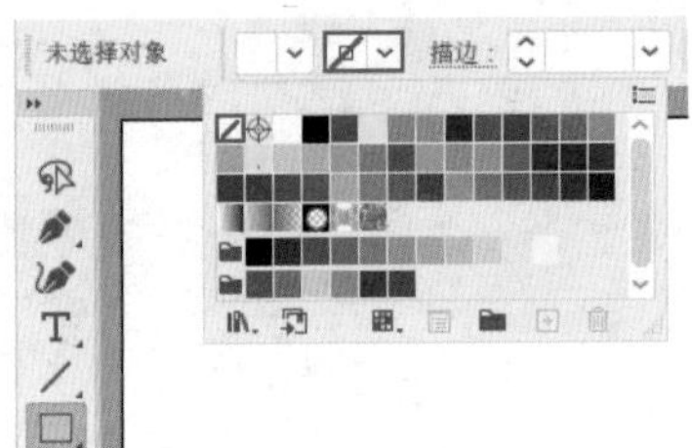

图1-15

5 在画面中按住鼠标左键由画板的左上角向右下角拖动，绘制一个与画板等大的矩形，如图1-16所示。

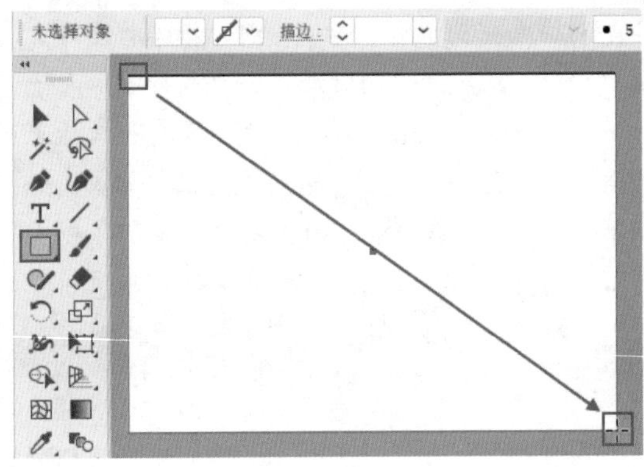

图1-16

❻ 选择工具箱中的“文字工具”，将光标移动至画面中的合适位置并单击，如图1-17所示。

图1-17

❼ 此时画面中出现一行占位符，按Delete键删除占位符，如图1-18所示。

图1-18

❽ 此时画面中出现闪烁的光标，如图 1-19 所示。

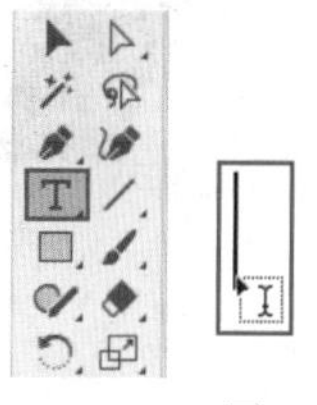
图1-19

❾ 在光标位置输入文字，按Ctrl+Enter组合键提交操作，如图1-20所示。

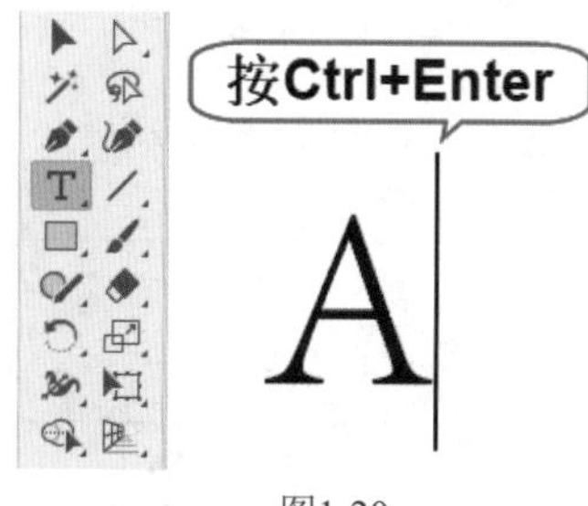

图1-20

❿ 选中文字，在控制栏中设置合适的字体与字号，如图1-21所示。

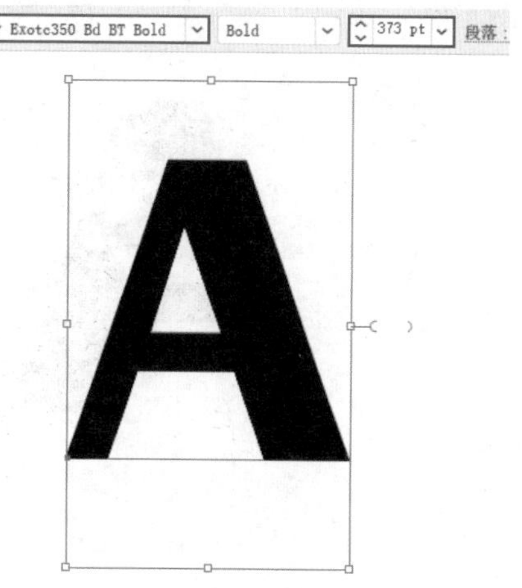
图1-21

⓫ 在选中文字上单击鼠标右键，在弹出的快捷菜单中选择“创建轮廓”命令，将文字轮廓化，使其变为图形，如图1-22所示。

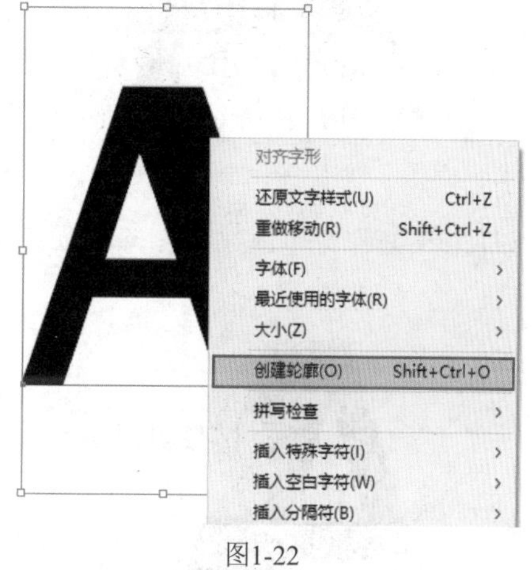

图1-22

⓬ 单击画面空白位置，取消对文字的选择，如图1-23所示。

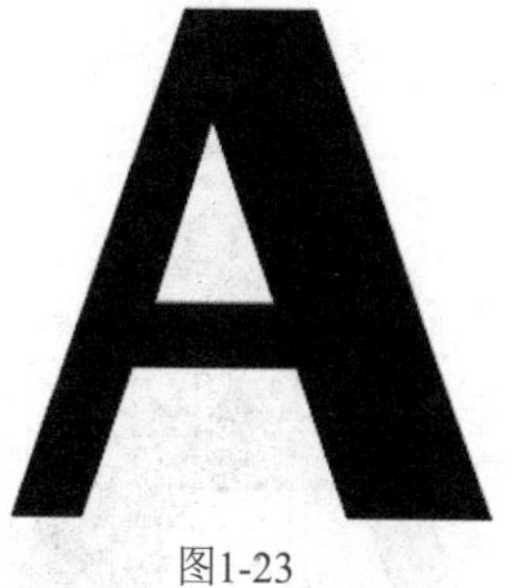
图1-23

⓭ 选择工具箱中的“直接选择工具”，将光标

移至字母A内部的三角形上并单击，选中锚点，如图1-24所示。

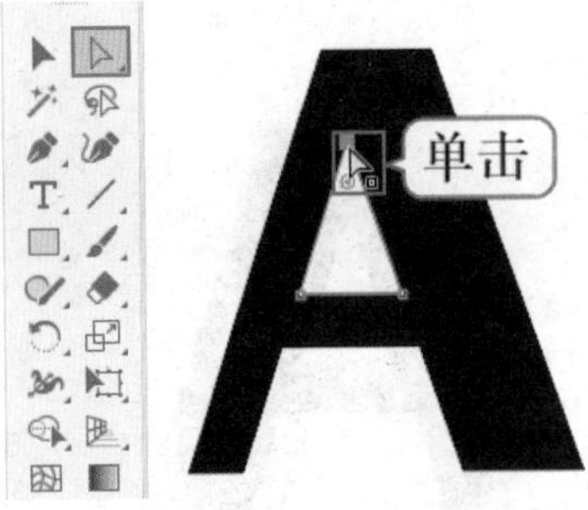

图1-24

⑭ 按住Shift键单击另外两个锚点将其选中，如图1-25所示。

图1-25

⑮ 按Delete键将选中的锚点删除，如图 1-26 所示。

图1-26

⑯ 删除锚点后的效果如图1-27所示。

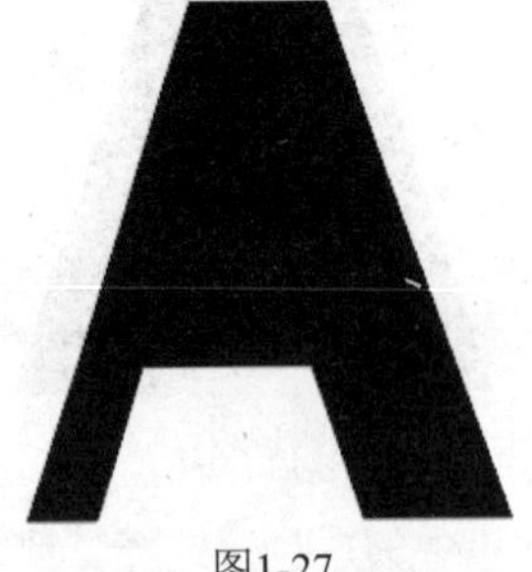

图1-27

⑰ 选择工具箱中的“椭圆工具”，在控制栏中设置“填充”为白色，“描边”为黑色，描边“粗细”为1pt，在画面中按住Shift键的同时按住鼠标左键拖动绘制一个正圆，如图1-28所示。

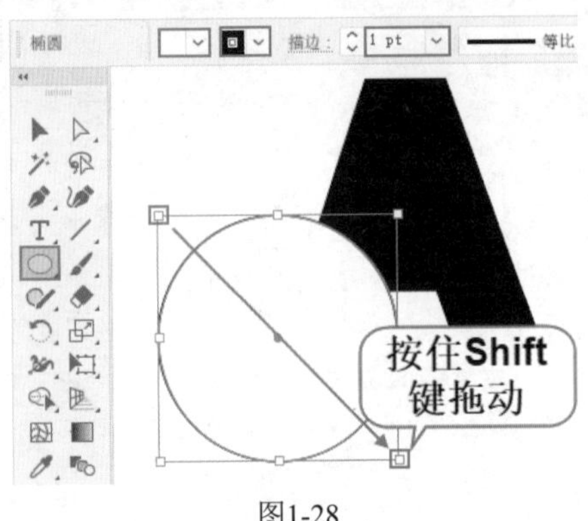

图1-28

⑱ 选中该正圆，按Ctrl+C组合键进行复制，按Ctrl+F组合键将其贴在大圆的前面，接着按Shift+Alt组合键拖动控制点，将其进行中心等比例缩放。此时大圆的内部出现另外一个小圆。画面效果如图1-29所示。

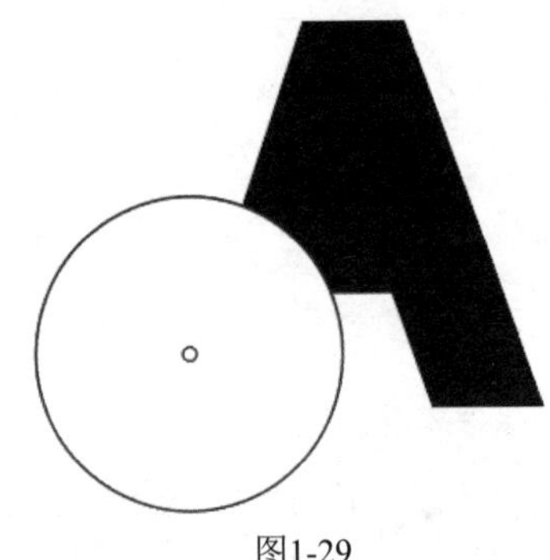

图1-29

⑲ 双击工具箱中的“混合工具”按钮，在弹出的“混合选项”对话框中设置“间距”为“指定的步数”，“步数”为25，“取向”为对齐页面，单击“确定”按钮，如图1-30所示。

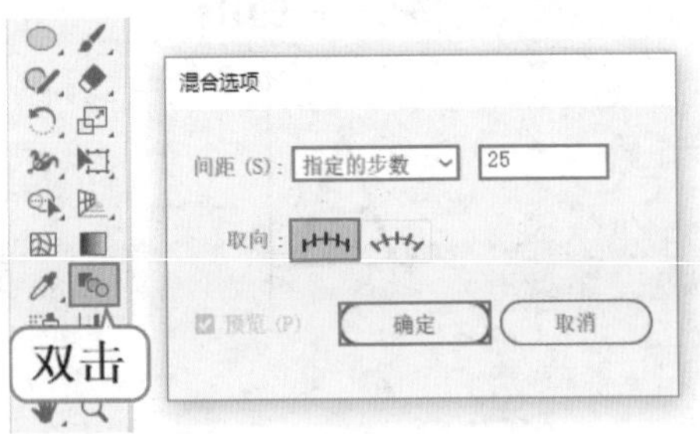

图1-30

⑳ 将光标移至最外侧的正圆上并单击，如图1-31所示。

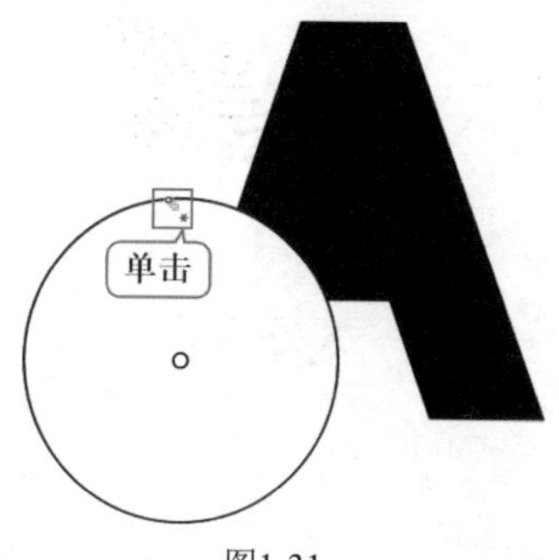

图1-31

㉑ 再次移动光标至最小的正圆上，当光标变为形状时单击，如图1-32所示。

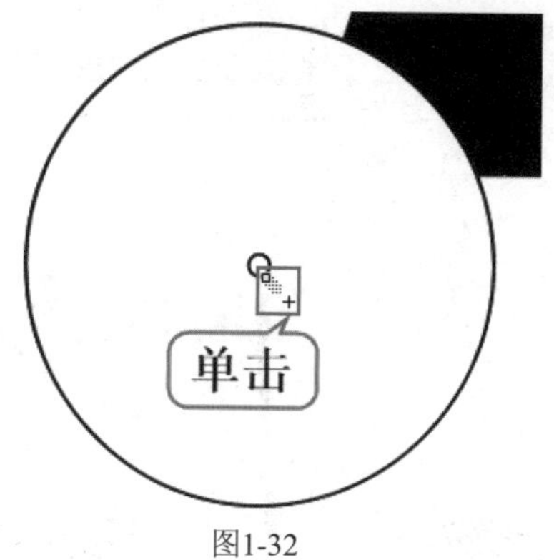

图1-32

㉒ 执行上述操作后产生的纹理效果如图 1-33所示。

图1-33

㉓ 选择工具箱中的“椭圆工具”，在控制栏中设置“填充”为白色，“描边”为黑色，描边“粗细”为1pt，在画面中按住Shift键的同时按住鼠标左键拖动绘制一个正圆，如图1-34所示。

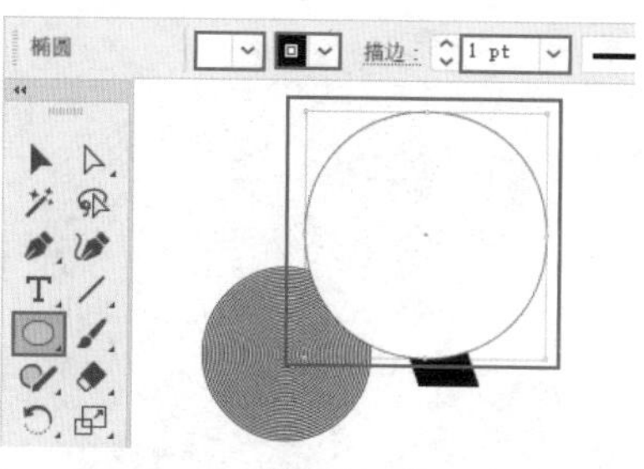

图1-34

㉔ 选中该正圆，按Ctrl+C组合键进行复制，按Ctrl+F组合键将其贴在纹理正圆的前面，接着按Shift+Alt组合键拖动控制点，将其进行中心等比例缩放，如图1-35所示。

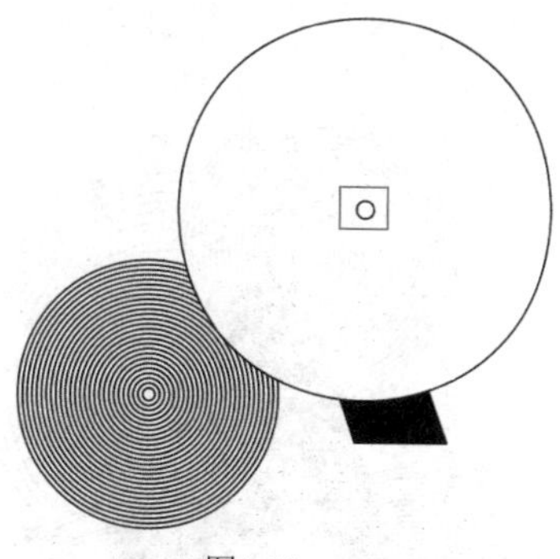

图1-35

㉕ 选中两个正圆，执行“对象>混合>建立”命令，此时可以看到两个正圆之间出现了一组连续的图形，如图1-36所示。

图1-36

㉖ 使用同样的方法制作其他的混合图形，完成纹理图案的制作。此时可以加选同心圆图形使用Ctrl+G组合键进行编组，如图1-37所示。

㉗ 选中编组后的同心圆图形，执行“对象>排列>向后一层”命令，使图形A移动到画面最上面，如图1-38所示。

图1-37

图1-38

28 选择全部同心圆图案和字母图形，执行“对象>剪切蒙版>建立”命令，或者使用Ctrl+7组合键建立剪切蒙版，将图案剪切至文字中，如图1-39所示。

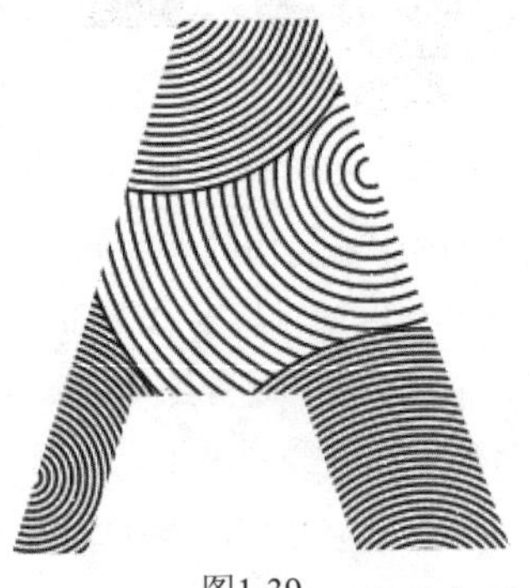

图1-39

29 选择工具箱中的“文字工具”，在字母A的下方输入文字，如图1-40所示。

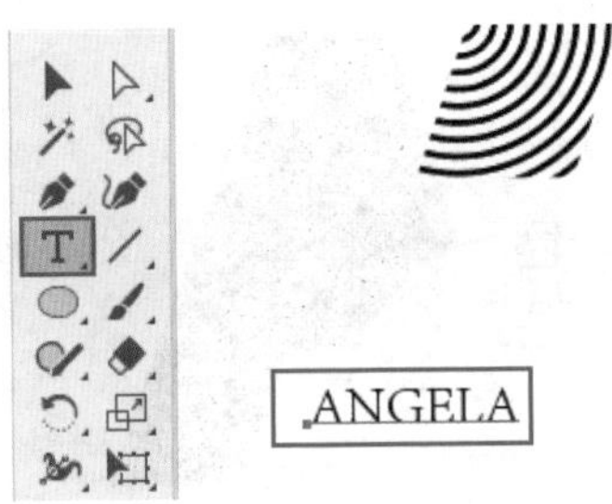

图1-40

30 选中该文字，执行“窗口>文字>字符”命令，在打开的“字符”面板中设置合适的字体、字号，设置“字间距”为800，如图1-41所示。

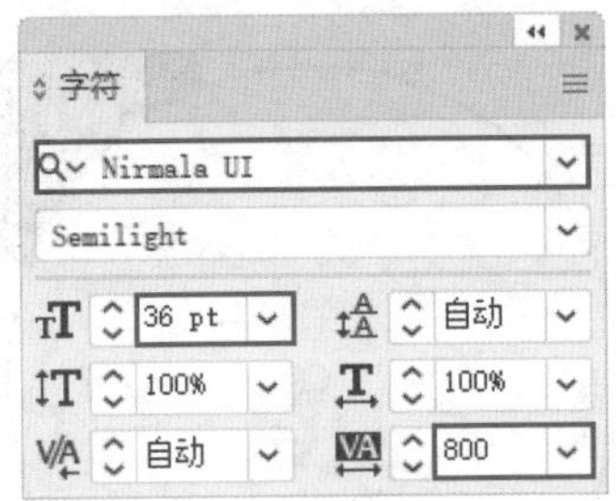

图1-41

31 此时文字效果如图1-42所示。

图1-42

32 至此，本案例制作完成，效果如图1-43所示。

图1-43

1.2.2 实例：图形化中式标志

设计思路

案例类型：

本案例为高端楼盘的标志设计项目，如图1-44所示。

图1-44

项目诉求：

该楼盘所处环境依山傍水，因此取名为“见南山”，旨在突出楼盘与自然环境融为一体的清幽感受。楼盘的整体建筑风格也以古朴典雅为主，意图还原古代文人雅士隐居山林、烹茶抚琴的意境。标志设计要求与楼盘的格调相契合，展现清幽、安静、舒适之感。

设计定位：

该楼盘的定位是新中式风格，因此在标志的设计中选择了古典中式元素。标志中山水的结合充分体现了山水意境之美，同时也能够向消费者暗示地产项目的定位与居住环境。

配色方案

标志的色彩来自于自然山水，主色调是绿色，但图形并不是纯绿色，而是采用了绿色系的渐变色，这样使图形看起来更加丰富、饱满。前面的山峰填充了深绿色的渐变，而后方的山峰填充了浅绿色的渐变，这样形成了“近实远虚”的层次感。以水面图形的青蓝色作为辅助色，青蓝色给人清新的感觉，青蓝色的渐变模拟波光粼粼的水面，使人感到舒适。以来自于暖阳的黄色作为点缀色，暖色调的黄色与冷色调的青蓝色形成对比色，让标志多了几分生气、活力之感，如图 1-45所示。

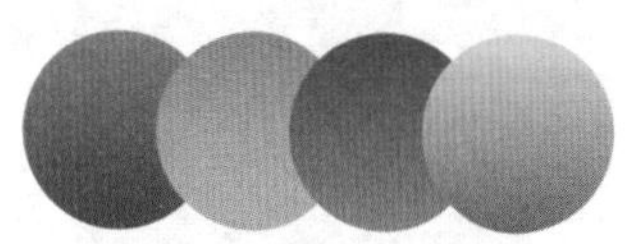

图1-45

版面构图

标志采用了三角形的构图，给人以沉稳、安定之感。横向铺展的图形位于底部，稳定构图。书法体的文字位于顶部偏右的位置，字号大，颜色深，比较醒目，如图1-46 所示。

图1-46

本案例制作流程如图1-47所示。

图1-47

技术要点

- 使用“钢笔工具”绘制标志的图形。
- 使用“渐变工具”为图形赋予绚丽丰富的渐变色。
- 使用不同的文字工具创建文字。

操作步骤

1. 制作标志的图形部分

1 执行“文件>新建”命令或使用Ctrl+N组合键，在打开的“新建文档”对话框中单击“打印”按钮，在“空白文档预设”列表框中选择A4选项，在右侧设置“方向”为横向，单击“创建”按钮，如图1-48所示。

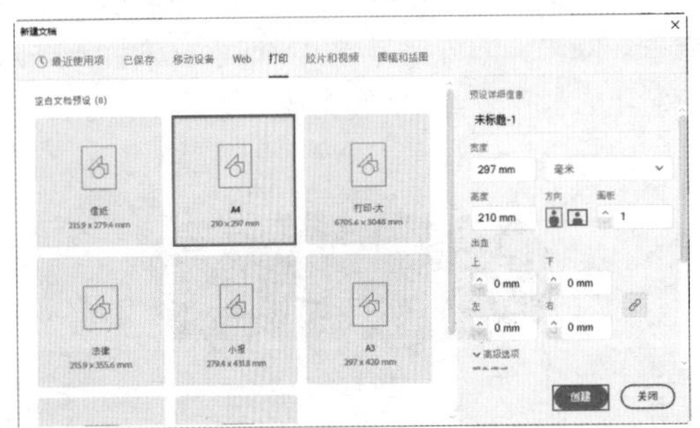

图1-48

2 选择工具箱中的“钢笔工具”，在控制栏中设置“填充”为无，“描边”为黑色，描边“粗细”为1pt，在画面中单击确定路径的起点，如图 1-49所示。

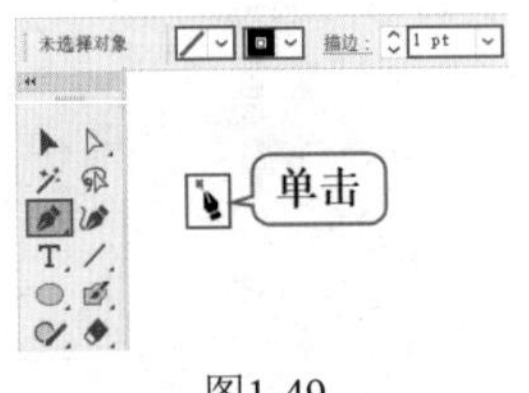

图1-49

3 将光标移到合适的位置并单击，添加锚点，此时可以看到两个锚点之间连接成了一条直线，如图1-50所示。

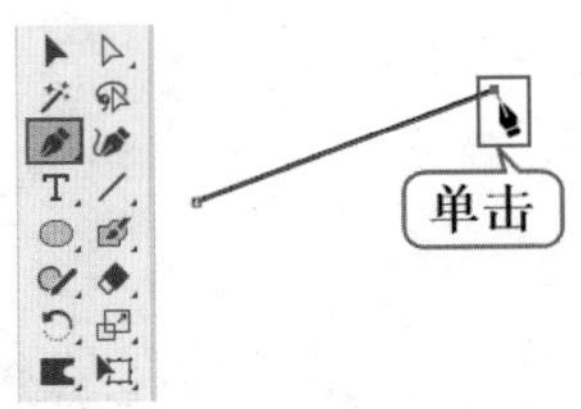

图1-50

4 继续使用同样的方法移动光标，并在画面中的合适位置上单击，添加其他的锚点，如图1-51所示。

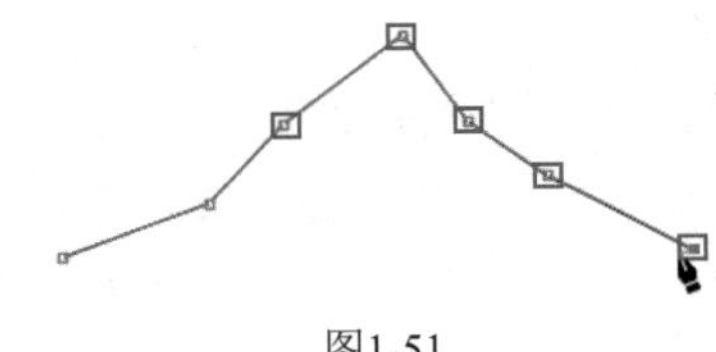

图1-51

5 将光标移至起点位置，当光标变为形状时单击，如图1-52所示。

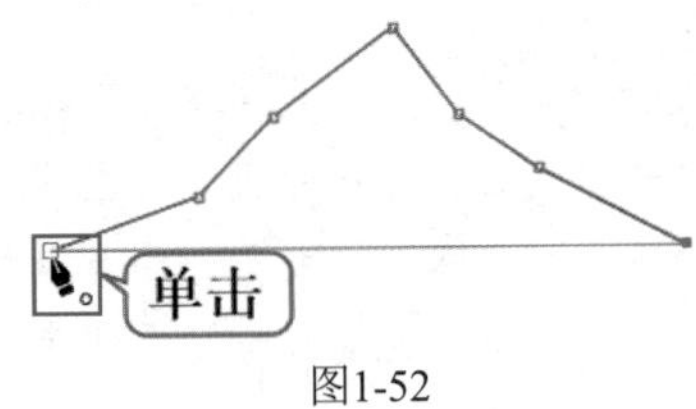

图1-52

6 即可闭合路径，得到一个封闭的山的轮廓图形，如图1-53所示。

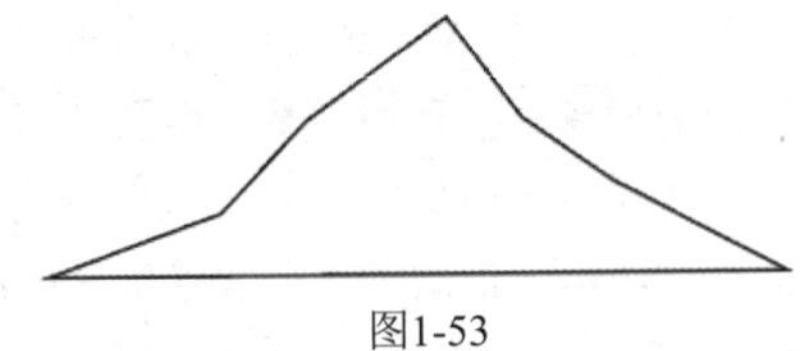

图1-53

7 选择工具箱中的“直接选择工具”，单击选中最上方的锚点，再单击控制栏中的“平滑锚点”按钮，如图1-54所示。

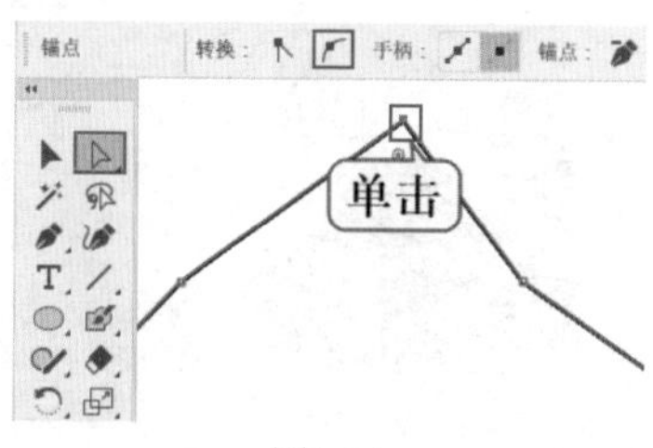

图1-54

8 将光标移至一侧的控制柄上，按住Alt键的同时按住鼠标左键拖动，控制路径的弧度，至合适弧度时释放鼠标，如图1-55所示。

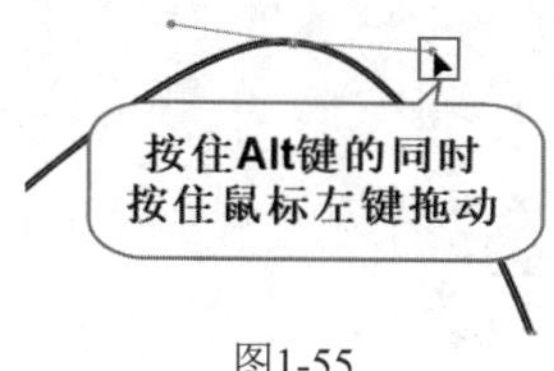

图1-55

9 将光标移至另一侧的控制柄上，按住Alt键的同时按住鼠标左键拖动，调整路径的弧度，如图1-56所示。

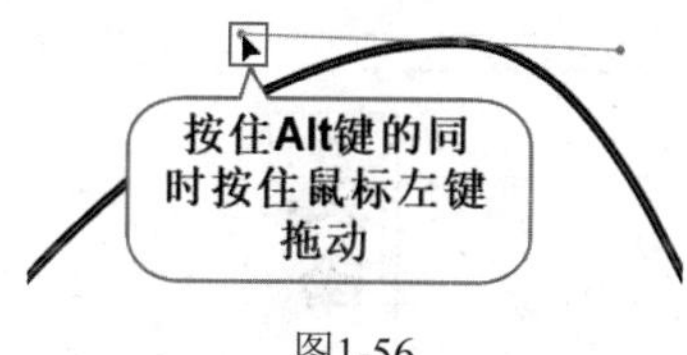

图1-56

10 使用同样的方法调整其他锚点，改变图形的形态，如图1-57所示。

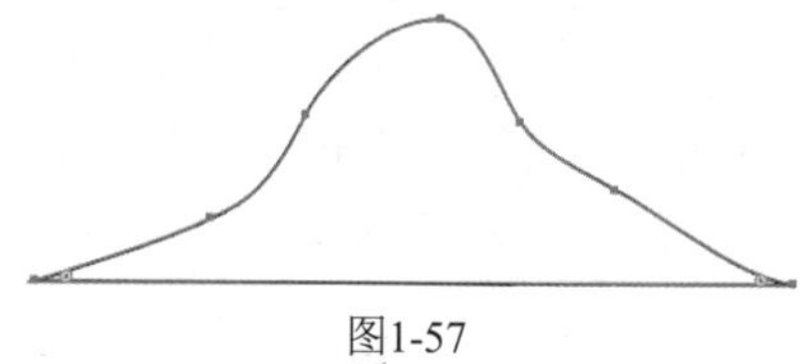

图1-57

11 选中该图形，双击工具箱中的“渐变工具”按钮，在弹出的“渐变”面板中设置“类型”为线性渐变，“角度”为-90°，然后双击左侧的色标，在弹出的面板中单击菜单按钮，在下拉列表中选择RGB选项，设置颜色，如图1-58所示。

12 双击右侧的色标，在弹出的面板中设置颜色，如图1-59所示。

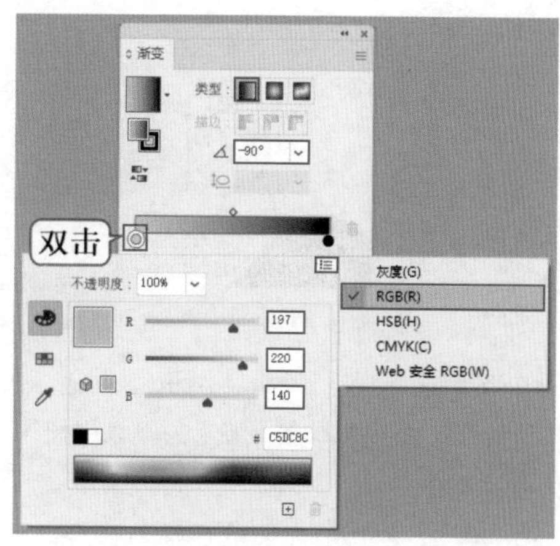

图1-58

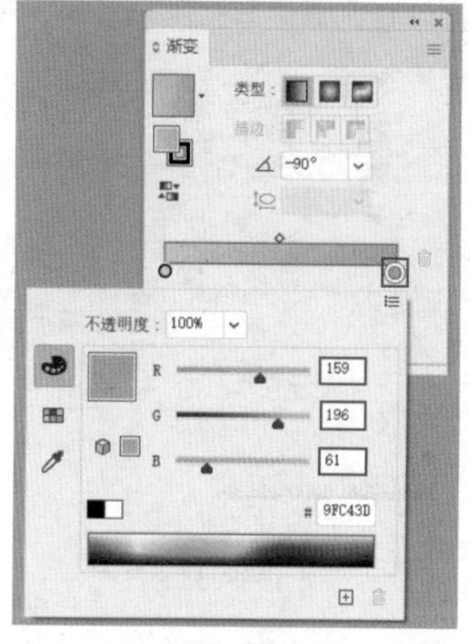

图1-59

13 选中该图形，在控制栏中设置“描边”为无，如图1-60所示。

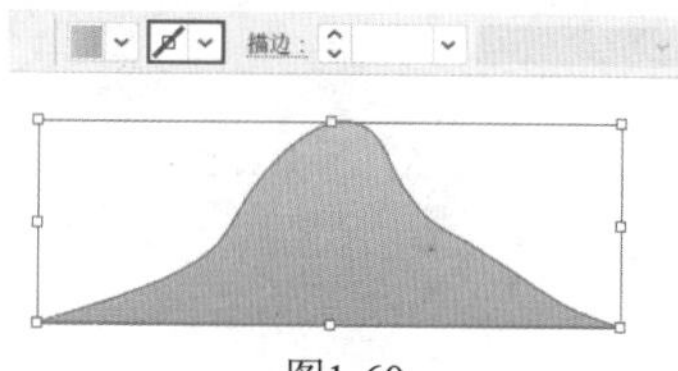

图1-60

14 使用同样的方法绘制出另一座山与下方的水，如图1-61所示。

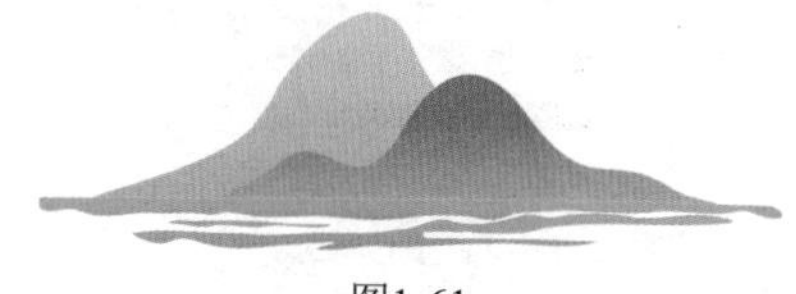

图1-61

⑮ 选择工具箱中的“椭圆工具”，将光标移至山的右上角，按住Shift键的同时按住鼠标左键拖动绘制一个正圆，如图1-62所示。

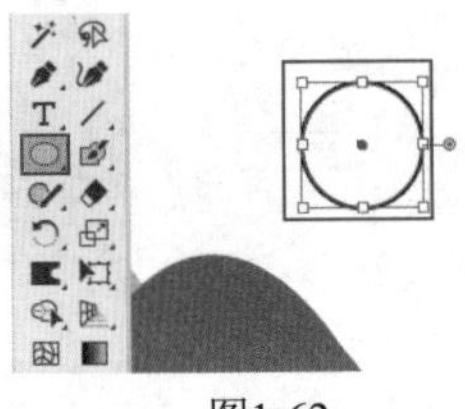

图1-62

⑯ 选中该正圆，执行“窗口>渐变”命令，在打开的“渐变”面板中单击渐变色块，为图形赋予渐变色，然后设置“类型”为线性渐变，“角度”为-90°，双击最左侧的色标，在弹出的面板中单击菜单按钮，在下拉列表中选择RGB选项，设置颜色，如图1-63所示。

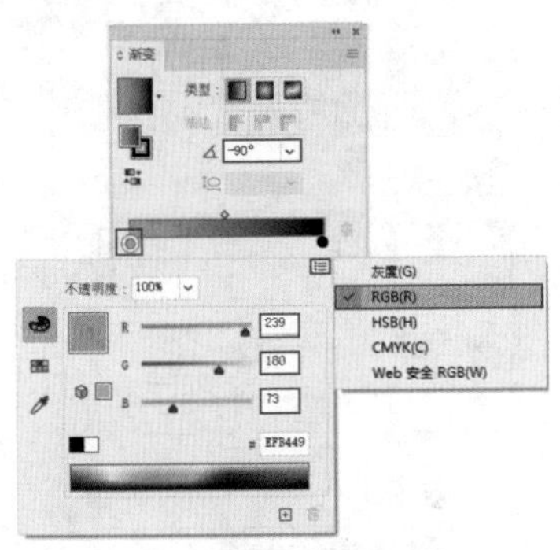

图1-63

⑰ 双击最右侧的色标，在弹出的面板中单击菜单按钮，在下拉列表中选择RGB选项，设置颜色，使用同样的方法设置另外一个色标的颜色，如图1-64所示。

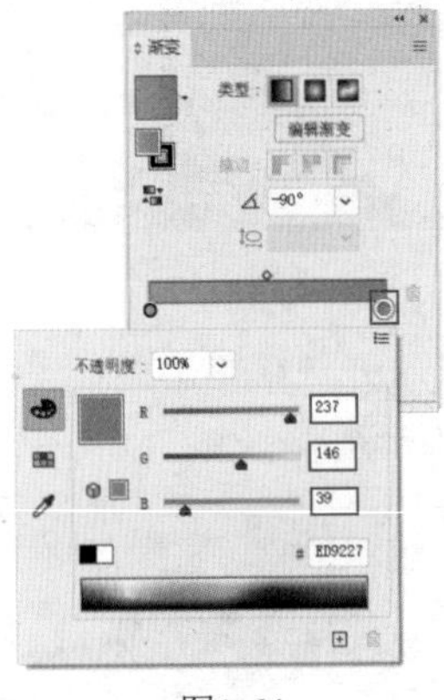

图1-64

⑱ 在控制栏中设置“描边”为无，如图1-65所示。

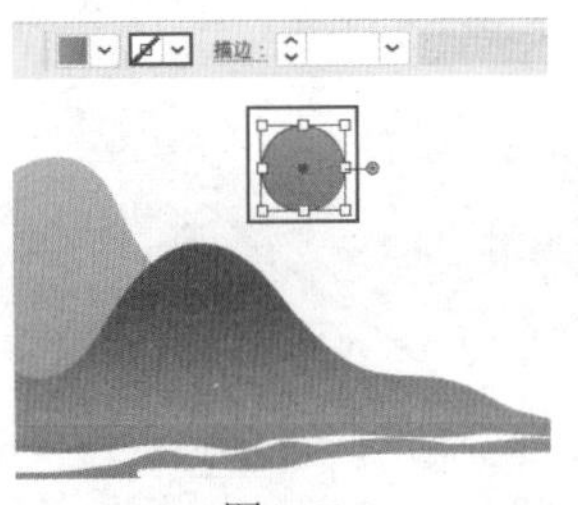

图1-65

2. 制作标志的文字部分

❶ 选择工具箱中的“直排文字工具”，在山的上方单击，删除占位符输入文字，按Ctrl+Enter组合键提交操作，如图1-66所示。

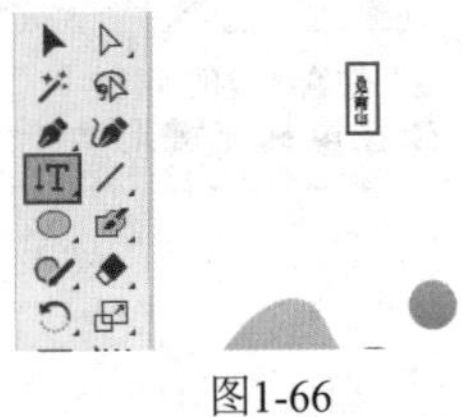

图1-66

❷ 选中该文字，在控制栏中设置合适的字体、字号，如图1-67所示。

图1-67

❸ 继续使用“直排文字工具”在该文字的右侧输入一行直排小文字，如图1-68所示。

图1-68

4 选择工具箱中的“文字工具”，在空白位置上输入一行横排文字，如图1-69所示。

图1-69

5 选中该文字，按住Shift键的同时按住鼠标左键拖动控制点将其旋转90°，然后将其摆放在直排小文字的左侧，如图1-70所示。

图1-70

6 本案例制作完成，效果如图1-71所示。

图1-71

1.2.3 实例：照明设备企业标志

设计思路

案例类型：

本案例为照明设备企业的标志设计项目，如图1-72所示。

图1-72

项目诉求：

这是一家智能照明系统的企业标志设计，该企业主打“健康照明”的理念，致力于研发美观、舒适、智能和健康的灯光系统。标志设计要求符合企业的主打产品定位与发展理念，准确地传达企业的核心价值观和产品的独特特点。

设计定位：

基于该企业主打健康照明的理念，设计的标志需要传达出舒适、智能和健康的感觉。可以使用太阳、光线等与照明有关的元素作为标志的图形，同时还可以加入一些弧线元素，体现流畅、舒适的特点。

配色方案

该案例采用冷暖对比的配色方案，以蓝色搭配橘黄色。蓝色属于冷色调，与企业科技、理性的特质相契合，黄色则为暖色调，象征光明，给人一种温暖、柔和的视觉印象，如图1-73所示。

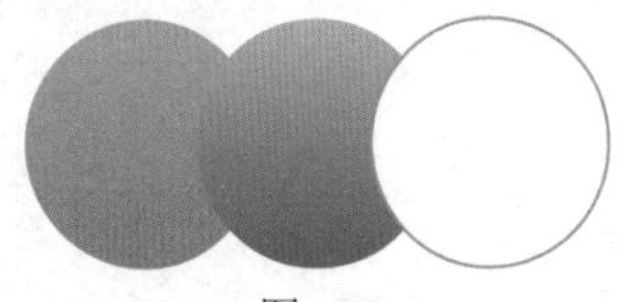

图1-73

版面构图

标志采用象征的手法，将太阳和手图形化，暖黄色的半圆象征冉冉升起的朝阳。将“手”的形态抽象为平滑的图形，搭配蓝色，象征着科技之手。两者组合在一起，形成用科技之手托起光明的寓意，如图1-74所示。

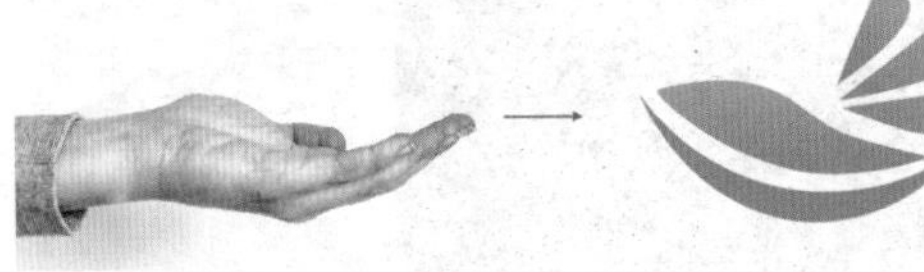

图1-74

本案例制作流程如图1-75所示。

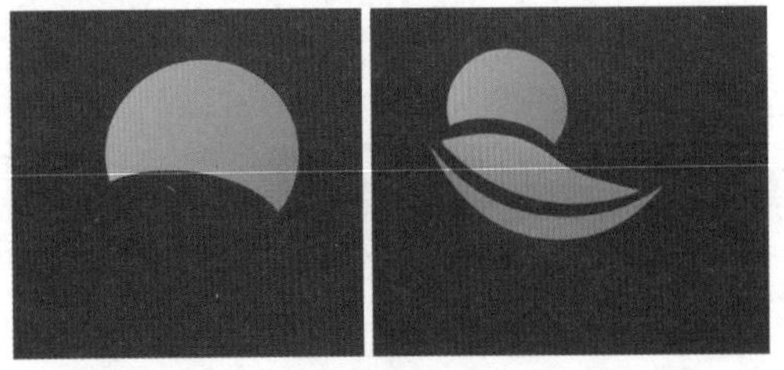

图1-75

图1-75（续）

技术要点

- 使用“路径查找器”制作出由两个椭圆形组成的新图形。
- 使用“钢笔工具”绘制不规则图形。
- 使用“阴影”命令为标志图形与标志文字添加阴影。

操作步骤

1. 制作标志的图形部分

1 新建A4尺寸的横向文档。选择工具箱中的“矩形工具”，在控制栏中设置“填充”为黑色，“描边”为无，在画面中按住鼠标左键拖动绘制一个与画板等大的矩形，如图1-76所示。

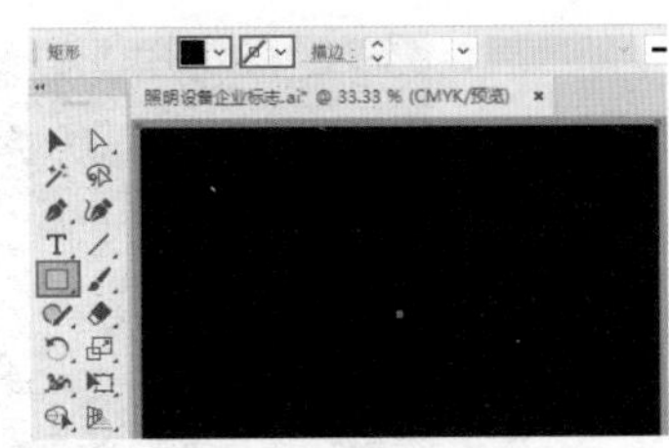

图1-76

2 选中该矩形，双击工具箱中的“渐变工具”按钮，打开“渐变”面板。在打开的“渐变”面板中设置“类型”为径向渐变，然后编辑一个灰色系的渐变颜色，如图1-77所示。

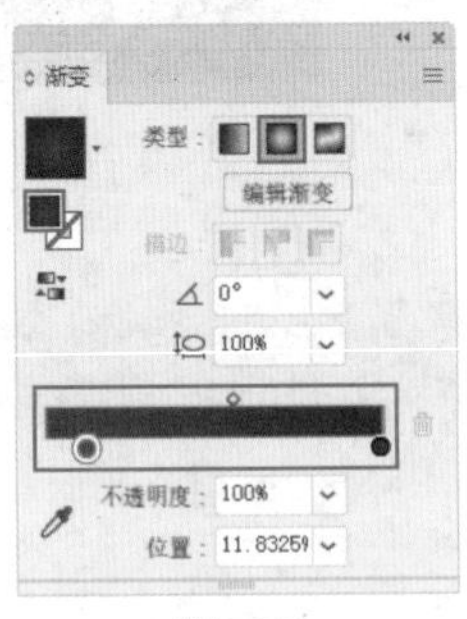

图1-77

3 使用“渐变工具”在矩形上方按住鼠标左键拖动调整渐变效果，如图1-78所示。

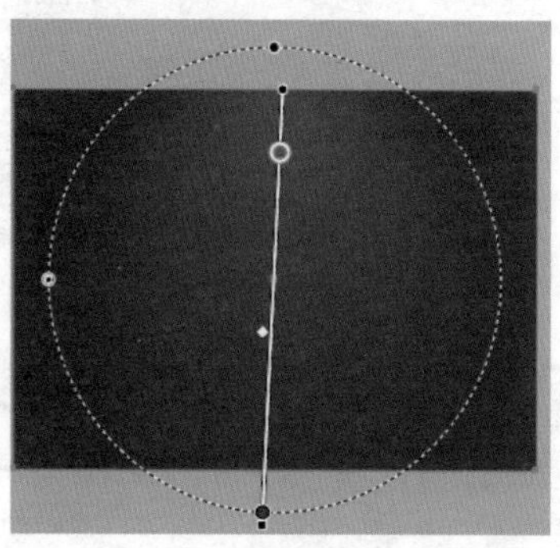
图1-78

4 选择工具箱中的“椭圆工具”，在控制栏中设置“填充”为无，“描边”为白色，在画面中间位置按住鼠标左键拖动绘制一个椭圆，如图1-79所示。

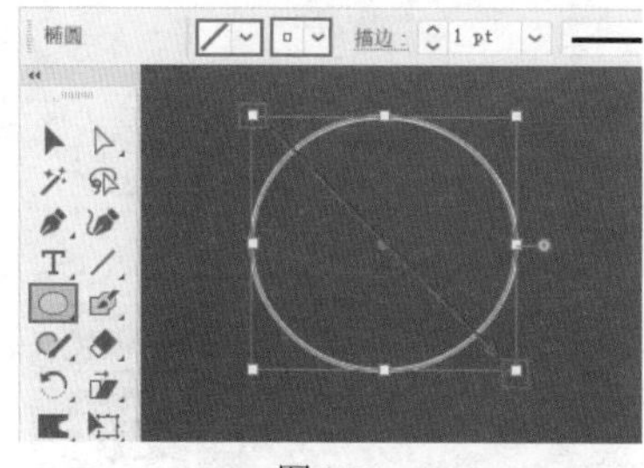

图1-79

5 使用同样的方法在其上绘制一个稍小的椭圆，并按住鼠标左键拖动控制点将其旋转至合适角度，如图1-80所示。

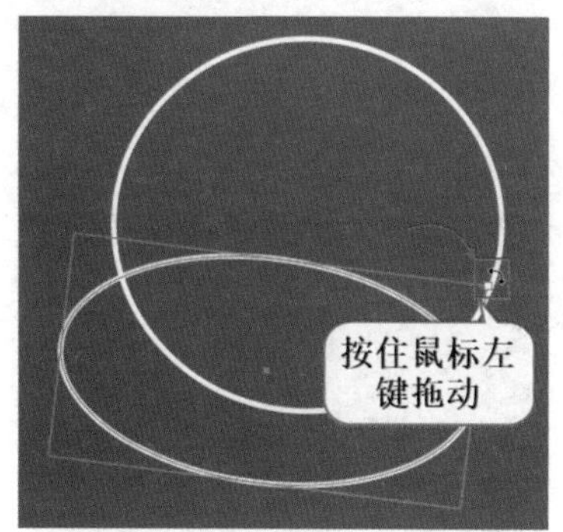

图1-80

6 选中两个椭圆，执行“窗口>路径查找器”命令，在打开的“路径查找器”面板中单击“减去顶层”按钮，如图1-81所示。

7 此时可以看到从下面的椭圆中减去了上面的椭圆，效果如图1-82所示。

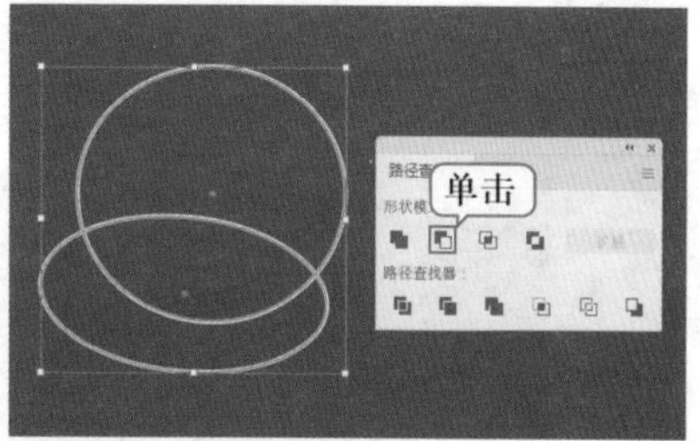

图1-81

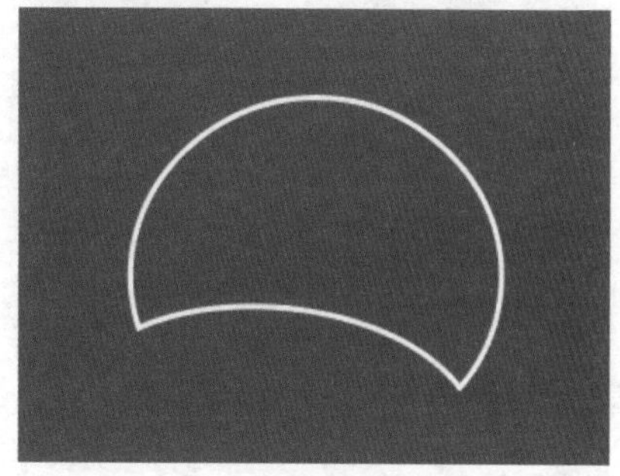
图1-82

8 选中该图形，执行“窗口>渐变”命令，在打开的“渐变”面板中设置“类型”为线性渐变，“角度”为0°，编辑一个黄色系的渐变颜色，如图1-83所示。

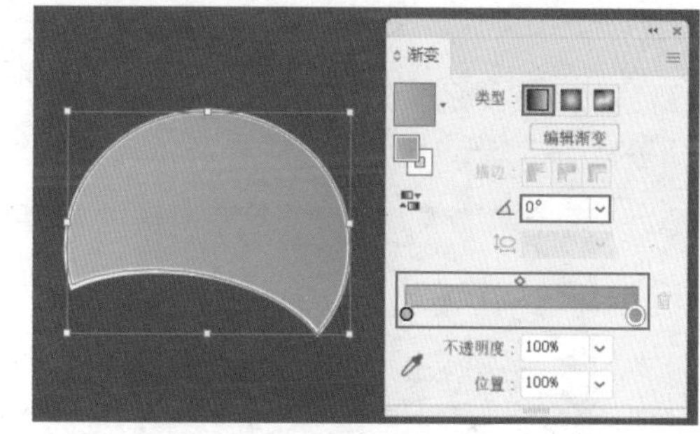

图1-83

9 在控制栏中设置“描边”为无，如图1-84所示。

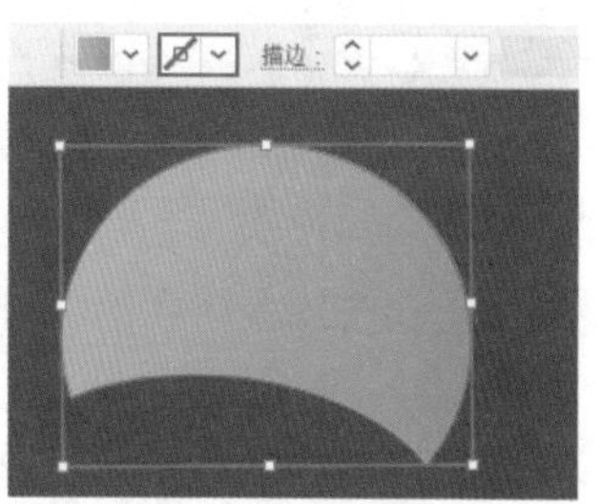

图1-84

⑩ 选择工具箱中的“钢笔工具”，在控制栏中设置“填充”为无，“描边”为白色，设置完成后在画面中单击，确定起点，如图1-85所示。

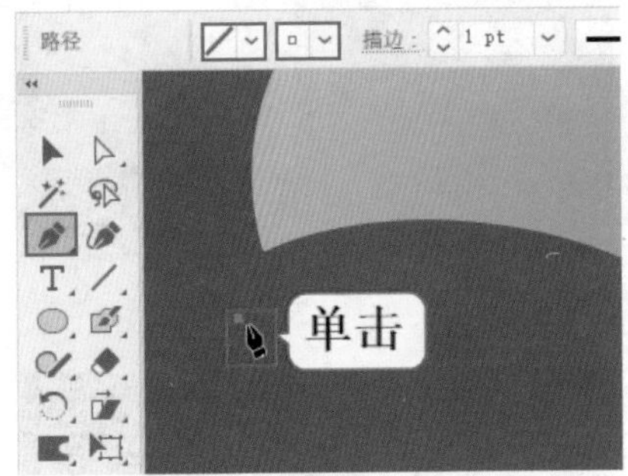

图1-85

⑪ 移动光标，按住鼠标左键拖动，控制路径的走向，至合适位置时释放鼠标，如图 1-86 所示。

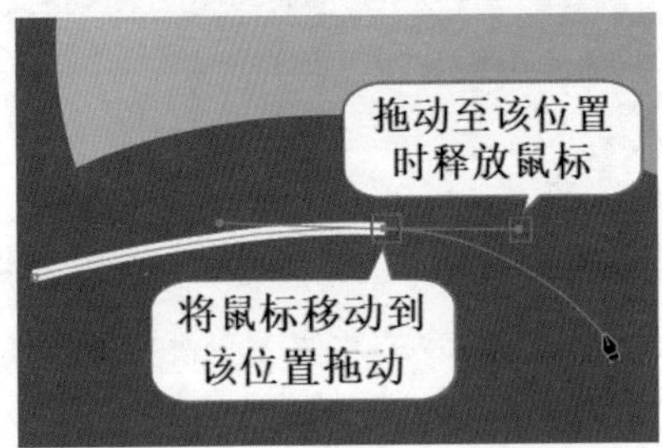

图1-86

⑫ 继续使用同样的方法移动光标，单击添加锚点，绘制曲线，如图1-87所示。

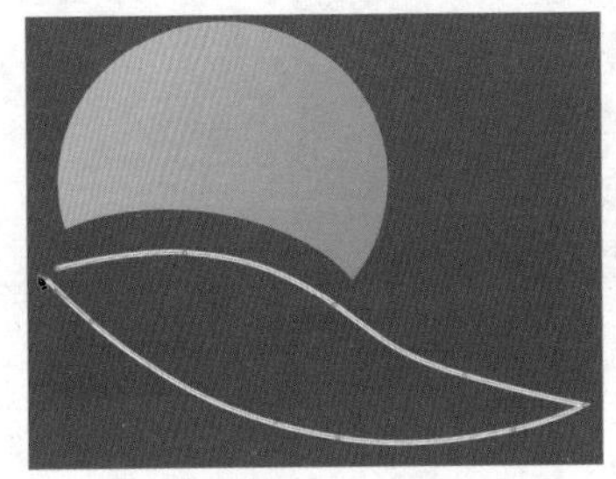

图1-87

⑬ 将光标移动至起点位置按住鼠标左键拖动，调整曲线的形态，得到一个封闭的图形，如图1-88所示。

⑭ 选中该图形，双击工具箱中的“渐变工具”按钮，在弹出的“渐变”面板中设置“类型”为线性渐变，“角度”为-90°，然后选择一个蓝色系的渐变颜色，如图1-89所示。

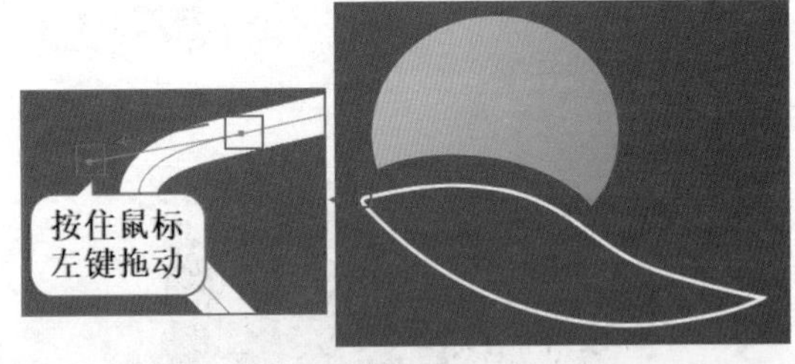

图1-88

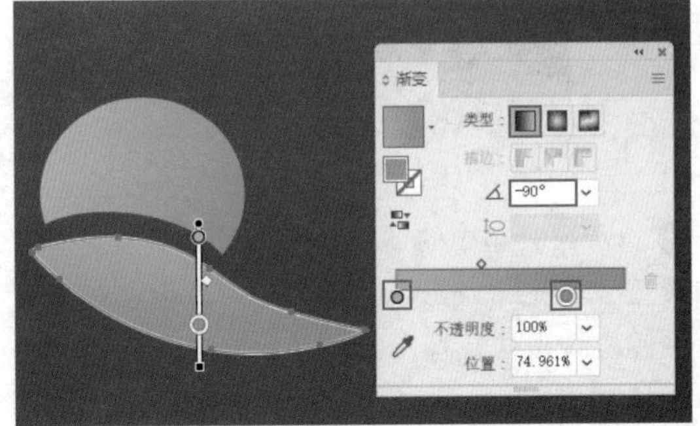

图1-89

⑮ 在控制栏中设置“描边”为无，如图 1-90 所示。

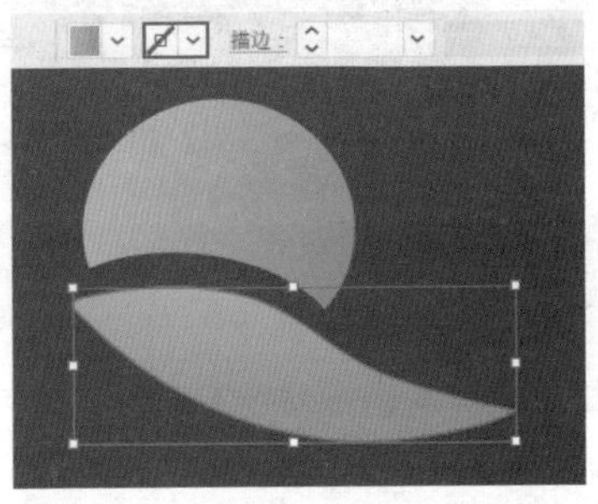

图1-90

⑯ 继续使用同样的方法绘制其他的图形，如图1-91所示。

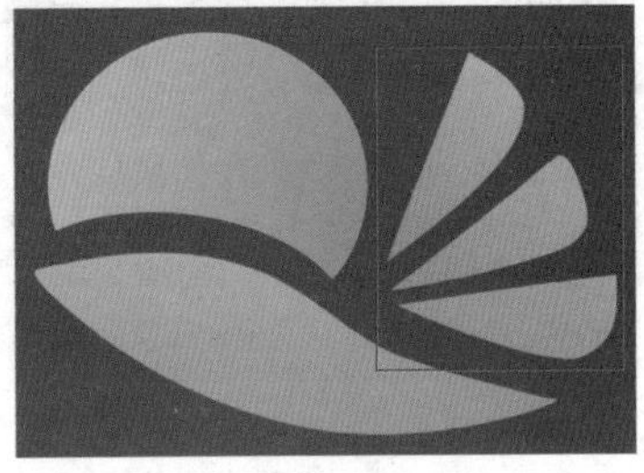

图1-91

⑰ 选择工具箱中的“椭圆工具”，在控制栏中设置“填充”为无，“描边”为白色，在画面中按住鼠标左键拖动绘制一个椭圆，如图1-92所示。

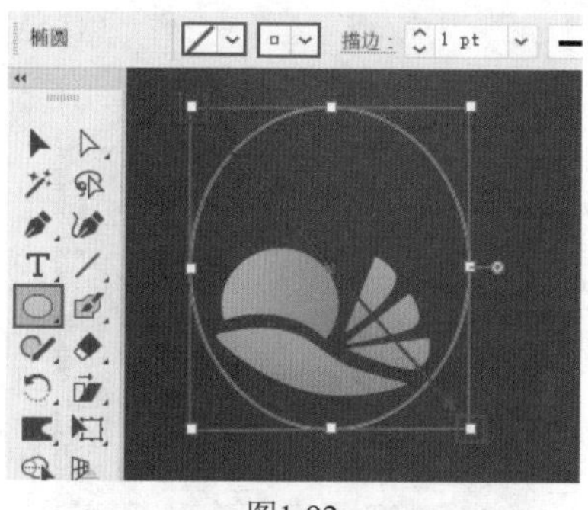

图1-92

18 继续使用“椭圆工具”绘制一个椭圆，如图1-93所示。

图1-93

19 选中两个椭圆，执行“窗口>路径查找器”命令，在打开的“路径查找器”面板中单击“减去顶层”按钮，如图1-94所示。

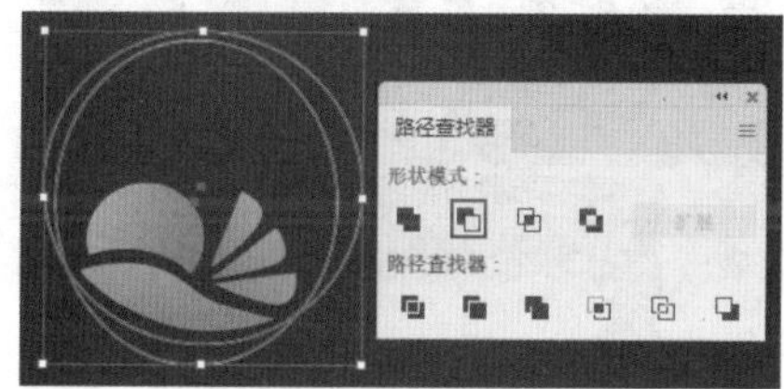

图1-94

20 此时图形效果如图1-95所示。

图1-95

21 选中该图形，在控制栏中设置“描边”为无，双击工具箱底部的“填色”按钮，在弹出的“拾色器”对话框中按住鼠标左键拖动滑块选择合适的色相，在左侧的色域中单击或按住鼠标左键拖动选择颜色，单击“确定”按钮，如图1-96所示。

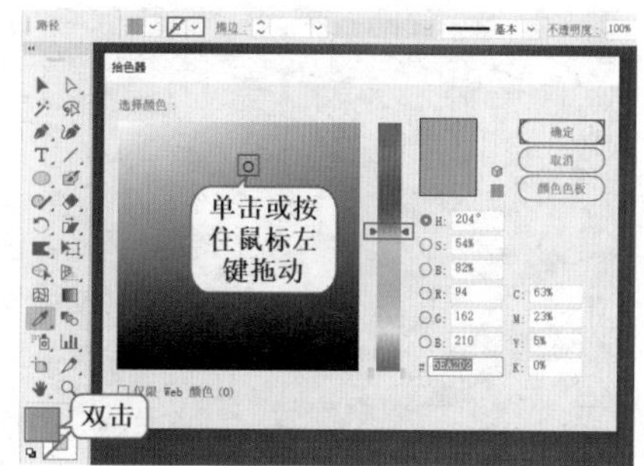

图1-96

22 此时标志图形制作完成，如图1-97所示。选中所有图形，使用Ctrl+G组合键进行编组。

图1-97

23 选中编组后的图形，执行“效果>风格化>投影”命令，在打开的“投影”对话框中设置“模式”为“正片叠底”，“不透明度”为60%，“X位移”为0mm，“Y位移”为1mm，“模糊”为0.5mm。单击色块，在弹出的“拾色器”对话框中设置颜色为深灰色。设置完成后单击“确定”按钮提交操作，如图1-98所示。

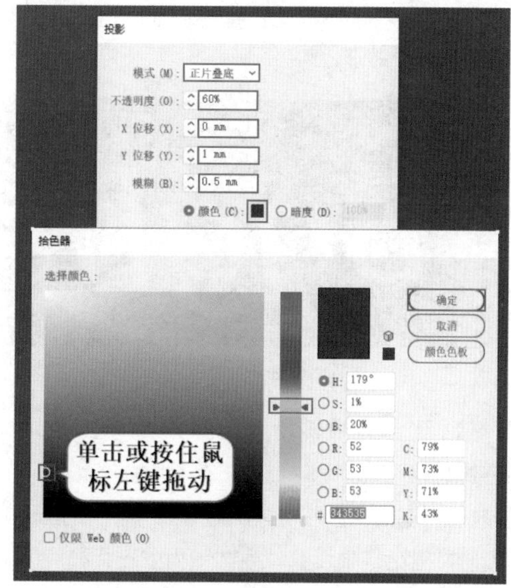

图1-98

24 执行操作后的效果如图1-99所示。

图1-99

2. 制作标志的文字部分

1 选择工具箱中的“文字工具”，在标志图形的下方单击，输入文字。选中文字，在控制栏中设置合适的字体、字号，设置“填充”为白色，如图1-100所示。

图1-100

2 选择工具箱中的“倾斜工具”，将光标移至文字上，按住鼠标左键将其向右拖动，如图1-101所示。

图1-101

3 拖动至合适倾斜角度时释放鼠标，效果如图 1-102所示。

4 执行“效果>风格化>投影”命令，在打开的“投影”对话框中设置“模式”为“正片叠底”，“不透明度”为60%，“X位移”为0mm，“Y位移”为1mm，“模糊”为0.5mm，“颜色”为黑色，单击“确定”按钮，如图1-103所示。

图1-102

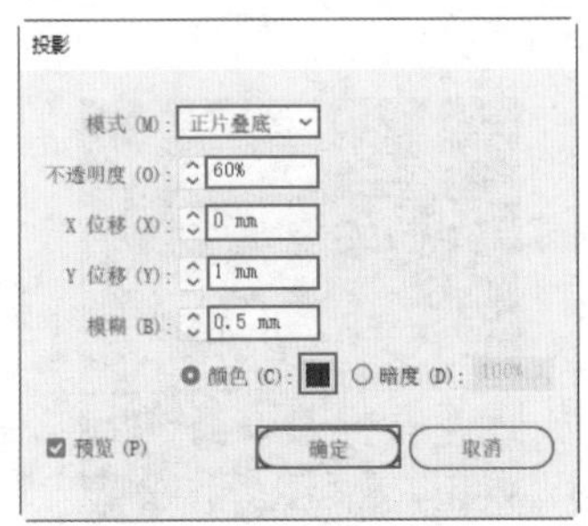

图1-103

5 此时文字效果如图1-104所示。

图1-104

6 本案例制作完成，最终效果如图1-105所示。

图1-105

1.2.4 实例：娱乐节目标志

设计思路

案例类型：

本案例为一档娱乐节目的标志设计项目，如图1-106所示。

图1-106

项目诉求：

这档娱乐节目主要的受众为年轻人，节目内容流行前卫，节目氛围轻松、幽默，要求在标志中展现出节目的格调，吸引观众注意力。

设计定位：

标志灵感来源于营业场所的霓虹灯广告牌，运用潮流的元素模拟带有怀旧感的霓虹灯，不同风格的碰撞符合当下年轻人的喜好。

配色方案

标志整体大胆地使用了红、黄、蓝三种原色，为避免三种原色搭配在一起产生混乱之感，可以在三色的明度、纯度以及使用面积上进行一定的调整。在本案例中，黄色明度和纯度最高，但使用面积较小，所以不会产生刺眼的感觉。而红色以低饱和度、低明度的效果出现在后层，并不会与黄色产生冲突。蓝色的面积更小，作为点缀色出现丰富了画面的视觉效果。由于标志本身的色彩较为丰富，所以标志的背景就不宜“抢眼”，低明度的灰调蓝紫色能够很好地衬托标志的展现，如图1-107所示。

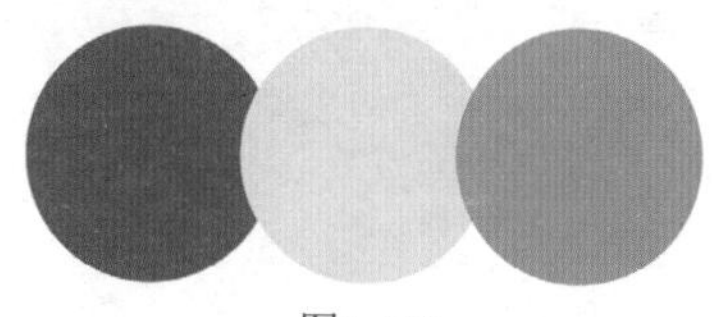

图1-107

版面构图

标志由图形和文字两部分构成，节目名称采用了倾斜的文字，营造了欢快、轻松的氛围。环绕的曲线使文字更显活泼，而作为背景的六角星则给人稳定感，营造了画面的平衡感，如

图1-108所示。

图1-108

本案例制作流程如图1-109所示。

图1-109

技术要点

- 使用“缩拢工具”对正方形进行变形。
- 使用“星形工具”在画面中绘制六角星。
- 使用“阴影”命令为对象添加阴影。

操作步骤

1. 制作标志的图形部分

1 执行“文件>新建”命令或使用Ctrl+N组合键，在打开的“新建文档”对话框中设置“宽度”为800pt，“高度”为800pt，“颜色模式”为“CMYK颜色”。设置完成后，单击“创建”按钮，如图1-110所示。

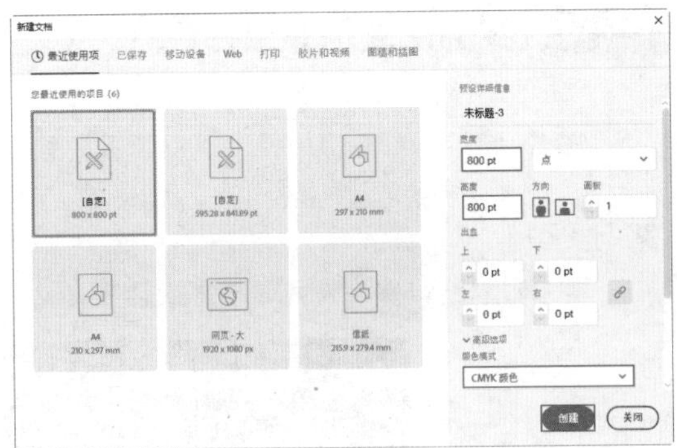

图1-110

2 选择工具箱中的“矩形工具”，双击工具箱底部的“填色”按钮，在弹出的“拾色器”对话框中设置颜色为深蓝紫色，颜色设置完成后单击“确定”按钮，如图1-111所示。

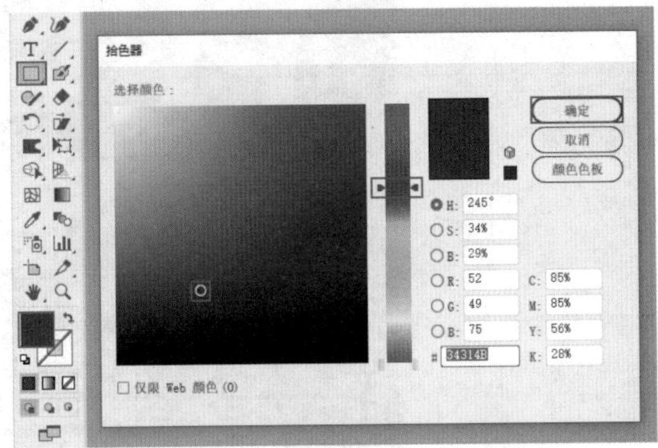

图1-111

3 按住鼠标左键拖动绘制一个与画板等大的矩形，如图1-112所示。

图1-112

4 选择工具箱中的“钢笔工具”，在控制栏中设置“填充”为稍浅一些的颜色，“描边”为无，在画面左上方绘制一个三角形，如图1-113所示。

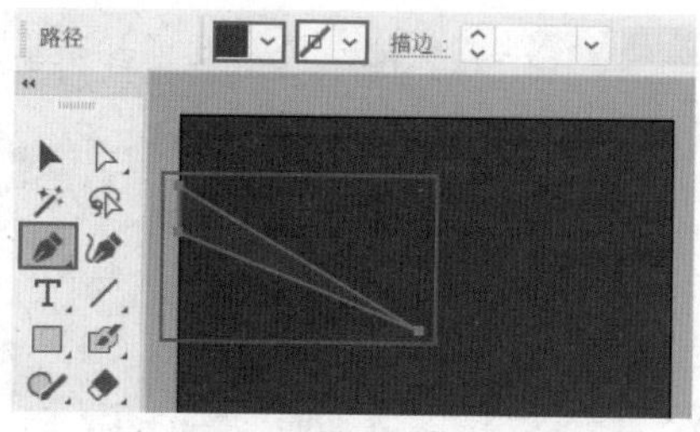

图1-113

5 继续在画面中合适的位置绘制三角形，使得整体画面具有放射效果，如图1-114所示。

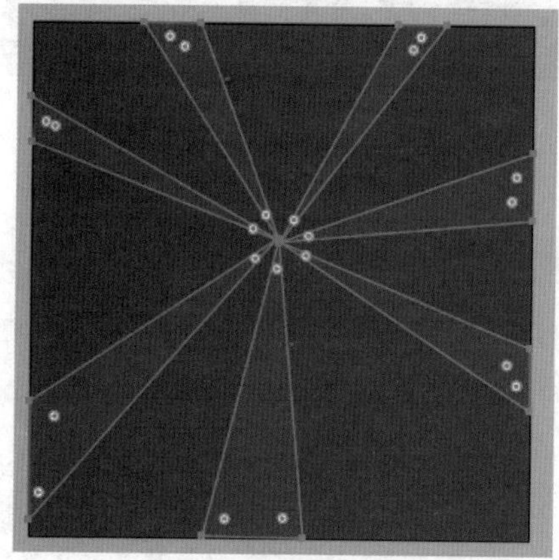
图1-114

6 选择工具箱中的“直线段工具”，在控制栏中设置“填充”为无，“描边”为深蓝色，描边“粗细”为2pt，在画面上方按住鼠标左键拖动，绘制线条，如图1-115所示。

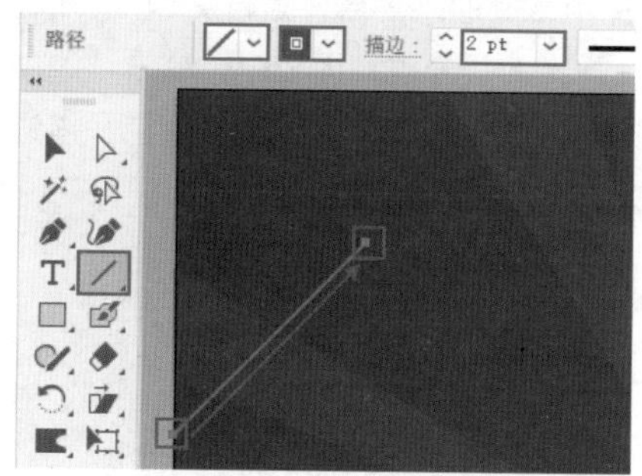

图1-115

7 继续在画面中合适的位置绘制其他线条，如图1-116所示。

8 选择工具箱中的“矩形工具”，在控制栏中设置“填充”为黄色，“描边”为无，在画面中按住鼠标左键拖动，绘制一个矩形，如图1-117所示。

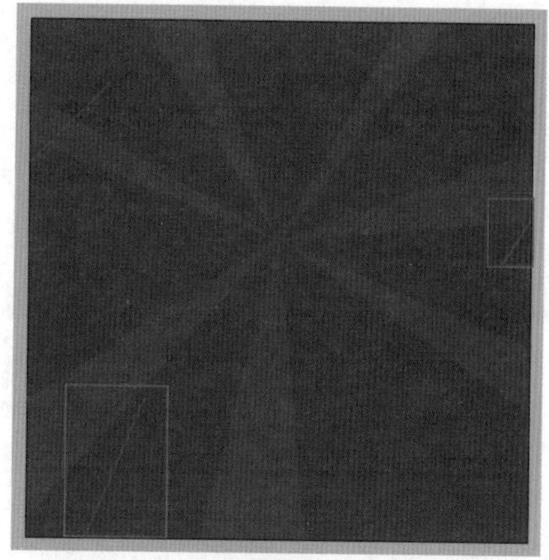
图1-116

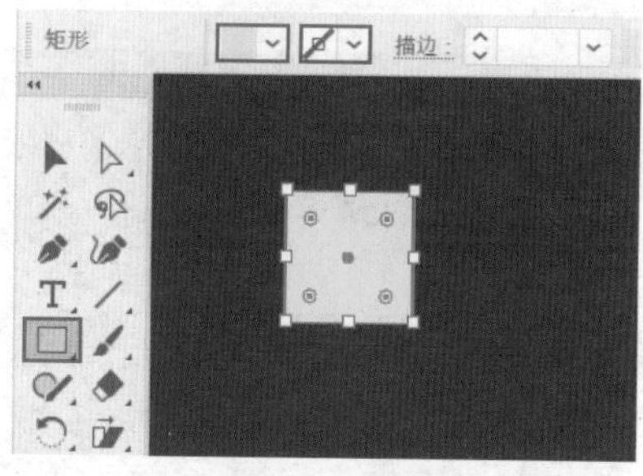

图1-117

9 按住鼠标左键拖动矩形边缘的控制点，将其进行适当的旋转，如图1-118所示。

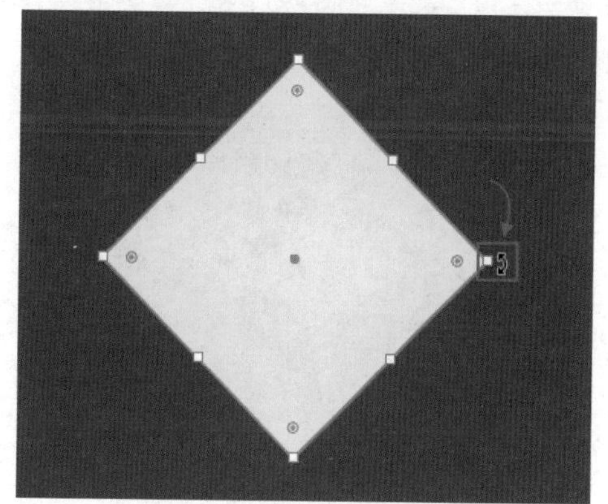
图1-118

10 选中该矩形，双击工具箱中的“缩拢工具”按钮，在弹出的“收缩工具选项”对话框中设置“宽度”为50pt，“高度”为50pt，“强度”为30%，“细节”为3，“简化”为67，设置完成后单击“确定”按钮，如图1-119所示。

11 此时将光标移到矩形上方，画笔笔尖正好将矩形盖住，如图1-120所示。

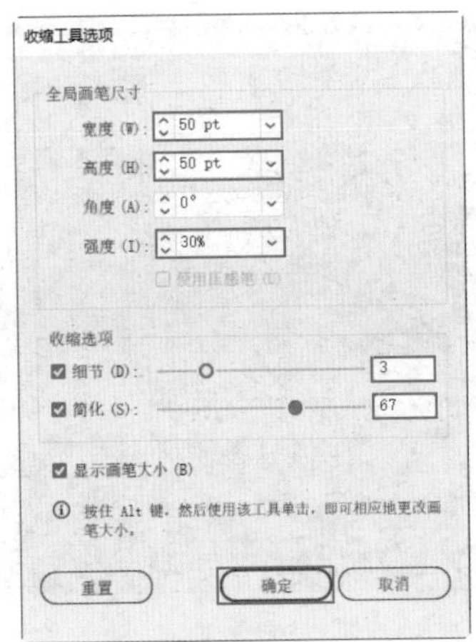

图1-119

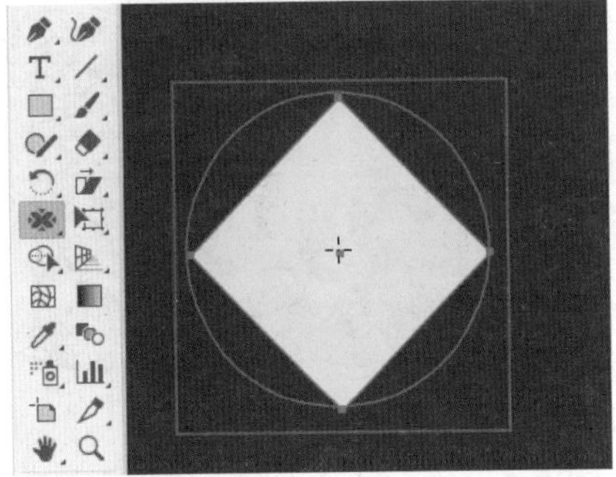

图1-120

12 使用鼠标左键单击1~2次将矩形进行收缩，得到星形，如图1-121所示。

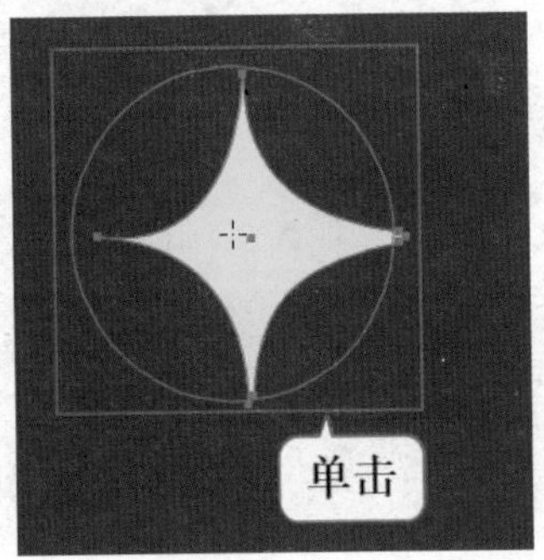

图1-121

13 继续使用同样的方法绘制其他不规则图形，如图1-122所示。

14 选择工具箱中的“钢笔工具”，在控制栏中设置“填充”为无，“描边”为红色，描边“粗细”为25pt，设置完成后以单击的方式使用“钢笔工具”在画面上方绘制三角形，如图1-123所示。

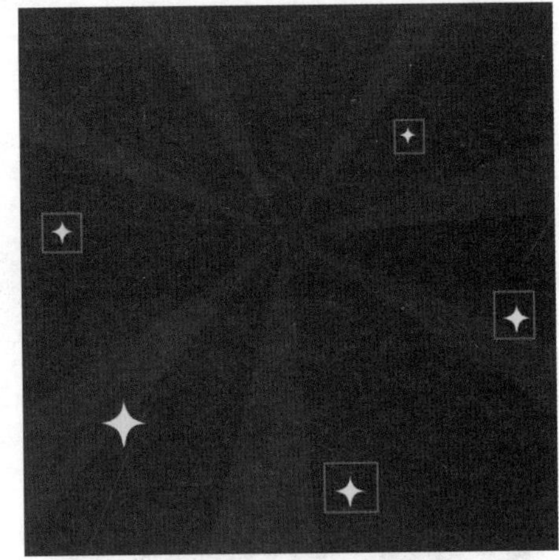

图1-122

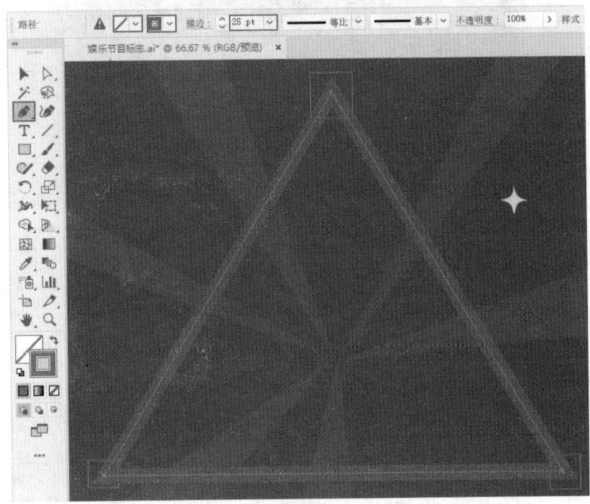

图1-123

15 选择刚绘制的三角形，执行“窗口>外观”命令，在弹出的“外观”面板中，单击“添加新描边”按钮，设置新的“描边”为黑色，描边“粗细”为25pt，如图1-124所示。

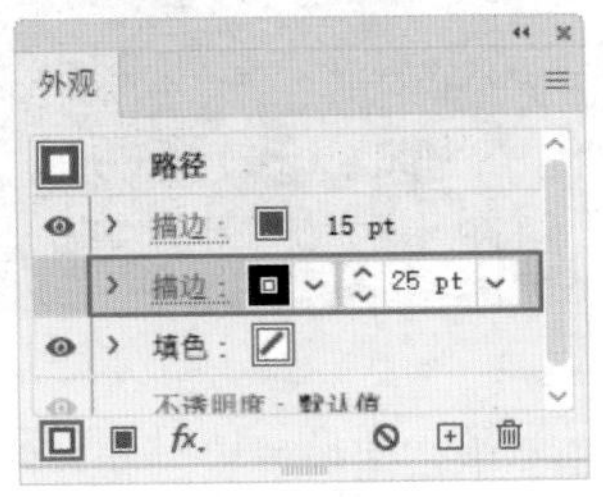

图1-124

16 设置完成后，当前图形效果如图1-125所示。

17 选中该图形，执行“对象>变换>镜像”命令，在弹出的“镜像”对话框中选中“水平”

单选按钮，再单击“复制”按钮，如图1-126所示。

图1-125

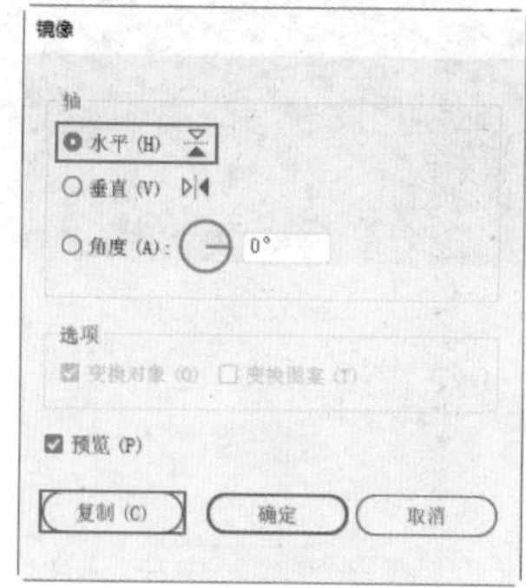

图1-126

⑱ 将复制的三角形向下移动至合适位置，如图1-127所示。

图1-127

⑲ 取消其他图形的选中状态，双击“填色”按钮，在“拾色器”对话框中设置一个合适的颜色，设置完成后单击“确定”按钮，如图1-128所示。

⑳ 选择工具箱中的“钢笔工具”，在控制栏中设置“描边”为黑色，描边“粗细”为1pt，在画面上方绘制不规则图形，如图1-129所示。

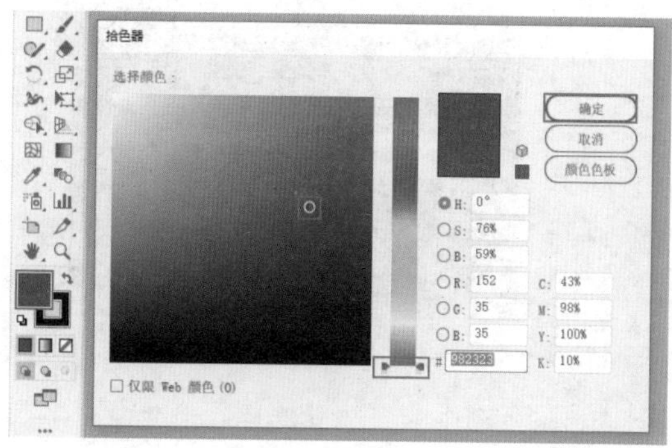

图1-128

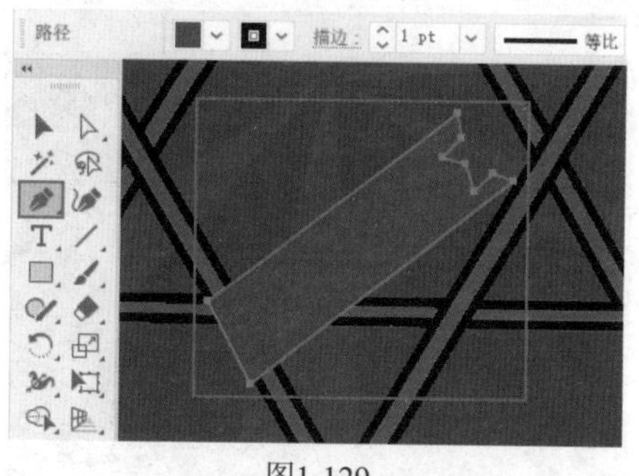

图1-129

㉑ 继续使用同样的方法在画面中合适的位置绘制其他图形，如图1-130所示。

图1-130

2. 制作标志的文字部分

❶ 选择工具箱中的“文字工具”，在画面上方单击插入光标，输入文字，使用Ctrl+Enter组合键结束文字输入操作。选中该文字，在控制栏中设置“填充”为白色，“描边”为白色，描边“粗细”为11pt，设置合适的字体、字号，如图1-131所示。

图1-131

2 选择工具箱中的“选择工具”，选中文字，按住鼠标左键拖动定界框的控制点，将文字进行适当的旋转，如图1-132所示。

图1-132

3 选择工具箱中的“钢笔工具”，在文字上面绘制文字轮廓形状，然后在控制栏中设置“填充”为蓝色，“描边”为黄色，描边“粗细”为9pt，如图1-133所示。

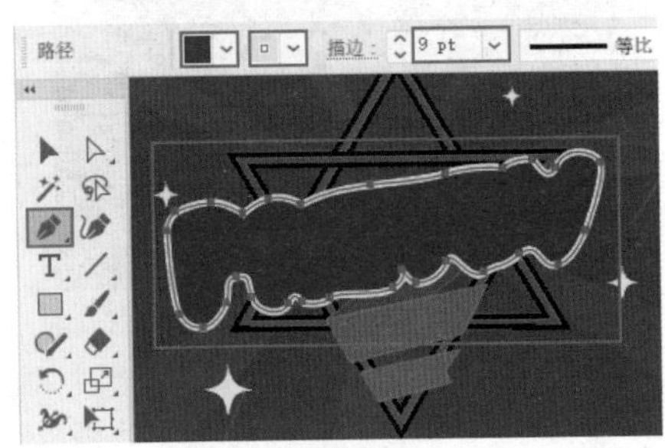
图1-133

4 在轮廓上单击鼠标右键，在弹出的快捷菜单中选择“排列>后移一层”命令，将轮廓移动至文字下面，效果如图1-134所示。

5 选择工具箱中的“星形工具”，在控制栏中设置“填充”为红色，“描边”为无。然后在画板以外的空白位置单击，在弹出的“星形”对话框中设置“半径1”为34pt，“半径2”为20pt，“角点数”为6，设置完成后单击“确定”按钮，如图1-135所示。

图1-134

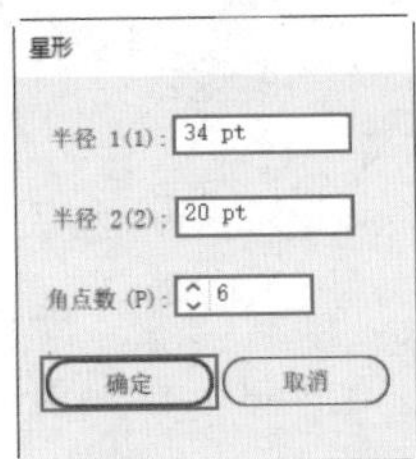

图1-135

6 此时星形效果如图1-136所示。

图1-136

7 为星形制作立体效果。选择工具箱中的“钢笔工具”，在控制栏中设置“填充”为深红色，“描边”为无，在星形上方绘制三角形，如图1-137所示。

8 继续在其他位置绘制三角形，效果如图 1-138所示。

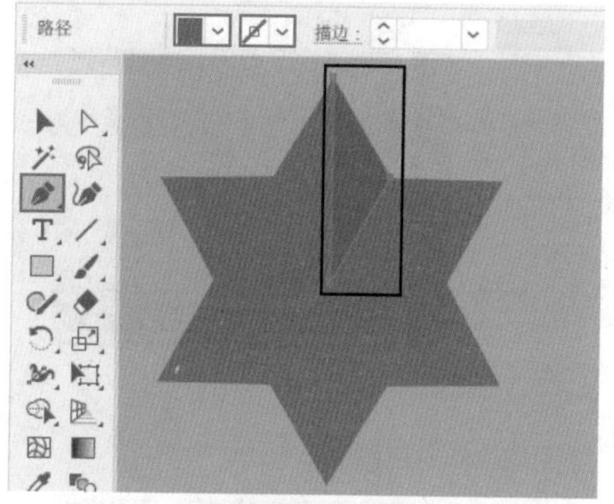
图1-137

图1-138

9 按住Shift键单击加选所有星形和图形，使用Ctrl+G组合键进行编组，选中编组图形将其摆放在文字上面，并拖动控制点，调整其旋转角度，如图1-139所示。

图1-139

10 取消选择其他对象，双击工具箱底部的“填色”按钮，在弹出的“拾色器”对话框中选择一个合适的颜色，然后单击“确定”按钮，如图1-140所示。

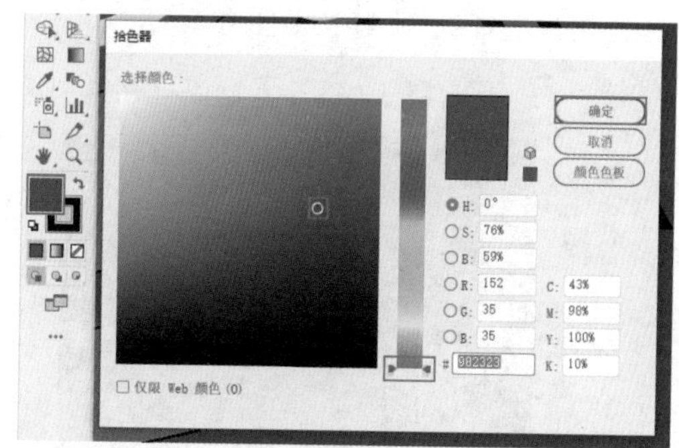
图1-140

11 继续使用“钢笔工具”，在控制栏中设置“描边”为黑色，描边“粗细”为1pt，在星形左侧绘制不规则图形，如图1-141所示。

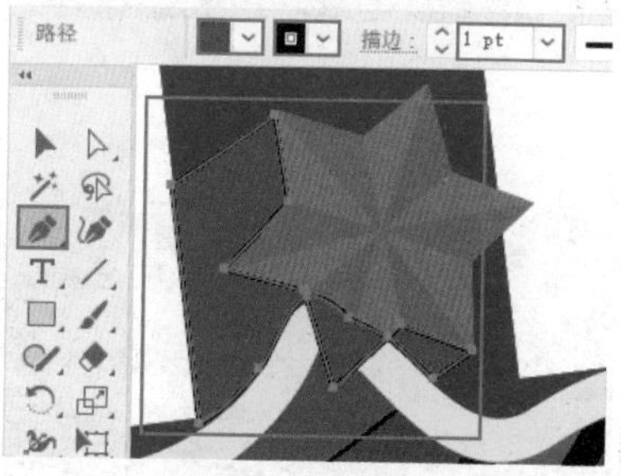
图1-141

12 选择该图形，执行“对象>排列>后移一层”命令，将其移动至星形的下面，如图1-142所示。

图1-142

13 选择工具箱中的“钢笔工具”，在控制栏中设置“填充”为白色，“描边”为黑色，描边“粗细”为3pt，在画面左侧绘制绳索形状，如图1-143所示。

⑭ 选中绳索形状，按住鼠标左键将其向右拖动的同时按住Shift+Alt组合键，进行平移并复制，至合适位置时释放鼠标，如图1-144所示。

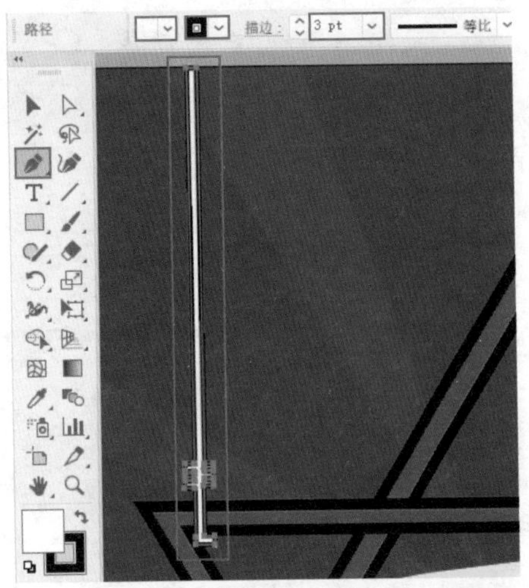

图1-143

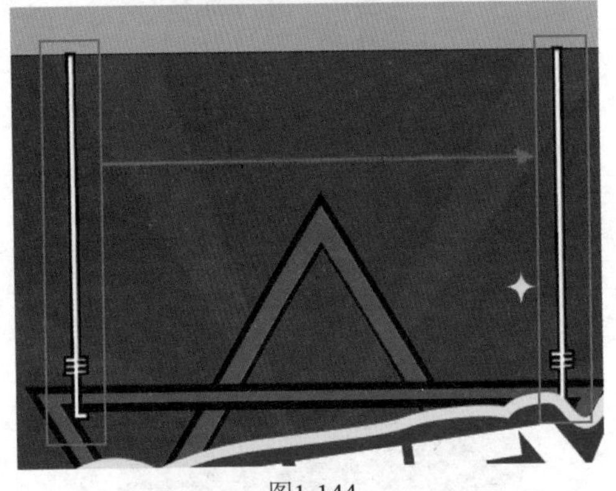
图1-144

⑮ 继续使用“钢笔工具”，在控制栏中设置“填充”为黄色，“描边”为无，在画面上方绘制四边形，如图1-145所示。

图1-145

⑯ 使用同样的方法在该四边形左侧边缘绘制一个颜色较深的四边形，如图1-146所示。

⑰ 继续使用“钢笔工具”在四边形左侧绘制一个不规则图形，如图1-147所示。

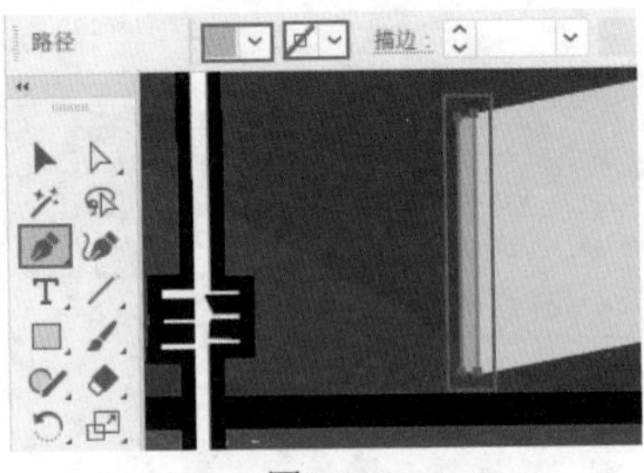

图1-146

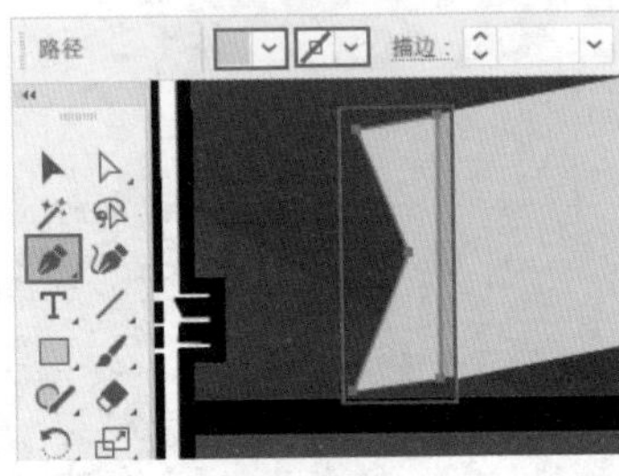

图1-147

⑱ 按住Shift键加选刚刚绘制的3个图形，使用Ctrl+G组合键进行编组。选中该编组图形，执行“对象>变换>镜像”命令，在弹出的“镜像”对话框中选中“垂直”单选按钮，再单击“复制”按钮，如图1-148所示。

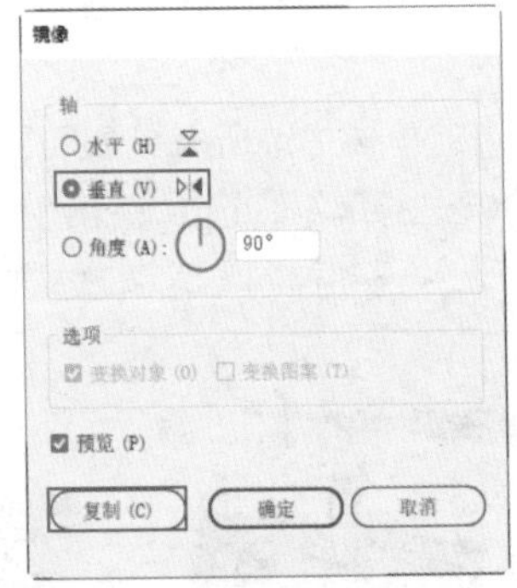

图1-148

⑲ 此时画面效果如图1-149所示。

图1-149

20 选中复制的编组图形，执行“对象>变换>镜像”命令，在弹出的“镜像”对话框中选中“水平”单选按钮，然后单击“确定”按钮，如图1-150所示。

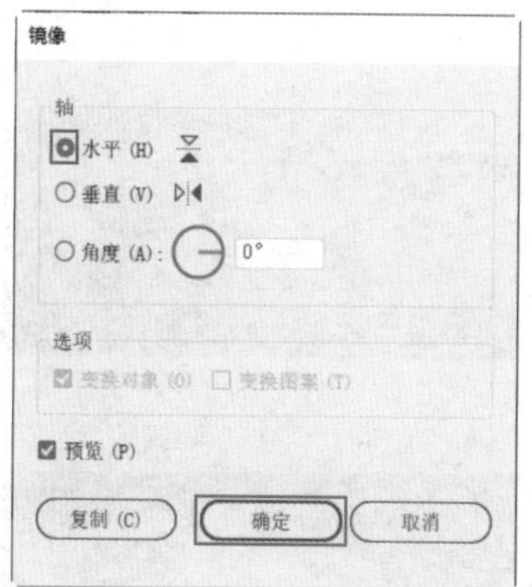

图1-150

21 将复制的图形向下移动至合适位置，并拖动控制点将其进行适当的旋转，如图1-151所示。

图1-151

22 选择工具箱中的“文字工具”，在画面上方单击插入光标，输入文字，使用Ctrl+Enter组合键结束文字输入操作。选中该文字，在控制栏中设置“填充”为黑色，“描边”为黑色，描边“粗细”为3pt，设置合适的字体、字号，如图1-152所示。

图1-152

23 选择工具箱中的“选择工具”，拖动定界框中的控制点将文字进行适当的旋转，如图1-153所示。

图1-153

24 使用同样的方法在该文字下方输入其他文字，并进行适当旋转，如图1-154所示。

图1-154

25 选择工具箱中的“画笔工具”，在控制栏中设置“填充”为无，“描边”为蓝色，描边“粗细”为1.5pt，在“定义画笔”下拉列表框中选择一个圆形画笔笔尖，然后按住鼠标左键拖动绘制线条，如图1-155所示。

图1-155

26 继续绘制其他的线条，制作出绳子缠绕的效果，如图1-156所示。

27 接着绘制卡通飞机图形。选择工具箱中的“钢笔工具”，在控制栏中设置“填充”为天蓝色，“描边”为无，在右侧的绳子下方绘制一个图形，如图1-157所示。

图1-156

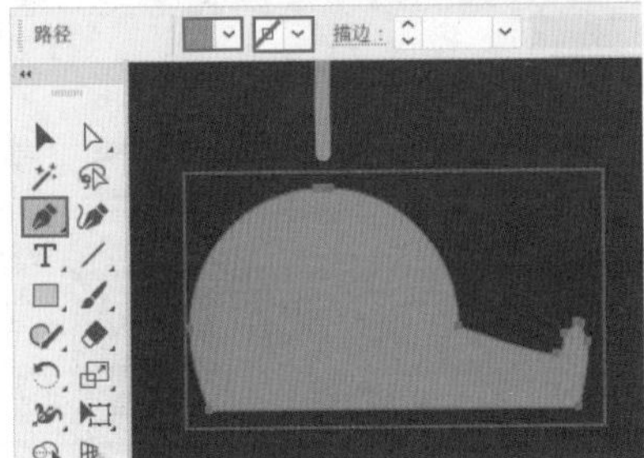

图1-157

㉘ 选择工具箱中的“椭圆工具”，在控制栏中设置“填充”为白色，“描边”为无，在天蓝色图形上按住Shift键的同时按住鼠标左键拖动，绘制一个白色正圆，如图1-158所示。

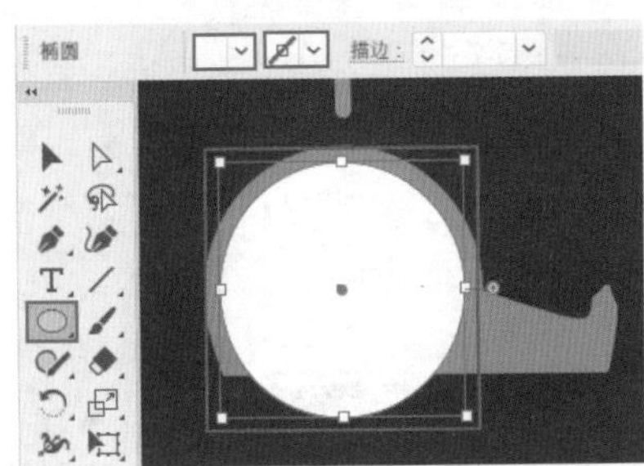

图1-158

㉙ 将光标移动至定界框的圆形控制柄上，按住鼠标左键拖动，至合适角度时释放鼠标，得到一个半圆，如图1-159所示。

㉚ 接着按住鼠标左键拖动右侧的圆形控制柄，至合适位置时释放鼠标，如图1-160所示。

㉛ 选择工具箱中的“星形工具”，在控制栏中设置“填充”为橙红色，“描边”为无。然后在空白位置单击，在弹出的“星形”对话框中设置“半径1”为12pt，“半径2”为6pt，“角点数”为5，设置完成后单击“确定”按钮，如图1-161所示。

图1-159

图1-160

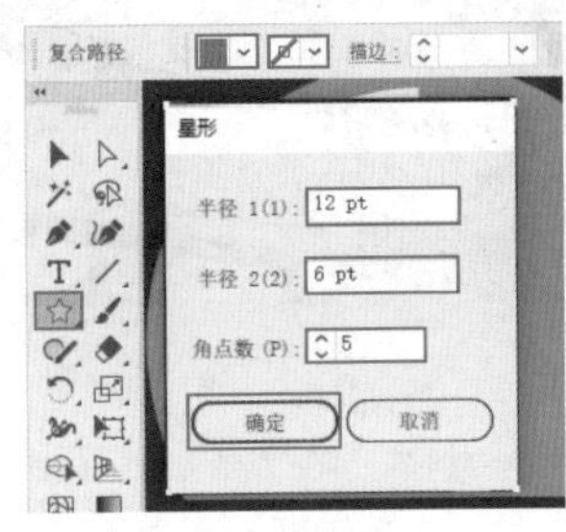

图1-161

㉜ 选中该星形，将其移动至蓝色图形上，并将其旋转至合适的角度，如图1-162所示。

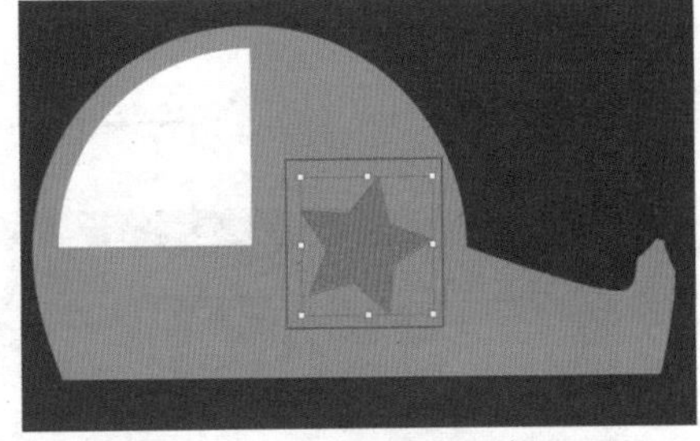
图1-162

㉝ 继续使用“星形工具”在橙红色星形上按住鼠标左键拖动，绘制一个稍小一些的星形，如图1-163所示。

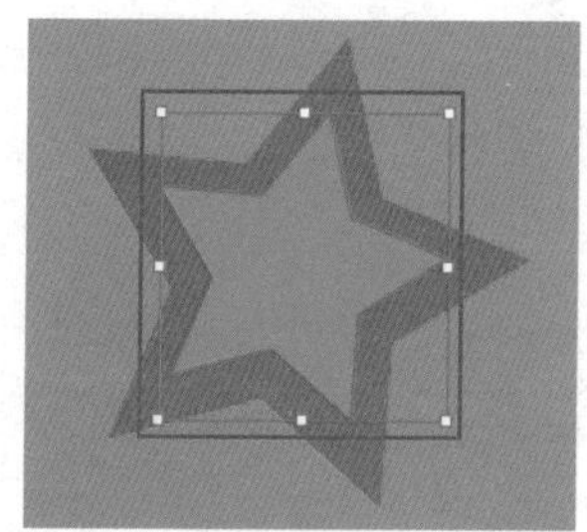
图1-163

34 制作旋翼。选择工具箱中的“矩形工具”，在控制栏中设置“填充”为橙红色，“描边”为无，在蓝色图形上方绘制一个矩形，如图1-164所示。

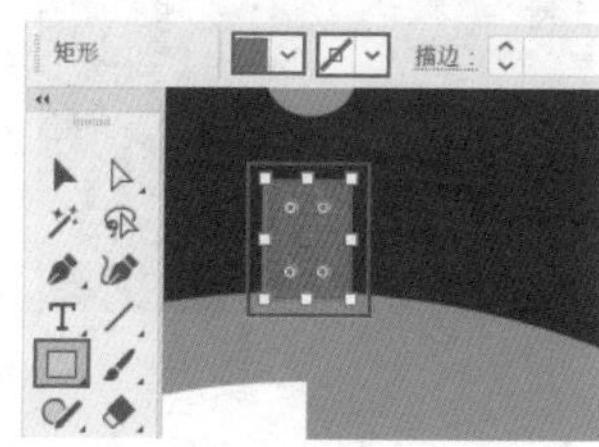

图1-164

35 选择该图形，多次执行“对象>排列>后移一层”命令，将其移动至天蓝色图形的下面，如图1-165所示。

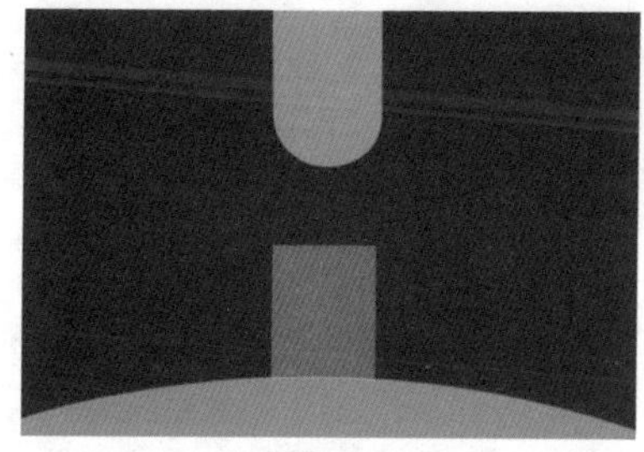
图1-165

36 选择工具箱中的“钢笔工具”，在控制栏中设置“填充”为橙红色，“描边”为无，在机身上方绘制一个图形，如图1-166所示。

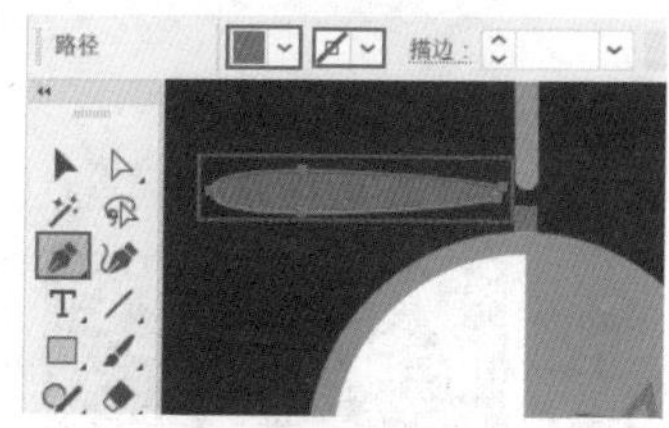

图1-166

37 选中该图形，执行“对象>变换>镜像”命令，在弹出的“镜像”对话框中选中“垂直”单选按钮，再单击“复制”按钮，如图1-167所示。

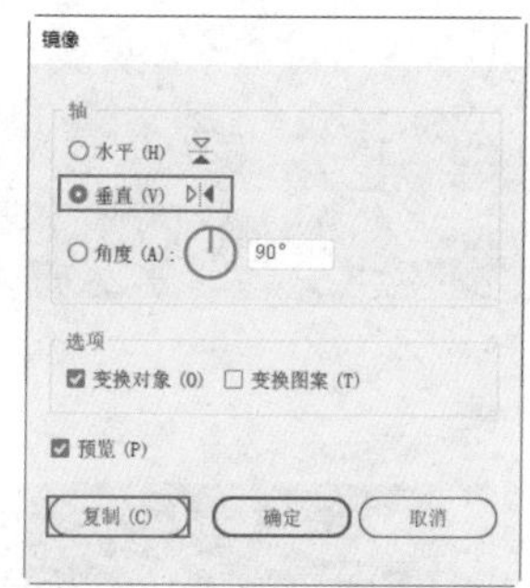

图1-167

38 将其移动至右侧的合适位置，效果如图1-168所示。

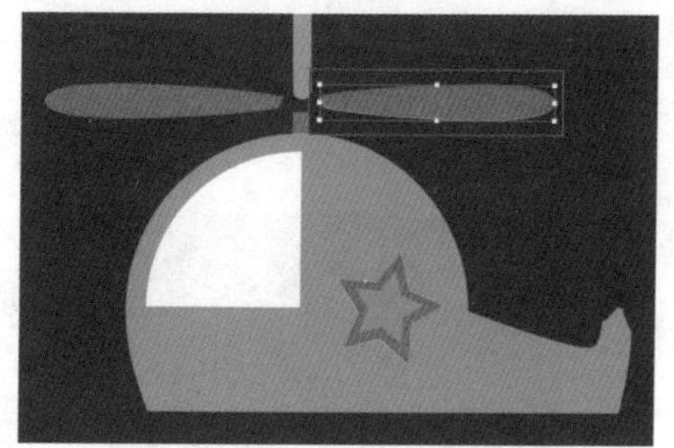
图1-168

39 选择工具箱中的“椭圆工具”，在控制栏中设置“填充”为橙红色，“描边”为无，在机翼的中间位置按住Shift键拖动鼠标绘制一个正圆，如图1-169所示。

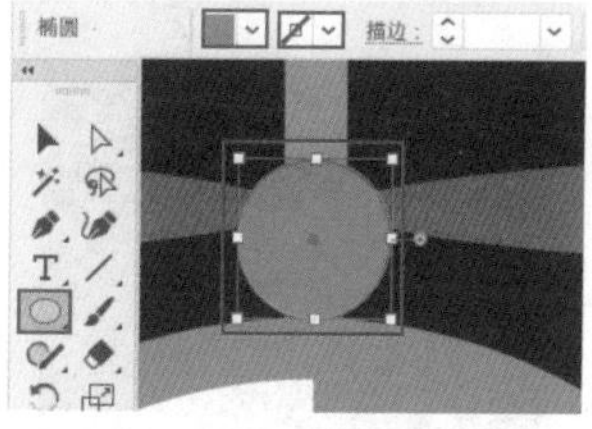

图1-169

40 将光标移动至圆形控制柄上，按住鼠标左键拖动，至合适的位置时释放鼠标，得到一个半圆，如图1-170所示。

41 继续使用“椭圆工具”，在控制栏中设置“填充”为橙红色，“描边”为无，在飞机的尾部按住鼠标左键拖动，绘制一个椭圆形，如图1-171所示。

图1-170

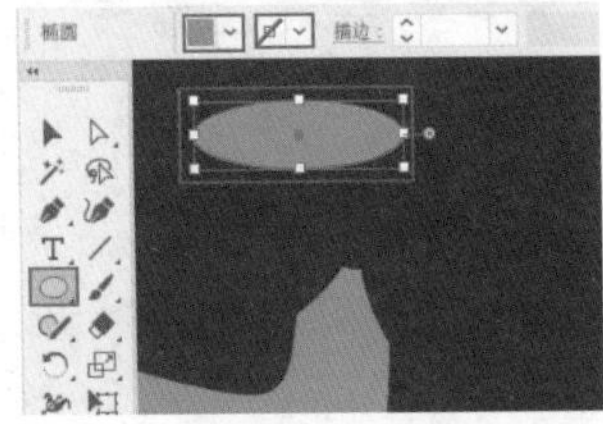

图1-171

42 按住鼠标左键拖动控制点，将其旋转至合适角度，如图1-172所示。

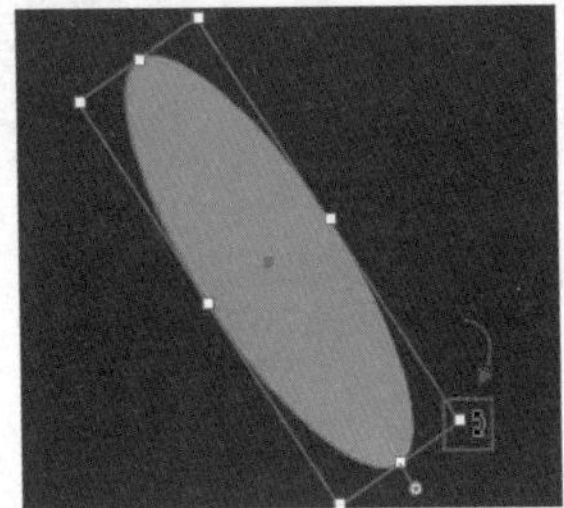

图1-172

43 按住Alt键的同时按住鼠标左键将其向右下方拖动，进行移动复制，如图1-173所示。

图1-173

44 选中两个椭圆图形，执行“对象>变换>旋转”命令，在弹出的“旋转”对话框中设置“角度”为90°，再单击“复制”按钮，如图1-174所示。

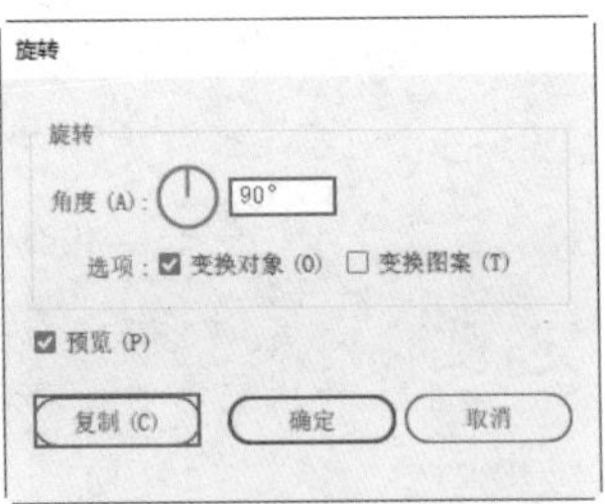

图1-174

45 设置完成后的效果如图1-175所示。

图1-175

46 选择工具箱中的“椭圆工具”，在控制栏中设置“填充”为橙红色，“描边”为无，在椭圆中间位置按住Shift键拖动鼠标，绘制一个正圆，如图1-176所示。

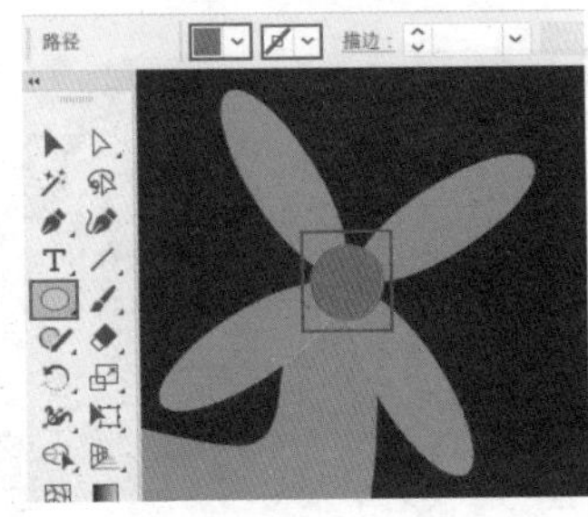

图1-176

47 选择工具箱中的“矩形工具”，在控制栏中设置“填充”为橘黄色，“描边”为无，在蓝色图形的下方拖动鼠标绘制一个矩形，如图1-177所示。

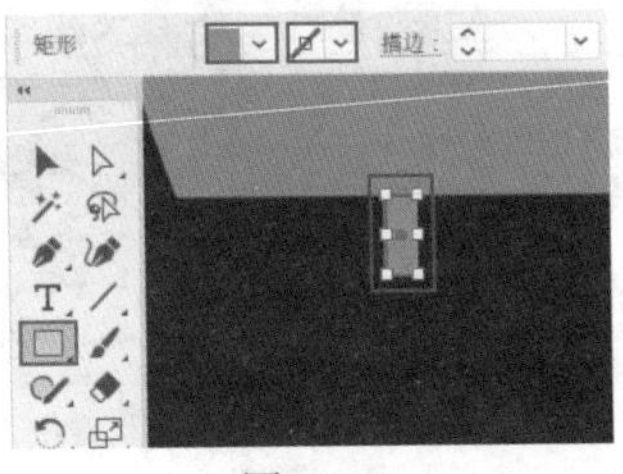

图1-177

48 选中该矩形，将其向右拖动的同时按住Shift+Alt组合键，将其进行水平移动的同时快速复制出一份，如图1-178所示。

图1-178

49 使用“矩形工具”在两个矩形的下方绘制一个水平方向上的矩形，如图1-179所示。

图1-179

50 选中该矩形，将光标移动至矩形内部圆形控制点上，按住鼠标左键拖动，调整其圆角半径，如图1-180所示。

图1-180

51 选中橘黄色的图形，执行“窗口>路径查找器”命令，在打开的“路径查找器”面板中单击“联集”按钮，将其合并为一个图形，如图1-181所示。

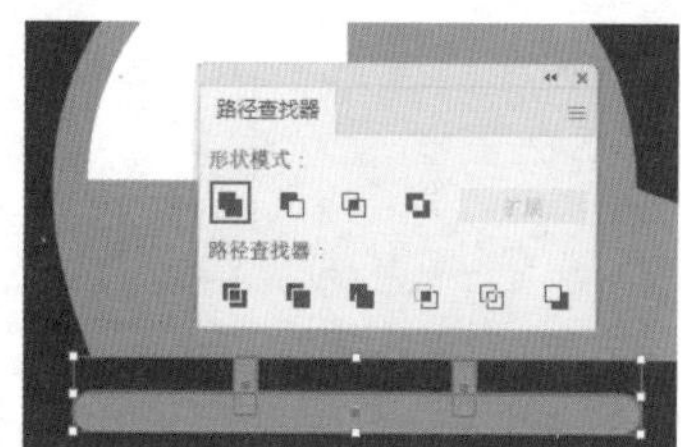

图1-181

52 此时图形效果如图1-182所示。

53 选中整个飞机图形，使用Ctrl+G组合键进行编组。选中该编组图形，执行“效果>风格化>投影”命令，在打开的“投影”对话框中设置“模式”为“正片叠底”，“不透明度”为40%，“X位移”为2pt，“Y位移”为10pt，“模糊”为10pt，“颜色”为黑色，然后单击“确定”按钮，如图1-183所示。

图1-182

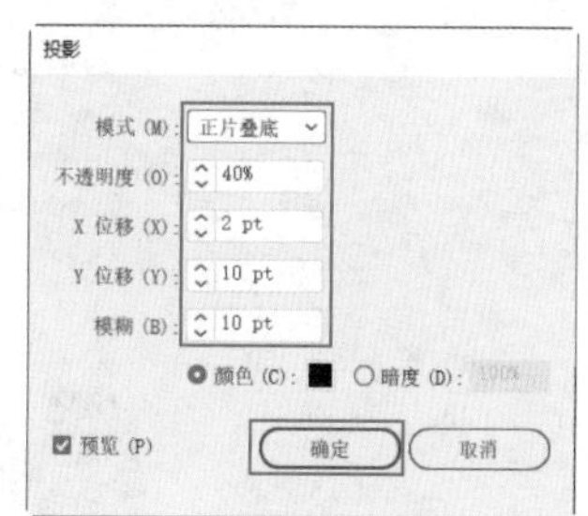

图1-183

54 设置完成后的卡通飞机圆形效果如图1-184所示。

图1-184

55 本案例制作完成，最终效果如图1-185所示。

图1-185

第2章

名片设计

本章概述

名片是现代社会中人们进行信息交流与展现自我的常用媒介。如何更好地在这方寸之间完成信息的传达以及品位的展现是名片设计的重点。本章主要从名片的常见类型、构成要素、常见尺寸、常见构图方式以及特殊工艺等方面来学习名片设计。

2.1 名片设计概述

2.1.1 认识名片

名片是一张记录和传播个人、团体或组织重要信息的卡片。它包含了所要传播的主要信息，如企业名称、个人联系方式、职务等。名片的使用能够更好、更快地宣传个人或者企业，也是人与人交流的一种工具。一张好的名片设计不仅能够成功地宣传主体所要传达的信息，而且能够体现主体的艺术品位及个性，为建立一个良好的个人或企业印象奠定基础，如图2-1所示。

图2-1

2.1.2 名片的常见类型

名片的类型从其应用主体类型的不同主要可以分为商业名片、公用名片以及个人名片。

商业名片是用于企业形象宣传的媒介之一。其主要内容有企业信息及个人信息资料。企业资料中包含企业的商标、名称、地址及业务领域等。商业名片设计的风格一般依据企业的整体形象，有统一的印刷格式。在商业名片中，企业信息资料是主要的，个人信息是次要的，主要是以传播企业信息为目的，如图2-2所示。

图2-2

公用名片主要用于社会团体或机构类等，其主要内容有标志、个人名称、职务、头衔。公用名片设计风格较为简单，强调实用性，主要是以对外交往和服务为目的，如图2-3所示。

图2-3

个人名片主要用于传递个人信息，其内容主要有持有者的姓名、职务、单位名称及必要通信方式等。在个人名片中也可以不使用标志，更多的会依据个人喜好而制定相应风格，设计更加个性化，主要以交流感情为目的，如图2-4所示。

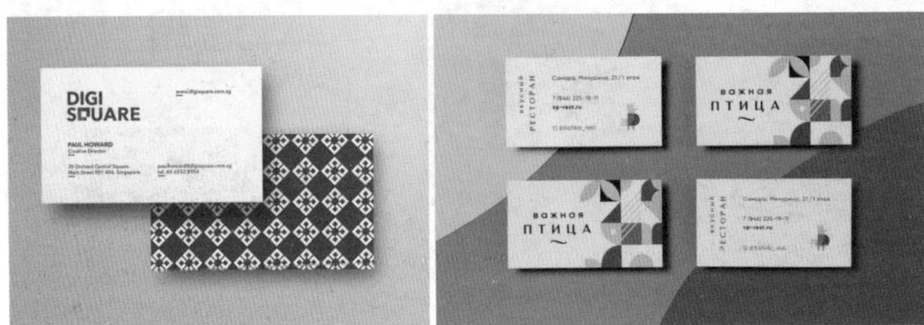

图2-4

2.1.3 名片的构成要素

标志：标志常见于商业名片或公用名片，一般会使用图形或文字造型设计并注册的商标。标志是一个企业或机构形象的浓缩体，通常只要是有自己品牌的公司或企业都会在名片设计中添加标志要素，如图2-5所示。

图2-5

图案：图案的使用在名片中是比较广泛的。可以作为名片版面的底纹，也可以作为独立出现的具有装饰性的图案。图案的风格也并不固定，照片、几何图形、底纹、企业产品或建筑等都可以作为图案出现在名片中。通常依据名片持有者的特点，如个人名片一般会使用较为个性化的图案，商业名片和公用名片范围较广泛，一般依据其公司的整体品牌形象特点进行图案的选择，如图2-6所示。

图2-6

文字：文字是信息传达的重要途径，也是构成名片的重要组成部分。个人名片和商业名片的文字显有区别的。个人名片中个人信息占主要地位，它包含姓名、职务、单位名称及必要通信方式，私人信息较多，在字体的选用上也较为丰富多样，依个人喜好而定。商业名片不仅仅包括必要的个人信息，还包括企业信息，并且企业信息占主要地位，如图2-7所示。

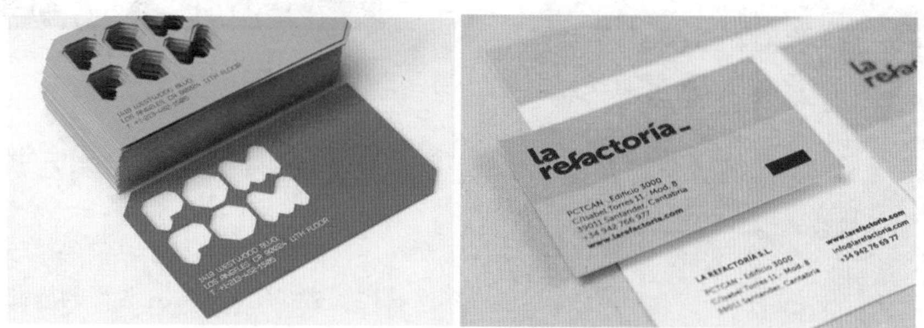

图2-7

2.1.4 名片的常见尺寸

国内常规的横版名片尺寸有90mm×54mm、90mm×50mm、90mm×45mm，在进行图稿的设计制作时上下左右分别要预留出2~3mm的出血位，所以在软件中制作的尺寸要相对大一些。欧美常用名片尺寸为90mm×50mm，如图2-8所示。

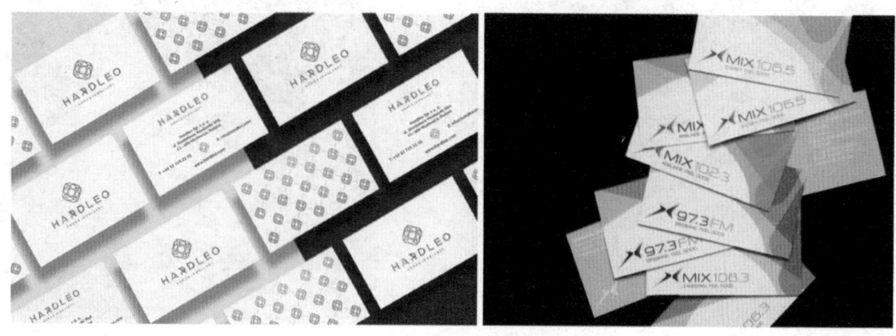

图2-8

除横版名片外，竖版名片也是比较常见的类型。竖版名片尺寸通常为54mm×90mm，如图2-9所示。

图2-9

折卡式名片是一种较为特殊的名片形式，国内常见的折卡名片尺寸为90mm×108mm，欧美常见的折卡名片尺寸为90mm×100mm，如图2-10所示。

图2-10

名片的形状并不都是方方正正的，创意十足的异形名片因其更能吸引消费者眼球，所以也越来越受到欢迎。异形名片的尺寸并不固定，需要依据设计方案而定，如图2-11所示。

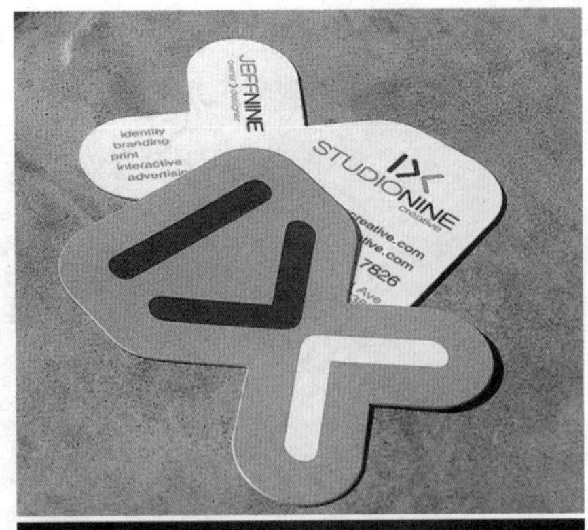

图2-11

2.1.5 名片的常见构图方式

名片的版面空间较小，需要排布的内容相对来说比较格式化，所以在版面的构图上就需要花些心思，使名片更加与众不同。下面就来了解一下常见的构图方式。

左右构图：标志、文案左右分开明确，但不一定是完全对称，如图2-12所示。

图2-12

对称形构图：标志、文案左右以中轴线居中排列，完全对称，如图2-13所示。

图2-13

中心形构图：标志、主题、辅助文案以画面中心点为准，聚集在一个区域范围内居中排列，如图2-14所示。

图2-14

三角形构图：标志、主题、辅助说明文案通常集中在一个三角形的区域范围内，如图2-15所示。

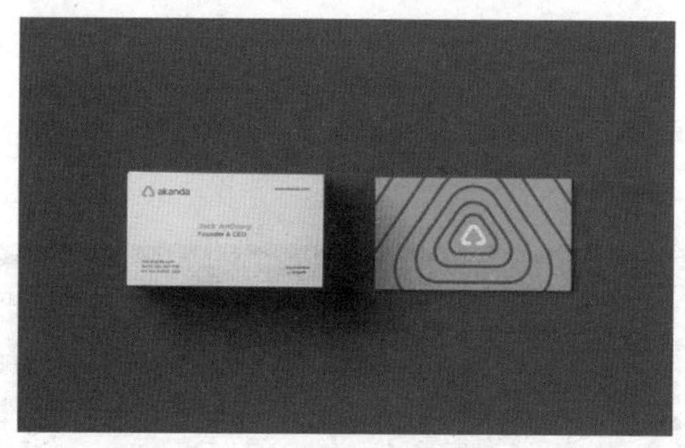

图2-15

半圆形构图：标志、主题、辅助说明文案构成于一个半圆形范围内，如图2-16所示。

圆形构图：标志、主题、辅助说明文案构成于一个圆形范围内，如图2-17所示。

稳定形构图：画面的中上部为主题和标志，下部为辅助说明，如图2-18所示。

图2-16

图2-17

图2-18

倾斜形构图：这是一种具有动感的构图，标志、主题、辅助说明文案按照一定的倾斜角度放置，如图2-19所示。

图2-19

2.1.6 名片的特殊工艺

为了使名片更吸引人眼球，在名片印刷时往往会使用一些特殊的工艺，如模切、打孔、UV、凹凸、烫金等手段，来制作出更加丰富的效果。

模切：模切是印刷工艺中常用的一道工艺，也是制作异形名片常用的工艺。依据产品样式的需要，利用模切刀的压力作用，将名片轧切成所需要的形状，如图2-20所示。

图2-20

打孔：打孔一般为圆孔和多孔，多用于较为个性化的名片设计制作。打孔名片充分满足了视觉需要，具有一定的层次感和独特感，如图2-21所示。

图2-21

UV：UV是利用专用UV油墨在UV印刷机上实现UV印刷效果，使得局部或整个表面光亮凸起。UV工艺名片突出了名片中的某些重点信息并且使得整个画面呈现一种高雅形象，如图2-22所示。

图2-22

凹凸：凹凸是通过一组阴阳相对的凹模板或凸模板加压在承印物之上所形成的浮雕状凹凸图案，使画面具有立体感，不仅提高了视觉冲击力，还有一定的触觉感，如图2-23所示。

图2-23

烫金：烫金是利用电化铝烫印箔的加热和加压性能，将金色或银色的图形文字烫印在名片的表面，使得整个画面看起来鲜艳夺目、具有设计感，如图2-24所示。

图2-24

2.2 名片设计实战

2.2.1 实例：简约商务风格名片设计

设计思路

案例类型：

本案例为室内设计类企业的名片设计项目，如图2-25所示。

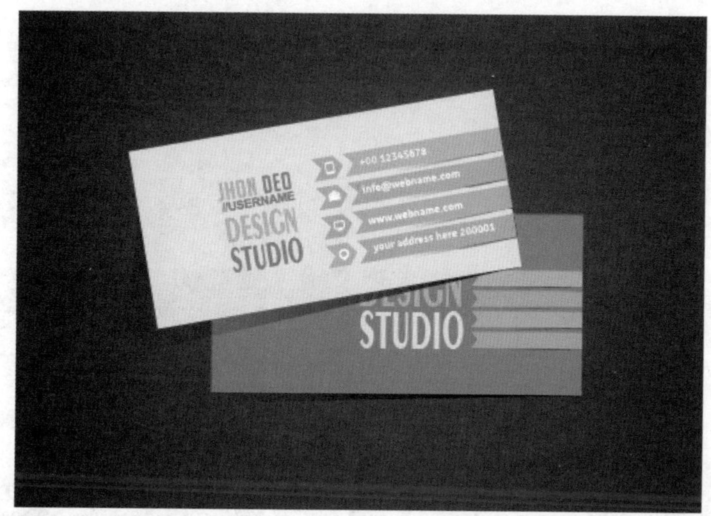

图2-25

项目诉求：

该企业主营家居及商业场所的室内装修业务，团队包括销售、设计、施工、调试等人员，团队构成人员年轻，富有朝气和创造力。名片设计要求简洁明了，字体要清晰易读，突出公司的特点和品牌形象。

设计定位：

名片设计旨在展示出该室内设计企业年轻化、专业化、时尚化的特点，从而获得更多目标客户的青睐。采用了清新的蓝色作为主色调，搭配简单的线条和现代化的字体，营造出轻松自然的氛围。同时，配合简洁明了的排版，名片上的联系方式和个人信息清晰明了，易于阅读和记忆。

配色方案

这张名片分为正反两面。其中一面以浅灰色为主色调，搭配了黄绿和青的点缀色，营造出活泼、欢快的氛围。另一面则是蓝色调，搭配了灰色和黄绿，给人以沉稳的感觉。这两面都使用相同的颜色，这种设计可以让客户在翻转名片时产生颜色上的呼应，给人一致、连贯的视觉印象，如图2-26所示。

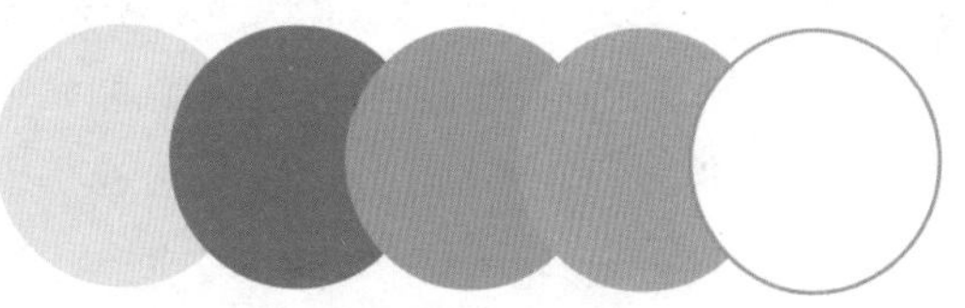

图2-26

版面构图

整个画面内容简洁明了，主要以文字为主，辅以几何图形。左侧的主体文字采用了富有设计感的字体，给人亲切感，能够拉近与客户的距离；右侧的联系方式采用了较为严谨的字体，保证信息的辨识度，如图2-27所示。

图2-27

本案例制作流程如图2-28所示。

图2-28

技术要点

- 使用移动复制功能制作多个相同的图形。
- 使用“透明度”面板设置对象的混合模式。

操作步骤

1. 制作名片平面图

1 执行“文件>新建”命令，创建一个宽度为95mm、高度为45mm的文档。双击工具箱底部的“填色”按钮，在弹出的“拾色器”对话框中设置颜色为浅灰色，设置完成后单击“确定”按钮，如图2-29所示。

2 选择工具箱中的“矩形工具”，在控制栏中设置“描边”为无，在画面的左上角按住鼠标左键拖动至右下角，绘制一个与画板等大的矩形，如图2-30所示。

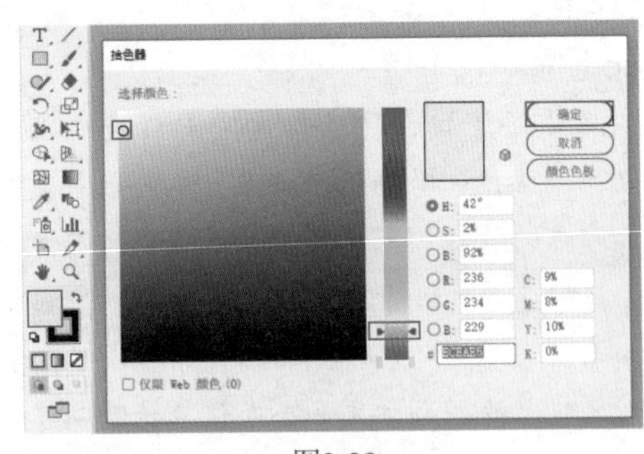

图2-29

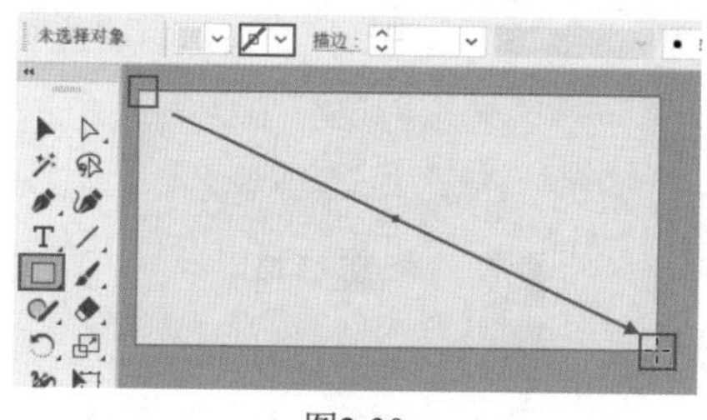

图2-30

3 选择工具箱中的“文字工具”，在画面中单击，输入文字。然后选中该文字，在控制栏中设置合适的字体、字号及颜色，如图2-31所示。

图2-31

4 在文字工具状态下，将光标移动至文字的最右端，按住鼠标左键拖动，选中部分文字，并在控制栏中设置其填充色，如图2-32所示。

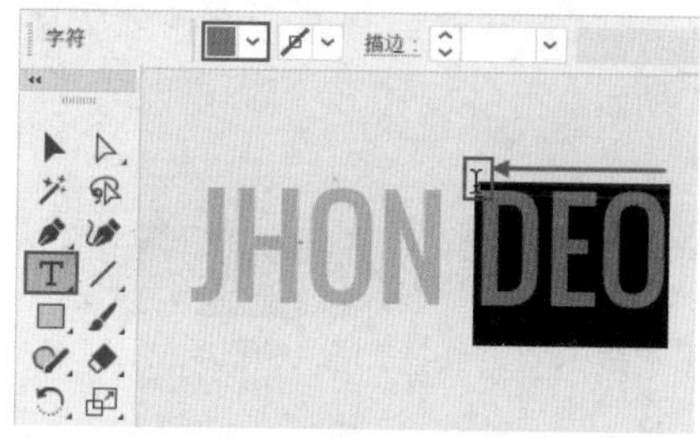

图2-32

5 继续使用“文字工具”输入新文字，如图2-33所示。

图2-33

6 选择工具箱中的“钢笔工具”，在控制栏中设置“填充”为灰色，“描边”为无，在画面中绘制一个多边形，如图2-34所示。

图2-34

7 选择工具箱中的“选择工具”，选中该图形，然后按住鼠标左键向下拖动的同时按住Alt+Shift组合键，将其移动并复制，如图2-35所示。

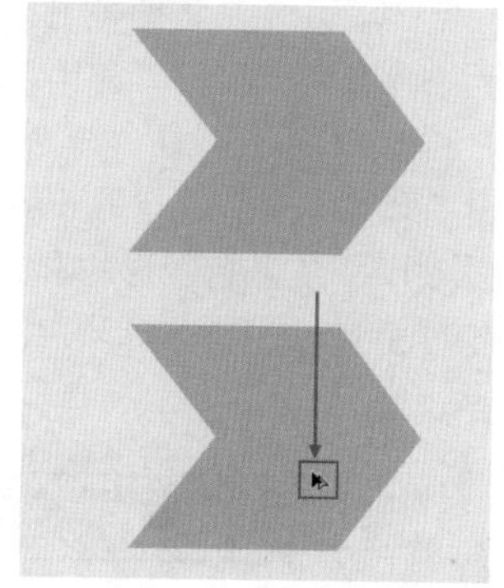

图2-35

8 执行“对象>再次变换”命令或按Ctrl+D组合键，以相同的移动距离再次垂直移动复制，如图2-36所示。

图2-36

9 选中第二个图形，在控制栏中设置其填充色，如图2-37所示。

10 使用同样的方法设置第四个图形的颜色，如图2-38所示。

图2-37

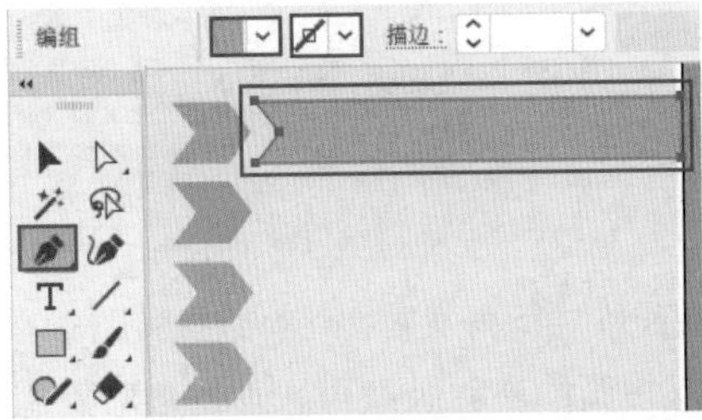

图2-38

⑪ 继续使用“钢笔工具”，设置“填充”为绿色，“描边”为无，在灰色图形的右侧绘制一个多边形，如图2-39所示。

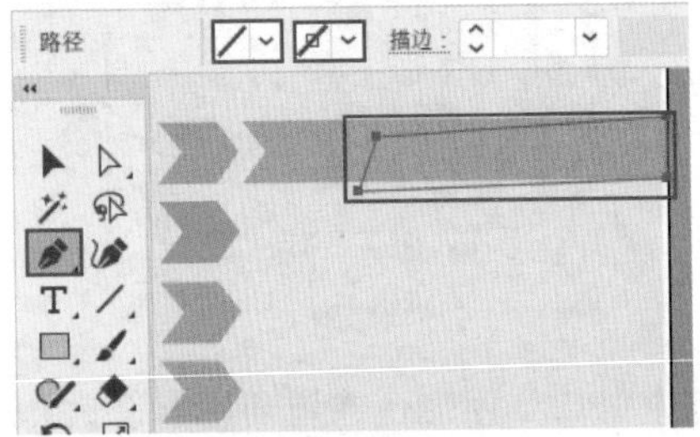

图2-39

⑫ 继续使用“钢笔工具”，设置“填充”为无，“描边”为无，在绿色图形的上方绘制一个闭合路径，如图2-40所示。

图2-40

⑬ 选中该图形，双击“渐变工具”按钮，在弹出的“渐变”面板中设置“类型”为线性渐变，“角度”为-176°，编辑一个由黑色到透明的渐变，如图2-41所示。

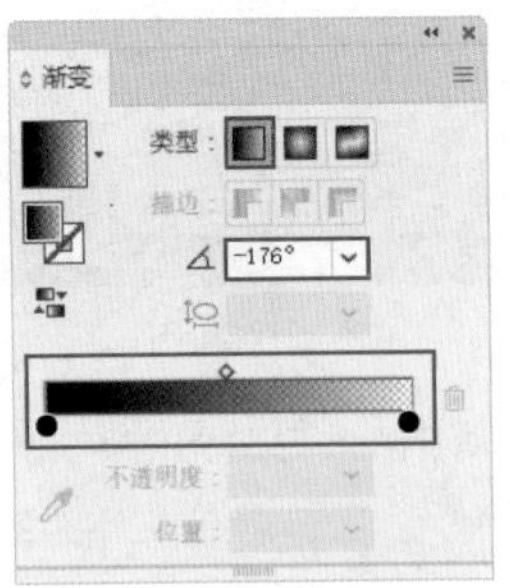

图2-41

⑭ 选择工具箱中的“渐变工具”，在图形上方按住鼠标左键拖动调整渐变效果，如图2-42所示。

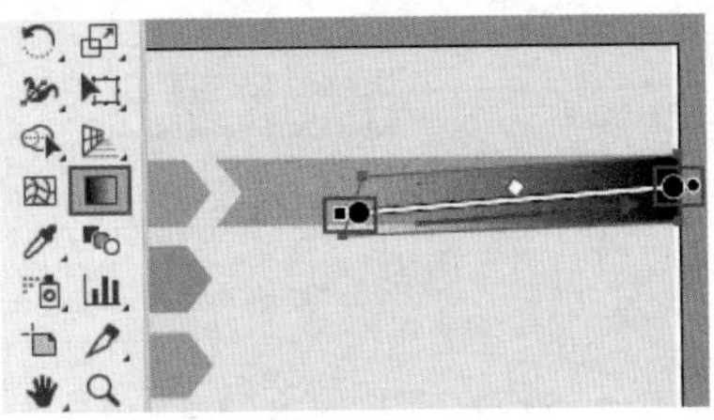

图2-42

⑮ 选中该图形，执行“对象>排列>后移一层”命令，将该形状移动到绿色图形的下层，如图2-43所示。

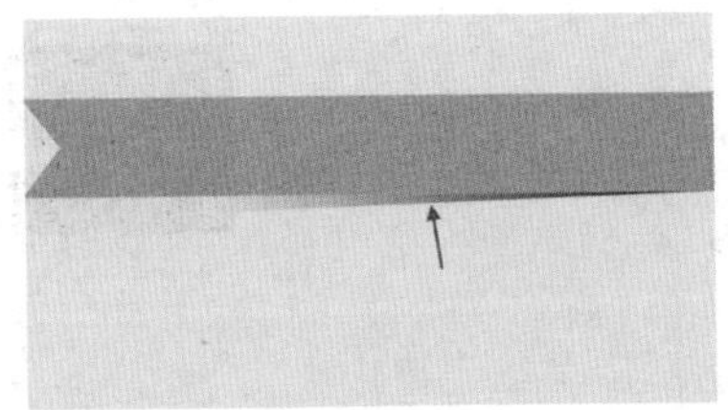

图2-43

⑯ 为了使投影效果更加真实，需要将其进行模糊处理。选中该图形，执行“效果>模糊>高斯模糊”命令，在打开的“高斯模糊”对话框中设置“半径”为1像素，单击“确定”按钮，如图2-44所示。

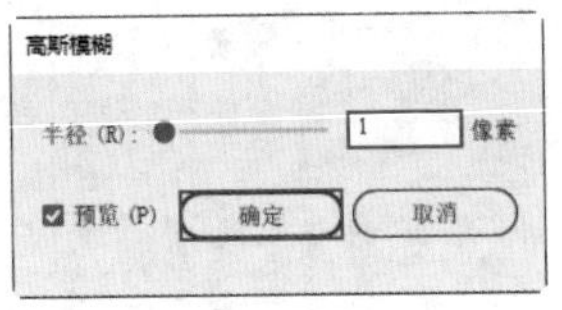

图2-44

⑰ 设置完成后的效果如图2-45所示。

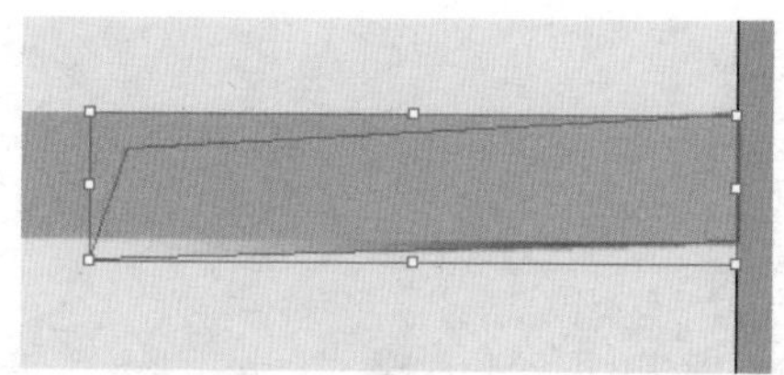

图2-45

⑱ 选择工具箱中的“选择工具”，选中图形和投影，然后按住鼠标左键向下拖动的同时按住Alt+Shift组合键，将其移动并复制，如图2-46所示。

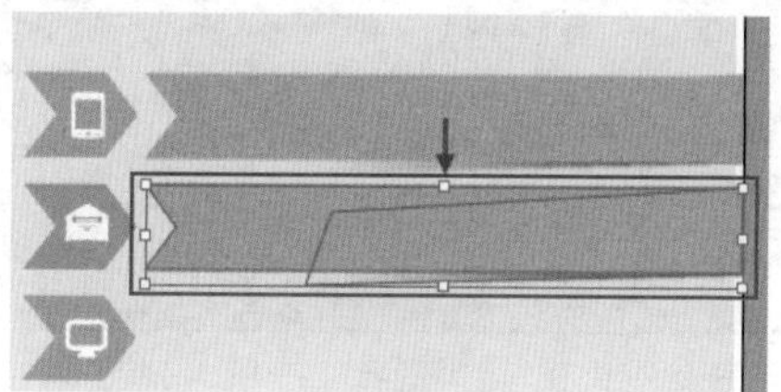

图2-46

⑲ 使用“再次变换”命令（快捷键为Ctrl+D）以相同的移动距离再次移动复制，如图2-47所示。

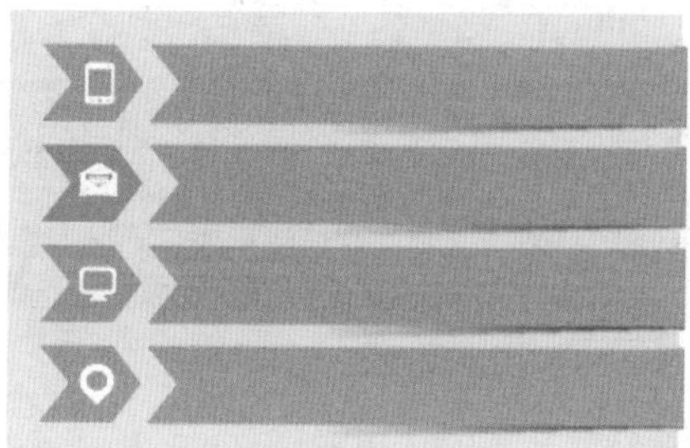

图2-47

⑳ 选中第二个与第四个图形，在控制栏中设置“填充”为灰色，如图2-48所示。

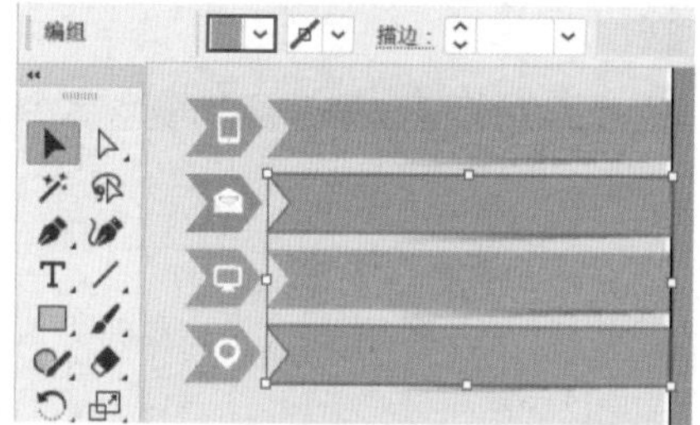

图2-48

㉑ 使用同样的方法更改其他图形的填充颜色，如图2-49所示。

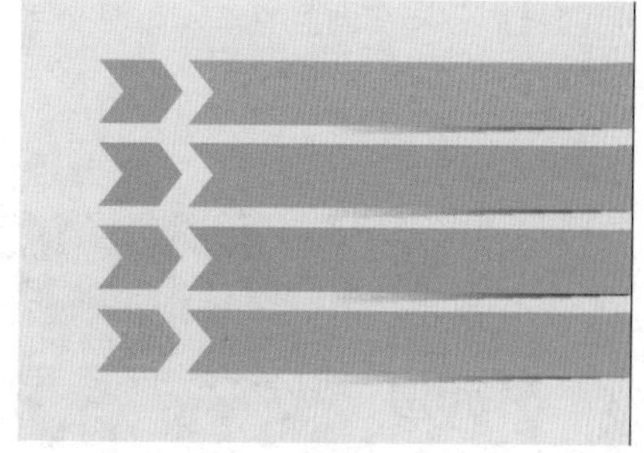

图2-49

㉒ 执行“文件>打开”命令，打开“1.ai”素材文件，如图2-50所示。

图2-50

㉓ 分别单击选中“1.ai”素材文件中的每个小图标，按Ctrl+C组合键将其复制，接着返回刚刚操作的文档中，按Ctrl+V组合键将其粘贴至画面中适当的位置，如图2-51所示。

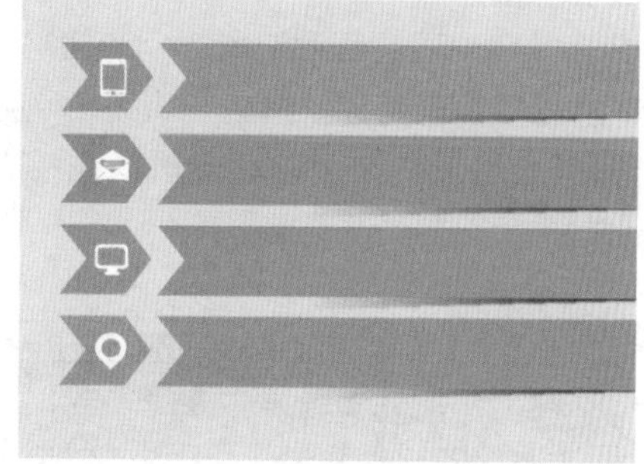

图2-51

㉔ 选择工具箱中的“文字工具”，在图形上输入文字，在控制栏中设置“填充”为白色，“描边”为无，选择合适的字体、字号，如图2-52所示。

图2-52

㉕ 使用同样的方法在画面中输入其他文字，如图2-53所示。

图2-53

㉖ 制作名片的背面，首先需要新建一个等大的画板。选择工具箱中的“画板工具”，单击控制栏中的“新建画板”按钮，此时将光标移动到画面中，出现一个与之前画面等大的新画板，在“画板1”右侧单击即可新建“画板2”，如图2-54所示。

图2-54

㉗ 选择工具箱中的“矩形工具”，在控制栏中设置“填充”为蓝色，“描边”为无，然后在“画板2”中绘制一个与画板等大的矩形，如图2-55所示。

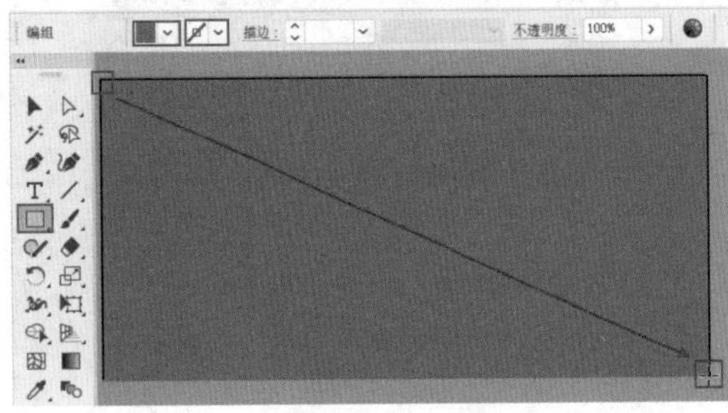

图2-55

㉘ 加选名片正面的图形，执行“编辑>复制”命令与“编辑>粘贴”命令，然后将粘贴出的彩条移动到“画板2”中，如图2-56所示。

㉙ 使用“文字工具”输入名片背面的文字，如图2-57所示。

图2-56

图2-57

2. 制作名片展示效果

❶ 使用“画板工具”，在画面中适当的位置按住鼠标左键拖动，新建一个宽度为183mm，高度为127mm的“画板3”，如图2-58所示。

图2-58

❷ 执行“文件>置入”命令，在弹出的“置入”对话框中选择“2.jpg”素材文件，单击“置入”按钮，如图2-59所示。

❸ 在画面中按住鼠标左键拖动，控制置入对象的大小，释放鼠标完成置入操作，如图2-60所示。

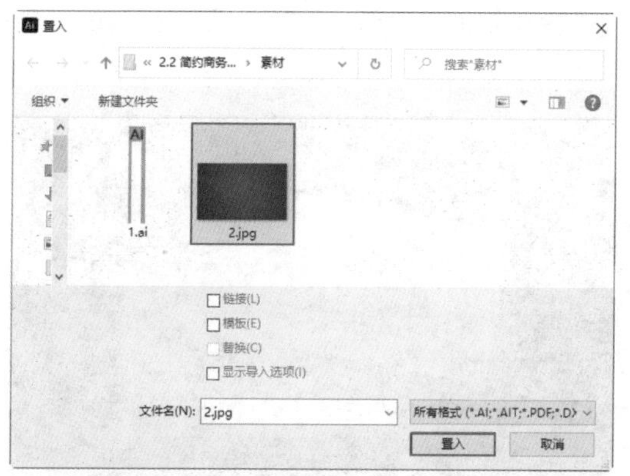

图2-59

图2-60

4 使用“选择工具”加选名片背面的内容，使用编组命令（快捷键为Ctrl+G）将名片背面进行编组。然后执行“编辑>复制”命令与“编辑>粘贴”命令，将复制出的名片背面移动到“画板3”中，如图2-61所示。

图2-61

5 制作名片的投影。选择工具箱中的“钢笔工具”，在卡片的下方绘制一个三角形的闭合路径，如图2-62所示。

图2-62

6 选中刚刚绘制的三角形闭合路径，执行“窗口>渐变”命令，在打开的“渐变”面板中单击“线性渐变”按钮，为其填充一个灰色系的渐变颜色，如图2-63所示。

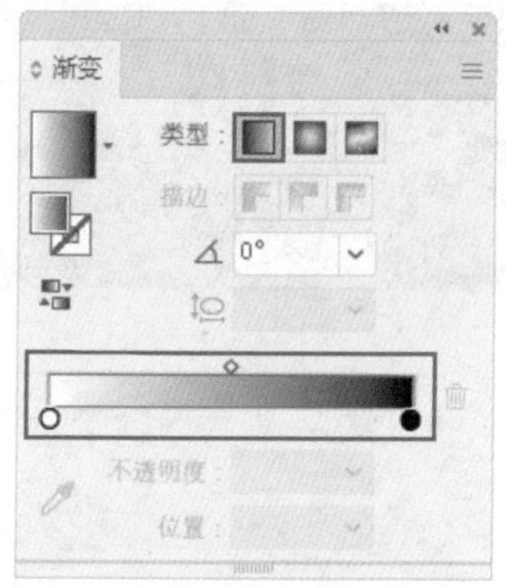

图2-63

7 设置完成后的效果如图2-64所示。

图2-64

8 选中渐变图形，执行“对象>排列>后移一层”命令，将图形移动到名片的后面，如图2-65所示。

9 执行“窗口>透明度”命令，在打开的“透明度”面板中设置“模式”为“正片叠底”，如图2-66所示。

图2-65

图2-66

⑩ 使用同样的方法制作名片的正面效果，摆放在合适位置上。本案例制作完成，效果如图2-67所示。

图2-67

2.2.2 实例：几何图形名片设计

设计思路

案例类型：

本案例为广告公司工作人员的名片设计项目，如图2-68所示。

图2-68

项目诉求：

本案例企业团队年轻、富有朝气，所以名片要求风格明快清新，同时也要展现企业的特性。

设计定位：

名片采用简约的设计风格，由几何图形、线条和文字组成。整个作品设计语言简约，不仅带给人视觉上美的享受，而且有利于信息快速准确地传递给受众。

配色方案

名片以浅青绿为主色调，该颜色饱和度稍低，清新淡雅中带着活泼之感。以白色作为辅助色，提升了卡片整体的明度，通过配色就能够传递出企业年轻、富有朝气活力的氛围，如图2-69所示。

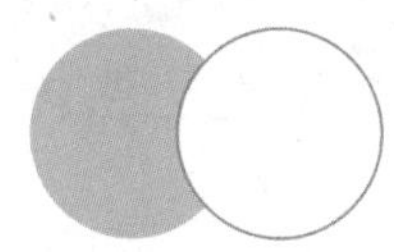

图2-69

版面构图

卡片分为正反两面，卡片背面只在画面中心放置了企业标志，起到着重展示的作用；正面则由标志图形和文字两部分组成，文字位于左侧符合日常的阅读习惯，标志位于右侧和卡片背景标志形成关联，起到了强调、突出的作用，如图2-70所示。

图2-70

本案例制作流程如图2-71所示。

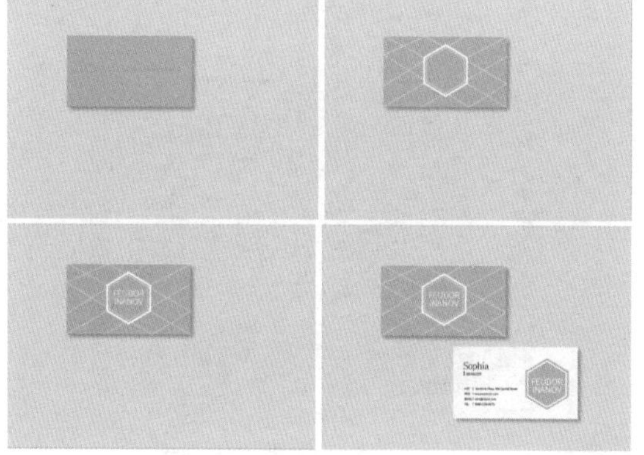

图2-71

技术要点

- 使用“投影”为矩形添加投影。
- 使用“直线段工具”绘制辅助图形。
- 使用“剪切蒙版”隐藏多余的直线。

操作步骤

1. 制作名片背面

1 新建一个宽度为90mm、高度为50mm的文档。接着选择工具箱中的“矩形工具”，在控制栏中设置“填充”为灰色，“描边”为无。设置完成后绘制一个比画板大的矩形，作为名片的背景，如图2-72所示。

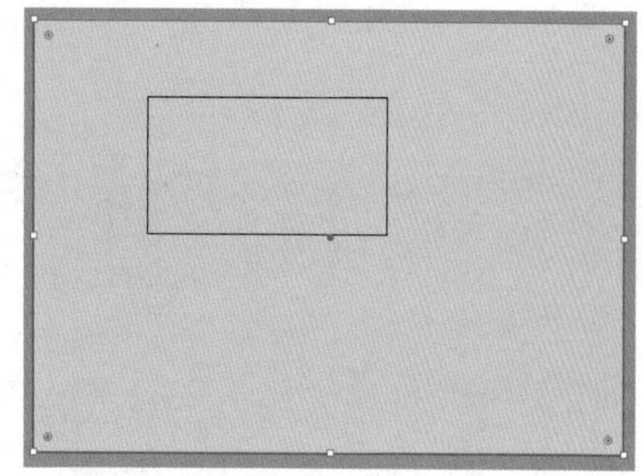

图2-72

2 制作名片背面。继续使用“矩形工具”，在控制栏中设置“填充”为浅青绿，“描边”为无。设置完成后绘制一个与画板等大的矩形，如图2-73所示。

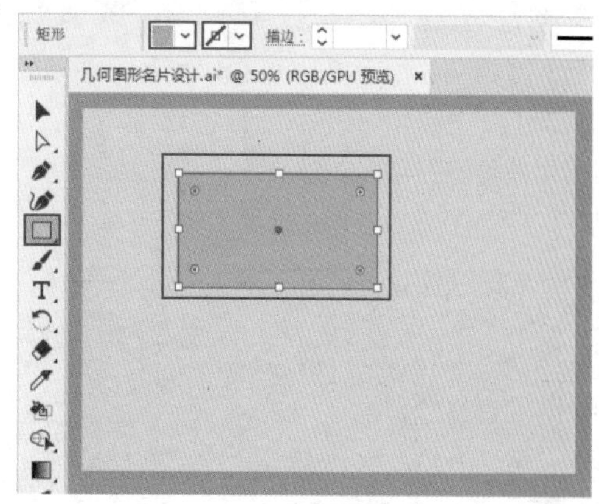

图2-73

3 为矩形添加投影，增强层次感。将浅青绿矩形选中，执行“效果>风格化>投影”命令，在弹出的“投影”对话框中设置“模式”为“正片叠底”，“不透明度”为30%，“X位移”为

2mm，“Y位移”2mm，“模糊”为1mm，“颜色”为黑色。设置完成后单击“确定”按钮，如图2-74所示。

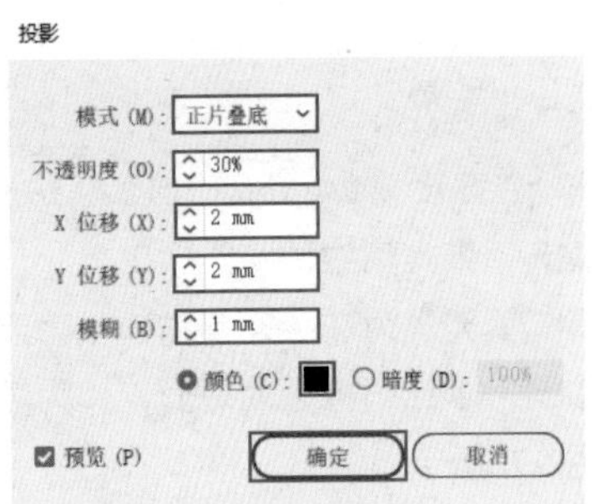

图2-74

4 设置完成后的效果如图2-75所示。

图2-75

5 从案例效果中可以看出，名片背面中间位置为一个正六边形，周围为直线段。因此，我们首先绘制正六边形。选择工具箱中的“多边形工具”，在控制栏中设置“填充”为无，“描边”为浅青色，描边“粗细”为1pt。设置完成后在矩形中间位置按住Shift键的同时按住鼠标左键拖动，绘制一个正六边形，如图2-76所示。

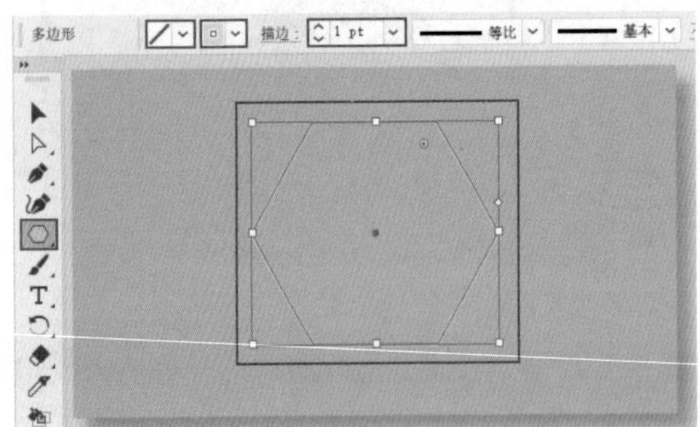

图2-76

6 对正六边形进行旋转，使其尖角朝上。将正六边形选中，单击鼠标右键，在弹出的快捷菜单中选择“变换>旋转”命令，在打开的“旋转”对话框中设置“角度”为90°。设置完成后单击“确定”按钮，如图2-77所示。

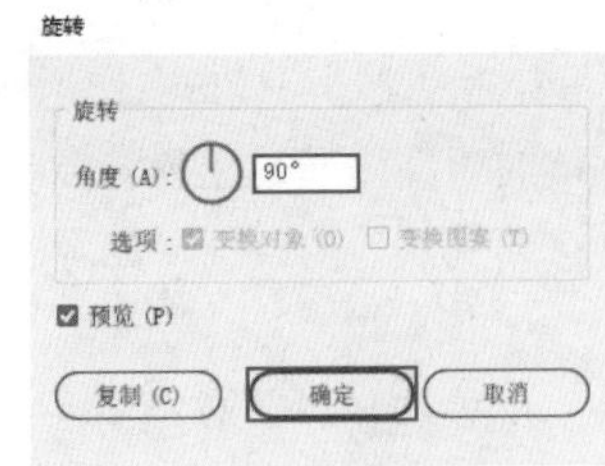

图2-77

7 设置完成后的效果如图2-78所示。

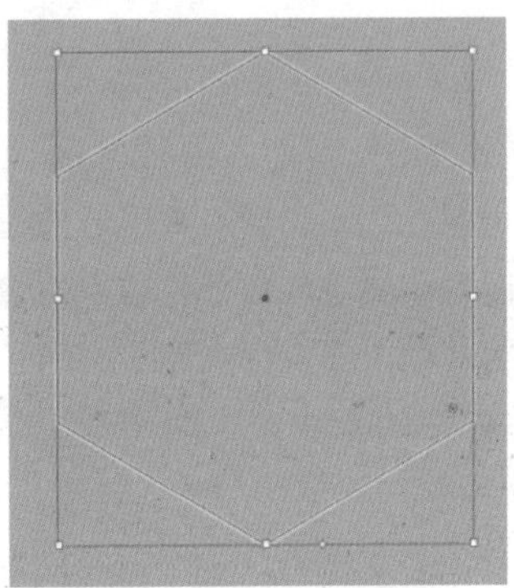

图2-78

8 以正六边形为基准，在背景矩形上方添加直线段。选择工具箱中的“直线段工具”，在控制栏中设置“填充”为无，“描边”为浅青色，描边“粗细”为1pt。设置完成后在版面左上角绘制直线段，如图2-79所示。

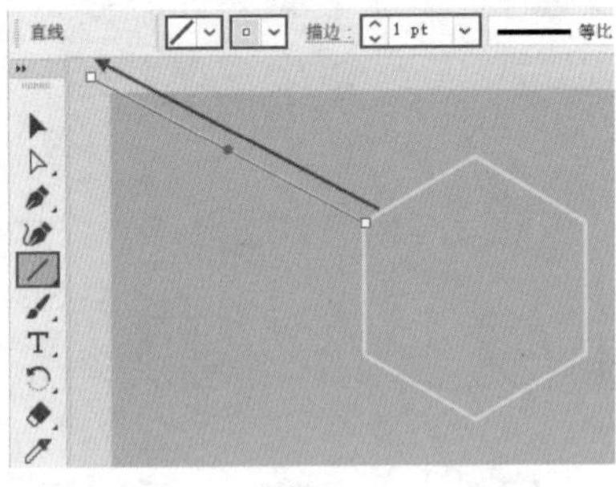

图2-79

9 继续使用“直线段工具”，在版面其他部位绘制相同颜色与粗细的直线段。然后将所有直线段选中，使用Ctrl+G组合键进行编组，如图2-80所示。

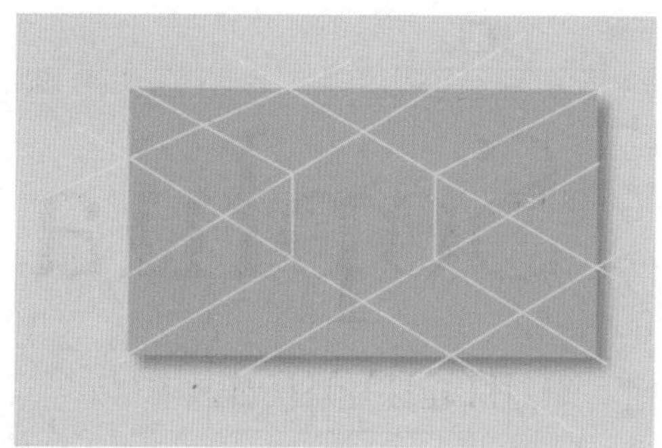
图2-80

⑩ 直线段有超出背景矩形的部分，需要进行隐藏处理。使用“矩形工具”在直线段上方绘制一个与背景矩形等大的矩形。然后将该矩形与编组直线段选中，使用Ctrl+7组合键创建剪切蒙版，将直线段多余区域进行隐藏处理，如图2-81所示。

图2-81

⑪ 执行操作后的效果如图2-82所示。

图2-82

⑫ 将版面中间的正六边形选中，使用Ctrl+C组合键进行复制，使用Ctrl+F组合键进行原位粘贴。接着在控制栏中设置“填充”为无，“描边”为浅灰色，描边“粗细”为3pt。设置完成后将光标放在定界框一角，按住Shift+Alt组合键的同时按住鼠标左键，将图形进行等比例扩大，如图2-83所示。

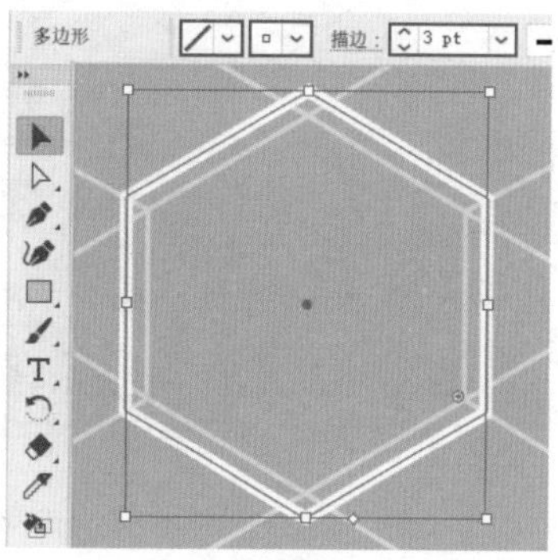

图2-83

⑬ 在正六边形内部添加文字。选择工具箱中的“文字工具”，在正六边形内部输入文字。然后在控制栏中设置“填充”为非常浅的青色，“描边”为无，同时设置合适的字体、字号，单击“居中对齐”按钮。效果如图2-84所示。

图2-84

⑭ 对文字的行间距进行调整。将文字选中，在打开的“字符”面板中设置“行间距”为16pt，如图2-85所示。

图2-85

⑮ 此时文字之间的行距被适当调小，效果如图2-86所示。

图2-86

2. 制作名片正面

❶ 制作名片正面。将制作完成的名片背面背景矩形复制一份，放在版面右下角位置，并在控制栏中将其填充色更改为浅灰色，如图2-87所示。

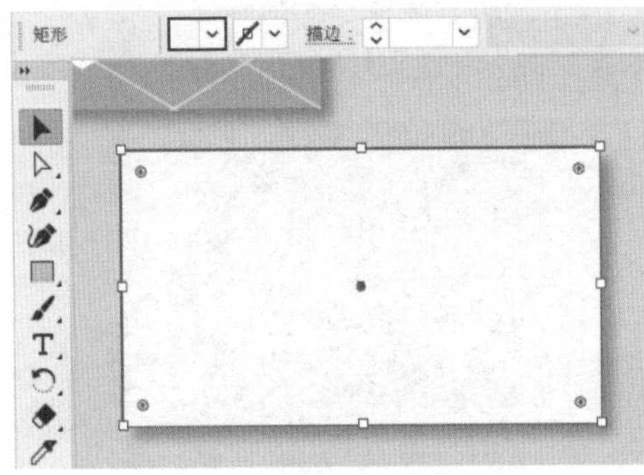

图2-87

❷ 在浅灰色矩形左侧添加文字。选择工具箱中的“文字工具”，在版面左侧单击输入文字。然后在控制栏中设置“填充”为黑色，“描边”为无，如图2-88所示。

图2-88

❸ 继续使用“文字工具”在已有文字下方单击输入其他文字，如图2-89所示。

图2-89

❹ 在“字符”面板中单击“全部大写字母”按钮，将文字字母全部调整为大写形式，如图2-90所示。

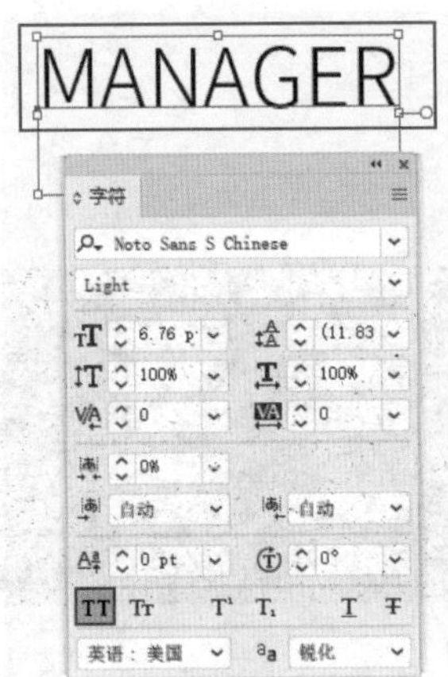

图2-90

❺ 在文字左侧添加小矩形，丰富细节效果。选择工具箱中的“矩形工具”，在控制栏中设置“填充”为黑色，“描边”为无。设置完成后在文字左侧绘制一个小矩形，如图2-91所示。

图2-91

❻ 在浅灰色矩形底部添加段落文字。选择工具箱中的“文字工具”，在矩形底部按住鼠标左键

拖动绘制文本框，然后在文本框中输入合适的文字。接着在控制栏中设置“填充”为黑色，“描边”为无，同时设置合适的字体、字号，单击“左对齐”按钮，如图2-92所示。

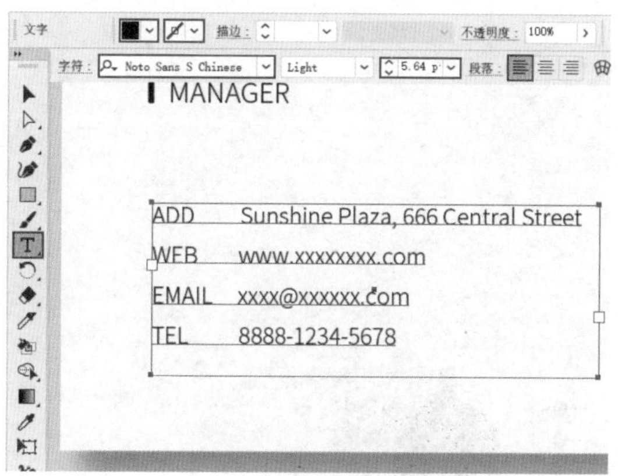

图2-92

7 使用“矩形工具”在段落文字中间位置绘制小矩形作为分割线，丰富视觉效果，如图2-93所示。

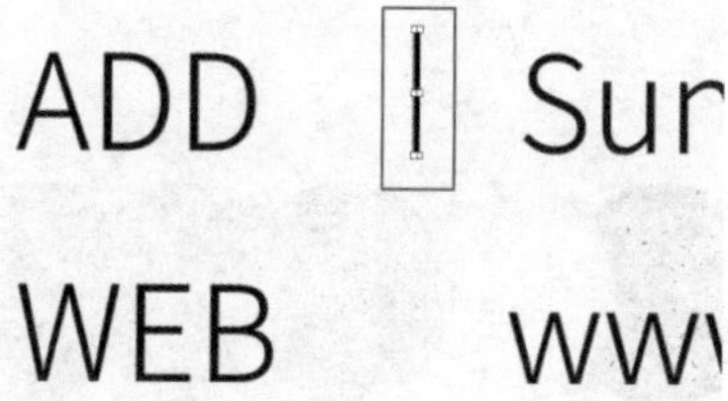

图2-93

8 将小矩形分割线选中，按住Alt+Shift组合键的同时按住鼠标左键向下拖动，这样可以保证图形在垂直线上移动。至第二行文字空白位置时释放鼠标，即可将小矩形快速复制一份，如图2-94所示。

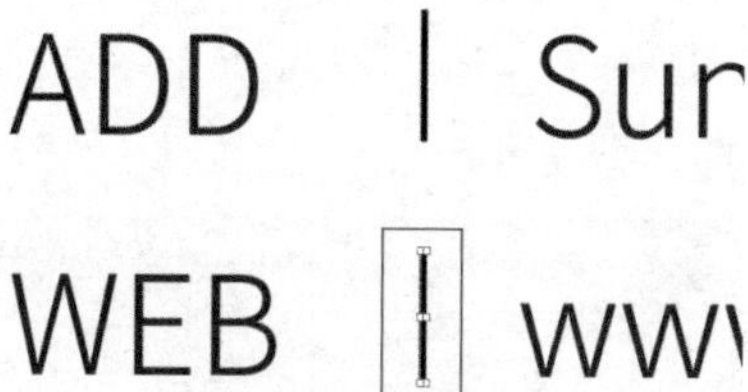

图2-94

9 在当前复制状态下，按两次Ctrl+D组合键，将小矩形进行相同移动距离与移动方向的复制，如图2-95所示。

图2-95

10 将版面中间位置的两个正六边形和文字复制一份，放在名片正面的右侧位置，接着调整两个图形的前后顺序。在控制栏中设置白色的正六边形“填充”为浅青绿，“描边”为无；接着将浅青色的正六边形选中，在控制栏中设置“填充”为无，“描边”为浅灰色，描边“粗细”为2pt，如图2-96所示。

图2-96

11 本案例制作完成，效果如图2-97所示。

图2-97

2.2.3 实例：餐厅订餐卡片

设计思路

案例类型：

本案例为轻食餐厅的名片设计项目，如图2-98所示。

图2-98

项目诉求：

轻食餐厅主打低糖、低盐、低卡的理念，以绿色蔬菜以及有机食物为原料，为消费者提供健康、新鲜、卫生的饮食体验。在卡片设计上，需要从颜色、形式上体现出企业健康饮食、美好生活的理念。

设计定位：

名片设计旨在为轻食餐厅建立一个健康、时尚、可信赖的品牌形象。卡片中采用了六边形和圆形组合而成的图案，灵感来自于蔬菜、瓜果的切面，强调清新、健康、自然的理念。

配色方案

该名片以绿色为主色调，旨在传达健康、新鲜、环保等正面信息。为了丰富视觉效果，多种绿色被巧妙地运用，并以同类色搭配呈现出统一、协调的视觉感受。黑色和白色被作为辅助色，以平衡整体画面的明暗对比，如图2-99所示。

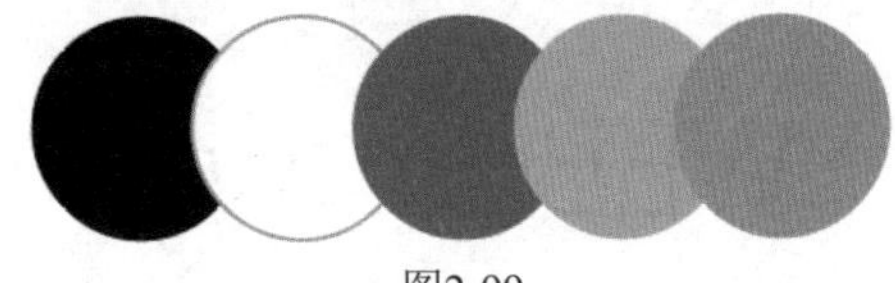

图2-99

版面构图

名片正面将标准图案平铺填满画面，将标志放大居中，能够让消费者更好地认识和了解品牌。卡片的背面分为左右两部分，左侧是联系方式，内容清晰易懂，且添加了图标进行辅助说明；右侧是标志和标准图案，进一步强化品牌形象，如图2-100所示。

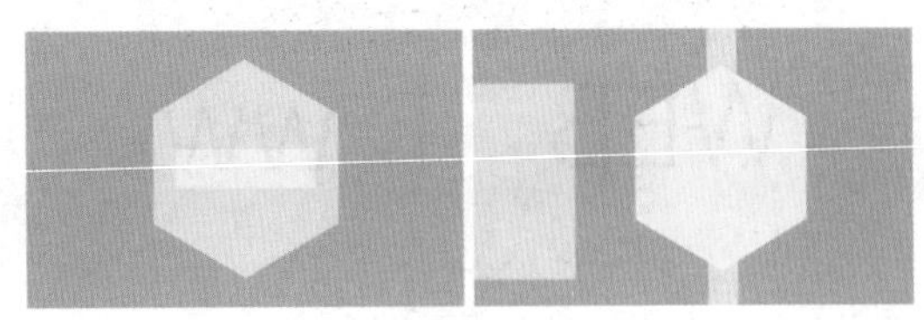

图2-100

本案例制作流程如图2-101所示。

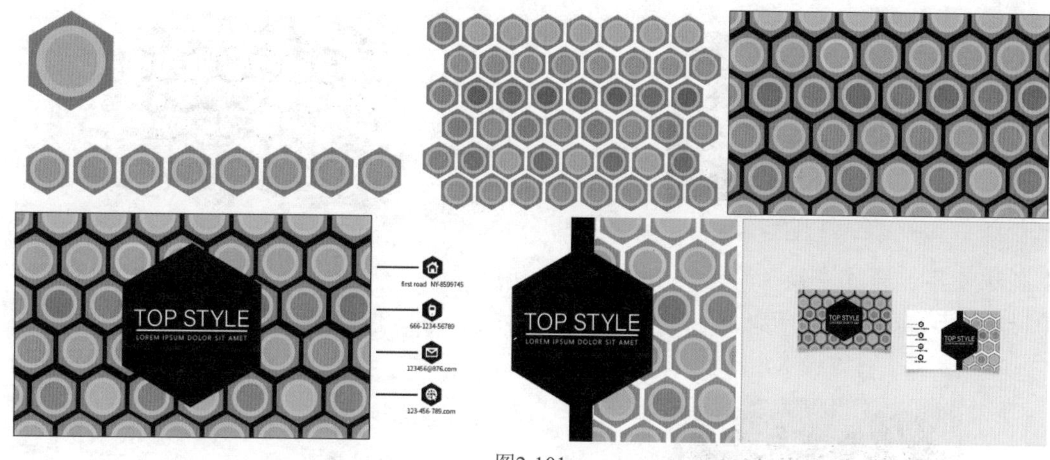

图2-101

技术要点

- 使用“再次变换”制作重复的、相同的图案。
- 使用“剪切蒙版”隐藏多余的图案。
- 使用“符号”面板为画面添加图形。
- 使用“高斯模糊”柔化阴影。

操作步骤

1.制作名片背面

1 执行“文件>新建”命令，新建一个宽度为90mm、高度为55mm的文档。选择工具箱中的“矩形工具”，在控制栏中设置“填充”为黑色，“描边”为无，在画面中拖动鼠标，绘制一个与画板等大的矩形，如图2-102所示。

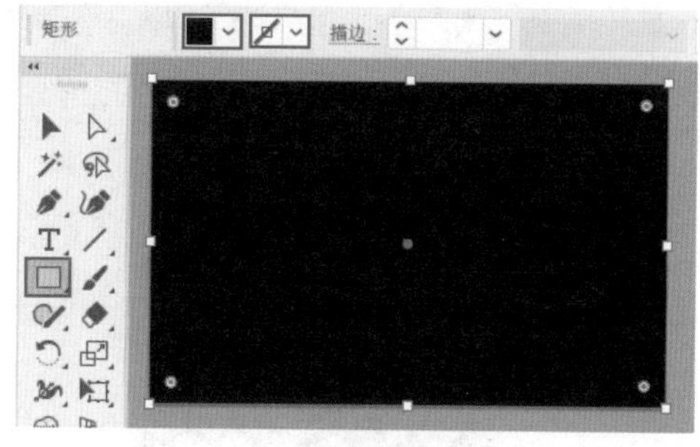

图2-102

2 选择工具箱中的“多边形工具”，在控制栏中设置“填充”为绿色，“描边”为无，在画面中按住鼠标左键拖动，绘制一个多边形，如图2-103所示。

3 选择工具箱中的“椭圆形工具”，设置“填充”为稍深一些的黄绿色，“描边”为黄绿色，单击“描边”按钮，在打开的下拉面板中设置“粗细”为3pt，单击“使描边外侧对齐”按钮，在多边形上按住Ctrl键拖动鼠标，绘制一个正圆，如图2-104所示。

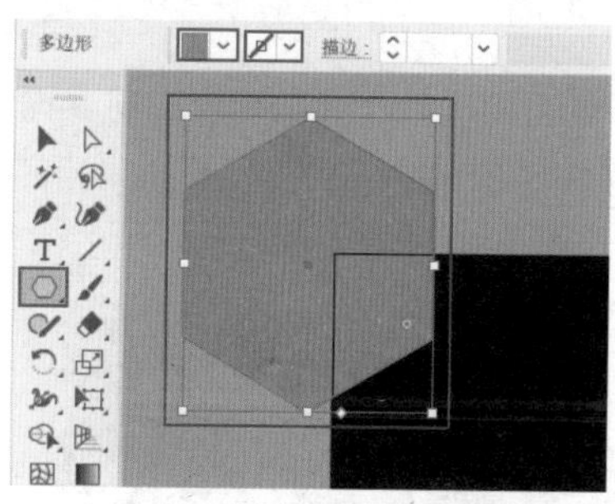

图2-103

图2-104

4 选中多边形与正圆，按住鼠标左键将其向右拖动的同时按住Alt+Shift组合键，至合适位置释放鼠标即可将其水平移动并复制，如图2-105所示。

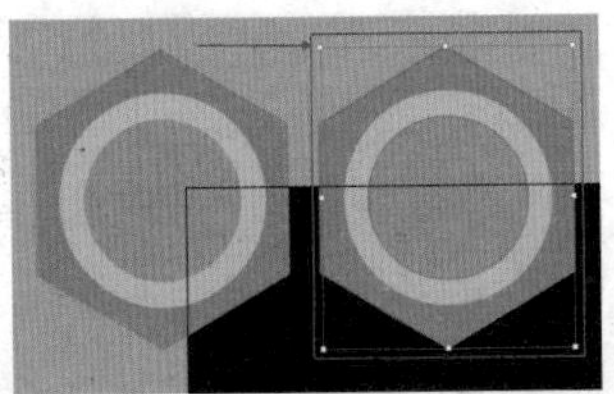
图2-105

5 多次使用“再次变换”命令（快捷键为Ctrl+D）进行水平移动与复制，如图2-106所示。

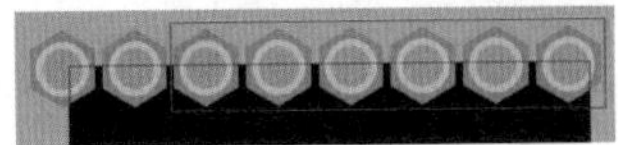
图2-106

6 选中一行图形，按住Alt键的同时按住鼠标左键将其向下拖动，即可复制出一行，如图2-107所示。

图2-107

7 选中两行图形，按住鼠标左键将其向下拖动的同时按住Alt+Shift组合键，释放鼠标完成移动并复制的操作，如图2-108所示。

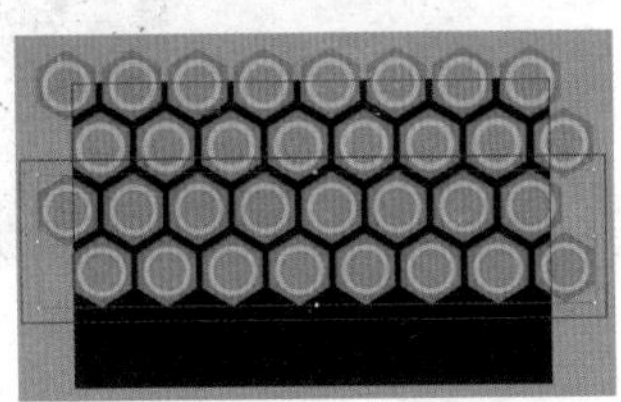
图2-108

8 使用“再次变换”命令（快捷键为Ctrl+D）进行垂直移动与复制，如图2-109所示。

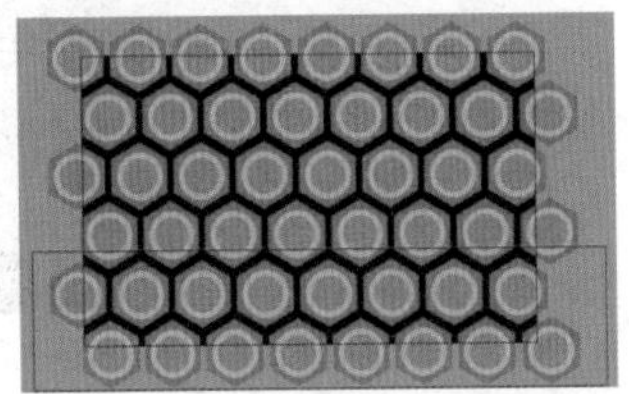
图2-109

9 使用“选择工具”选中正圆，在控制栏中设置其填充色。选中所有图形使用Ctrl+G组合键进行编组，如图2-110所示。

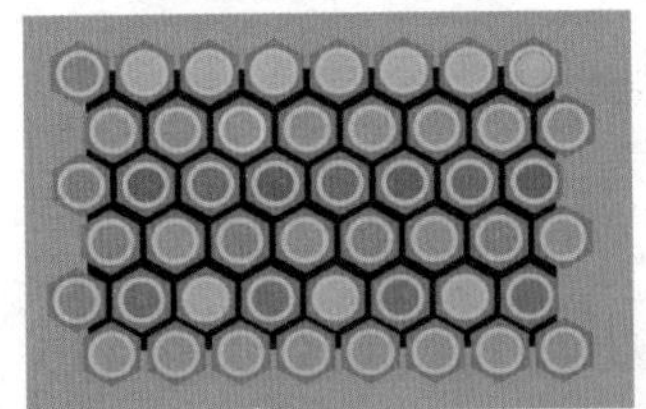
图2-110

10 选择工具箱中的“矩形工具”，在控制栏中设置“填充”为黑色，“描边”为无，在画面中按住鼠标左键拖动，绘制一个与画板等大的矩形，如图2-111所示。

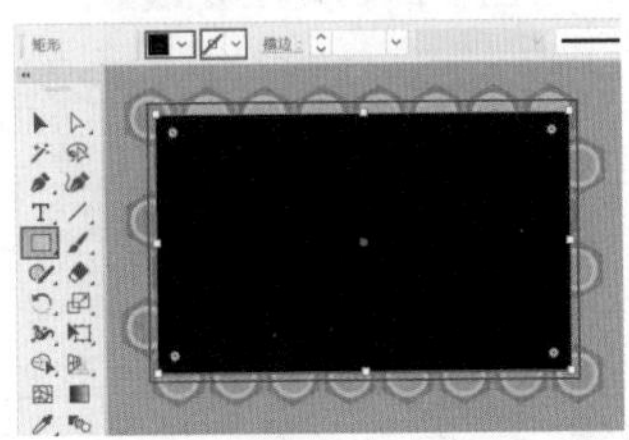
图2-111

11 选中编组图形与矩形，使用Ctrl+7组合键创建剪切蒙版，隐藏超出画板以外的部分，如图2-112所示。

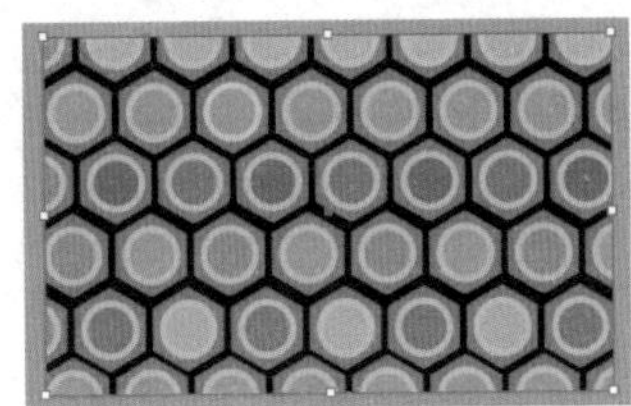
图2-112

12 选择工具箱中的“多边形工具”，在控制栏中设置“填充”为黑色，“描边”为无，在画面中间位置按住鼠标左键拖动，绘制一个多边形，如图2-113所示。

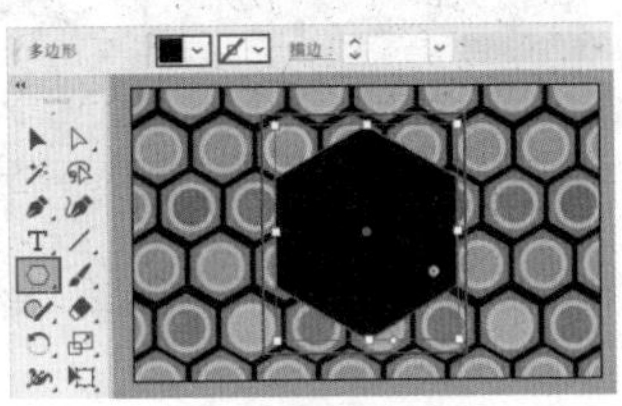
图2-113

13 选择工具箱中的“文字工具”，在多边形上输入文字。选中文字，在控制栏中设置合适的字体、字号及颜色，如图2-114所示。

图2-114

⑭ 使用同样的方法在该文字的下方输入新的文字，如图2-115所示。

图2-115

⑮ 选中下方的文字，执行“窗口>文字>字符”命令，在打开的“字符”面板中设置“字间距”为160，如图2-116所示。

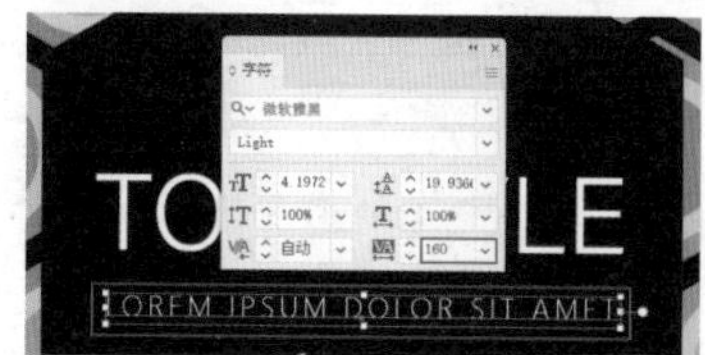
图2-116

⑯ 选择工具箱中的“直线段工具”，在控制栏中设置“填充”为无，“描边”为白色，描边“粗细”为1pt，在文字之间绘制一条直线，如图2-117所示。

图2-117

⑰ 此时名片背面制作完成，效果如图2-118所示。

图2-118

2. 制作名片正面

❶ 选择工具箱中的“画板工具”，在控制栏中单击“移动/复制带画板的图稿”按钮，单击选择左侧的画板，按住Alt键的同时按住鼠标左键将其向右拖动，至合适位置释放鼠标即可将其复制一份，如图2-119所示。

图2-119

❷ 选中图案，单击鼠标右键，在弹出的快捷菜单中选择“隔离选中的剪切蒙版”命令，进入剪切组，如图2-120所示。

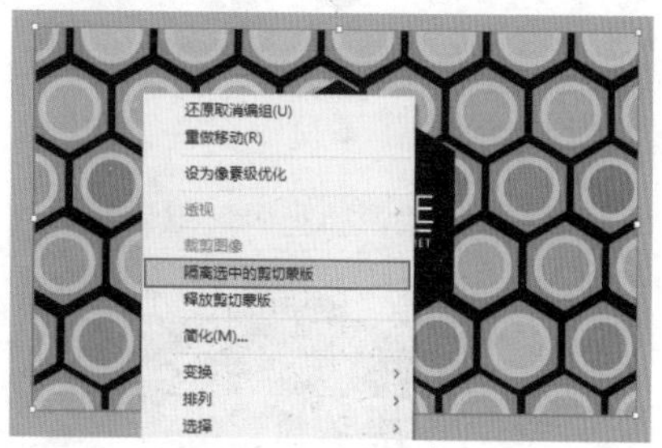

图2-120

❸ 选择上面的矩形，按住鼠标左键拖动控制点缩小其宽度，如图2-121所示。

图2-121

❹ 调整完成后单击鼠标右键，在弹出的快捷菜单中选择“退出隔离模式”命令，退出当前的模式，如图2-122所示。

❺ 选中黑色矩形，在控制栏中设置“填充”为白色，如图2-123所示。

❻ 选中上面的多边形、文字与直线，将其向右移动，如图2-124所示。

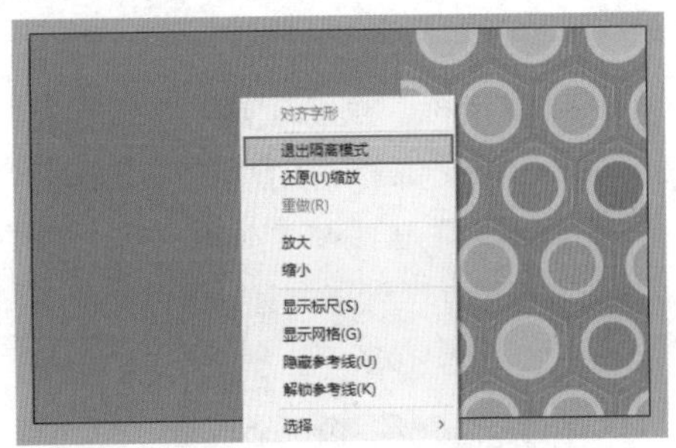

图2-122

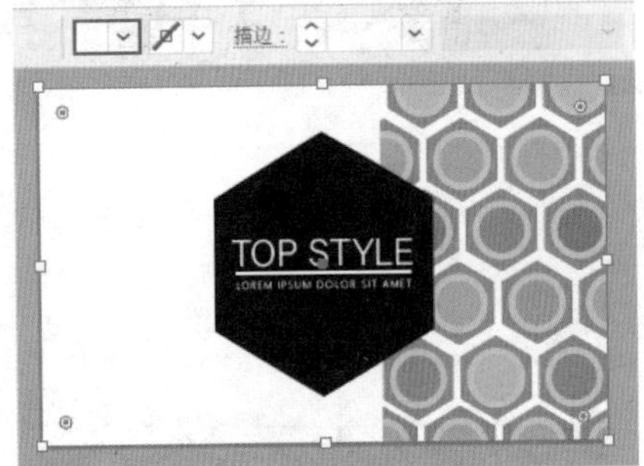

图2-123

图2-124

7 选择工具箱中的“矩形工具”，在控制栏中设置“填充”为黑色，“描边”为无，在图案的左侧绘制一个矩形，如图2-125所示。

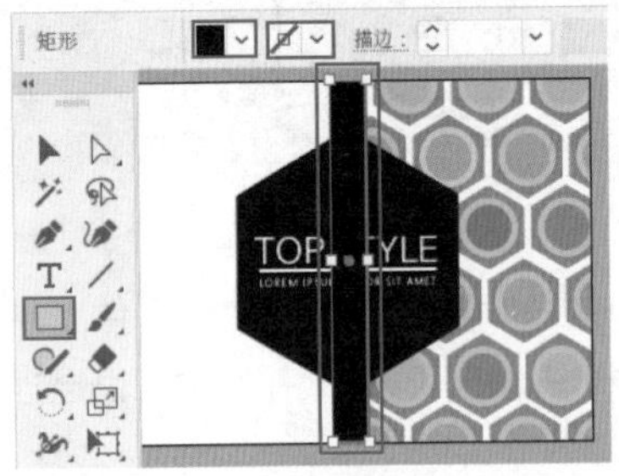

图2-125

8 选中矩形，多次执行“对象>排列>后移一层”命令，将其置于多边形的后面，如图2-126所示。

9 选择工具箱中的“直线段工具”，在控制栏中设置“填充”为无，“描边”为黑色，描边“粗细”为1pt，在画面右端绘制一条直线，如图2-127所示。

图2-126

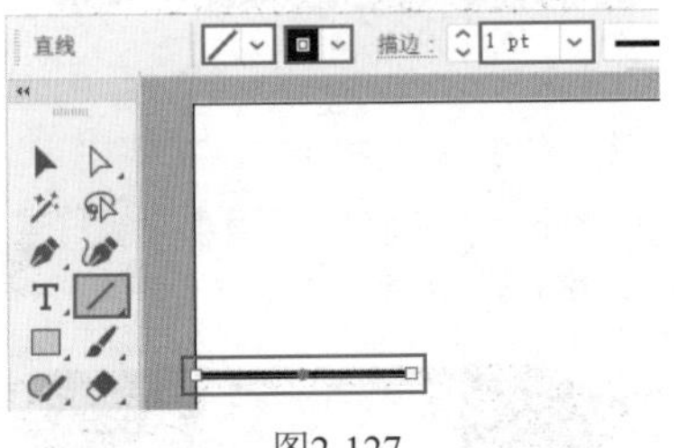

图2-127

10 选择工具箱中的“多边形工具”，在控制栏中设置“填充”为黑色，“描边”为无，在直线的右侧拖动鼠标绘制一个六边形，如图2-128所示。

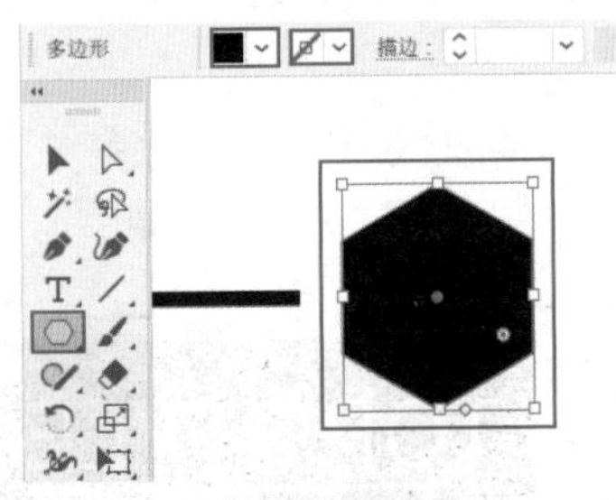

图2-128

11 选择工具箱中的“文字工具”，在多边形的下方输入文字。选中文字，在控制栏中设置合适的字体、字号，如图2-129所示。

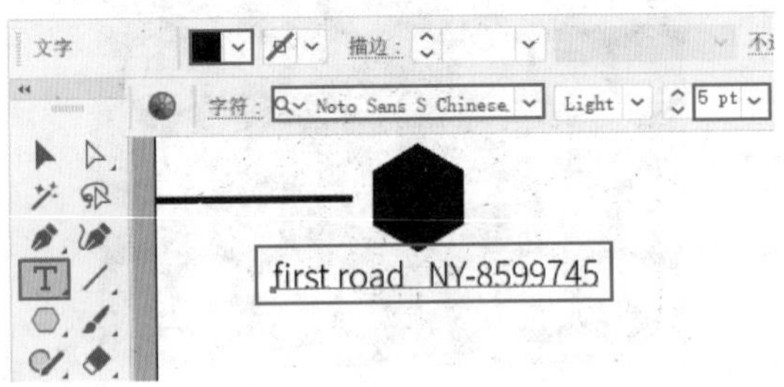

图2-129

⑫ 选中直线、六边形与文字，按住Alt+Shift组合键的同时按住鼠标左键向下拖动，将其进行移动复制，如图2-130所示。

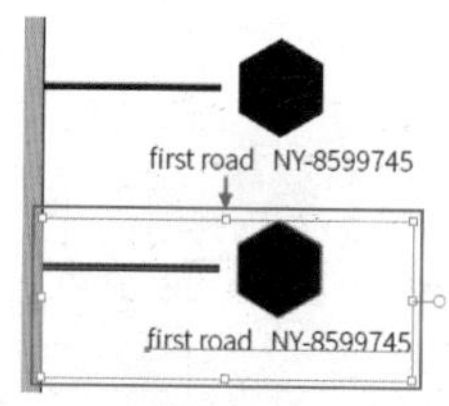

图2-130

⑬ 使用“再次变换”命令（快捷键为Ctrl+D）进行垂直移动与复制，如图2-131所示。

⑭ 选择工具箱中的“文字工具”，更改文字内容并适当调整文字的位置，如图2-132所示。

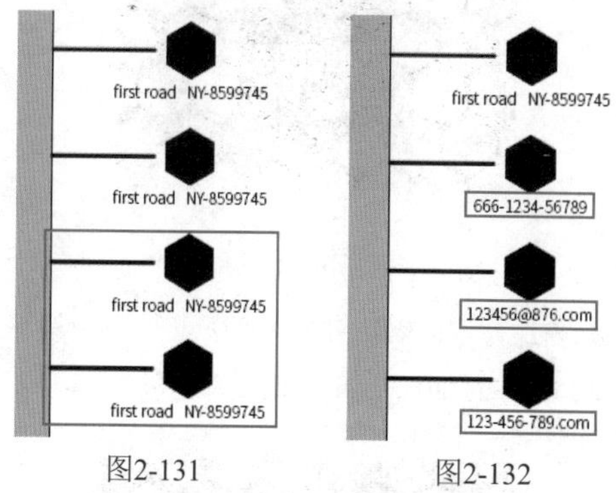

图2-131　　图2-132

⑮ 添加图标。执行“窗口>符号库>移动”命令，打开“移动”符号面板，将光标移至符号上按住鼠标左键将其向画面中的空白位置拖动，释放鼠标即可添加符号，如图2-133所示。

图2-133

⑯ 选中该符号，单击控制栏中的“断开链接”按钮，如图2-134所示。

图2-134

⑰ 选中除黑色房子之外的部分按Delete键将其删除，选中房子图形将其设置为白色，如图2-135所示。

图2-135

⑱ 选中该图形，将其移动至黑色的多边形上，按住鼠标左键拖动控制点，将其适当缩小，如图2-136所示。

⑲ 使用同样的方法在另外3个多边形上添加图形，如图2-137所示。

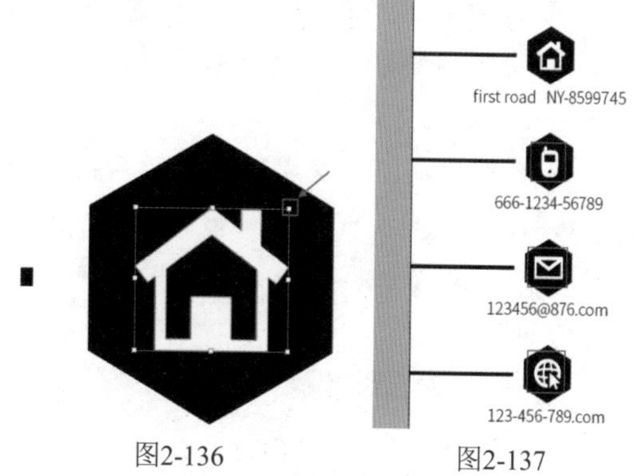

图2-136　　图2-137

⑳ 此时名片正面制作完成，效果如图2-138所示。

图2-138

3. 制作名片效果图

❶ 选择工具箱中的“画板工具”，在画面中拖动鼠标，绘制一个合适大小的画板，如图2-139所示。

❷ 选择工具箱中的“矩形工具”，在控制栏中设置“填充”为灰色，“描边”为无，在画板上按住鼠标左键拖动，绘制一个与画板等大的矩形，如图2-140所示。

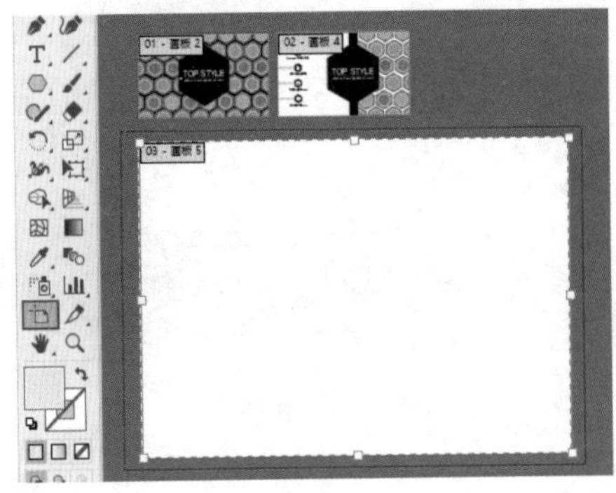

图2-139

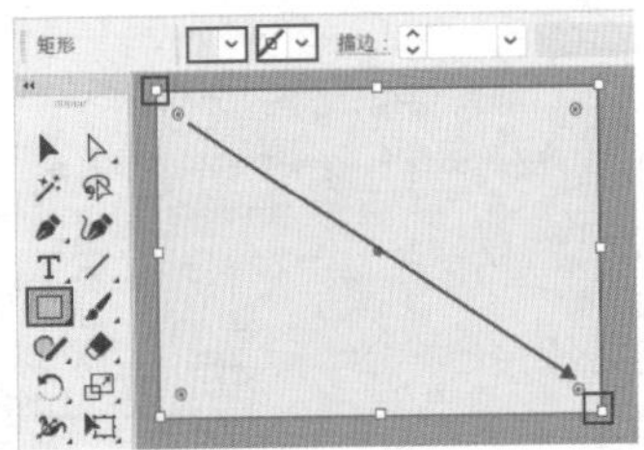

图2-140

3 选择名片的背面，使用Ctrl+G组合键进行编组，然后使用Ctrl+C组合键进行复制，使用Ctrl+V组合键进行粘贴，并将其移动至画面中，如图2-141所示。

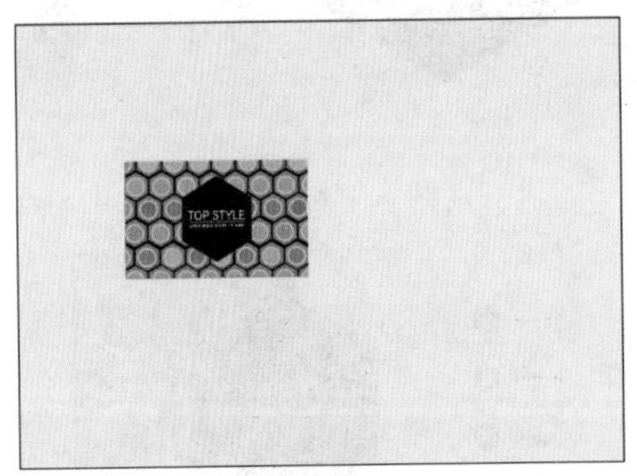

图2-141

4 选择工具箱中的“钢笔工具”，在控制栏中设置“填充”为黑色，“描边”为无，在名片的下方绘制一个图形，如图2-142所示。

图2-142

5 选中该图形，执行“效果>模糊>高斯模糊”命令，在打开的“高斯模糊”对话框中设置“半径”为10像素，单击“确定”按钮，如图2-143所示。

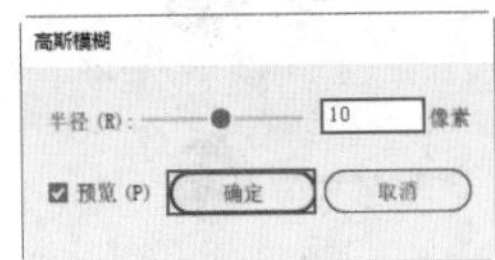

图2-143

6 在控制栏中设置“不透明度”为40%，如图2-144所示。

图2-144

7 多次执行“对象>排列>后移一层”命令，将其置于名片背面的后面，如图2-145所示。

图2-145

8 使用同样的方法制作名片正面的展示效果。本案例制作完成，效果如图2-146所示。

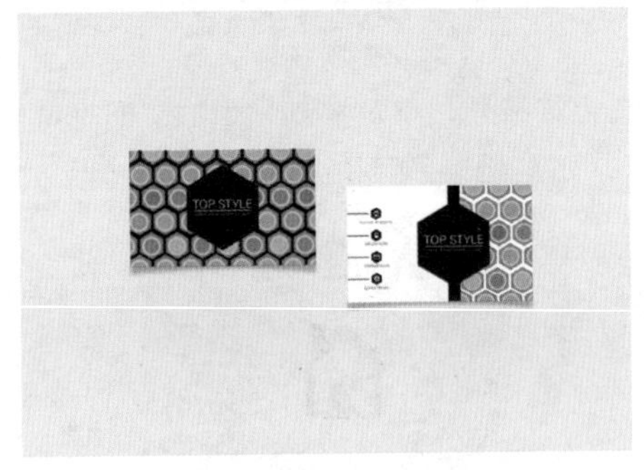

图2-146

第3章

VI设计

本章概述

在经济全球化、科学信息化、文化多元化的潮流中，企业在经济浪潮中的竞争愈演愈烈。VI设计是企业及品牌的重要组成部分，好的VI设计在一定程度上能够有效地促进企业的发展以及品牌影响力的扩大。本章主要从认识VI、了解VI设计的主要组成部分等几个方面来学习VI设计。

3.1 VI设计概述

3.1.1 认识VI

VI全称为Visual Identity，即企业VI视觉设计，通译为视觉识别系统。VI设计是根据企业文化、品牌产品的特征进行的一系列“包装”，以此区别其他企业和其他产品，它是企业和品牌的无形资产。VI设计在企业发展中的地位和作用是不容忽视的，它能够为企业树立良好的品牌形象，从而提高企业的知名度，保持企业稳定良好的发展趋势，如图3-1所示。

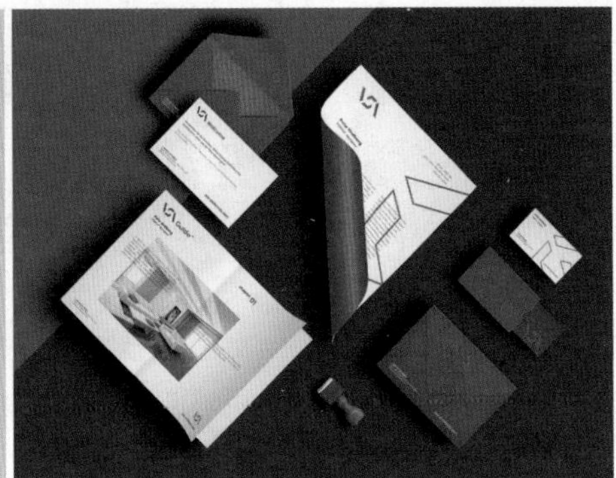

图3-1

VI是CIS的重要组成部分。CIS全称为Corporate Identity System，通译为企业形象识别。它主要由企业的理念识别（Mind Identity）、行为识别（Behavior Identity）和视觉识别（Visual Identity）构成。其中，VI是用视觉形象来进行个性识别的，是企业形象识别系统的重要组成部分。

VI识别系统作为企业的外在形象，浓缩着企业特征、信誉和文化，代表其品牌的核心价值。它是传播企业经营理念、建立企业知名度、塑造企业形象的便捷途径，如图3-2所示。

图3-2

3.1.2 VI设计的主要组成部分

企业的VI是塑造产品品牌的重要因素，只有表现出鲜明的企业特征、良好的企业形象才能更好地宣传企业品牌，为企业创造更多的价值。VI设计的主要内容包括基础部分和应用部分两大部分。

1. 基础部分

基础部分是视觉形象系统的核心，主要包括品牌名称、品牌标志、标准字体、品牌标准色、品牌象征图形、品牌吉祥物等部分。

品牌名称：品牌名称即企业的命名。企业的命名方法有很多种，如直接以名字命名或以名字的首字母命名，还有以地方命名或以动物、水果、物体命名等方式。品牌的名称可以说是浓缩了品牌的特征、属性、类别等多种信息塑造而成。通常企业名称要求简单、明确、易读、易记忆，且能够引发联想，如图3-3所示。

图3-3

品牌标志：品牌标志是在掌握品牌文化、背景、特色的前提下，利用文字、图形、色彩等元素设计出来的标识或者符号。品牌标志又称为品标，其与品牌名称一样都是构成完整的品牌的要素。品牌标志通常以直观、形象的形式向消费者传达品牌信息，起到了塑造品牌形象、创造品牌认知的作用，可以给企业及品牌创造更多价值，如图3-4所示。

图3-4

标准字体：标准字体是指经过设计的，专用以表现企业名称或品牌的字体，也称为专用字体、个性字体等。标准字体更具严谨性、说明性和独特性，强化了企业形象和品牌的诉求，并且达到视觉和听觉同步传递信息的效果，如图3-5所示。

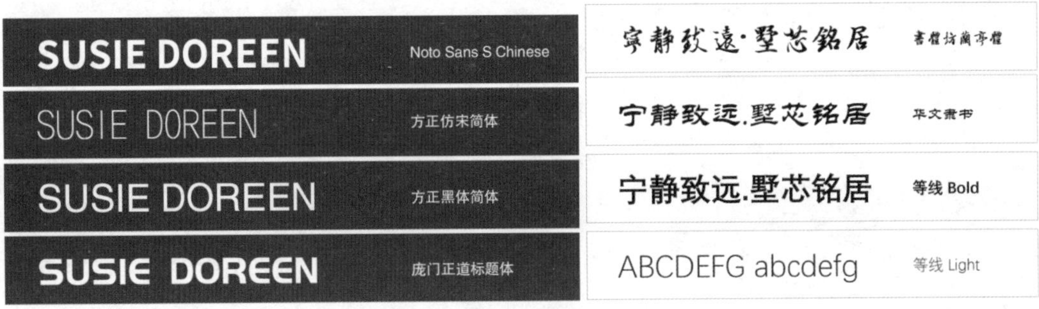

SUSIE DOREEN Noto Sans S Chinese

SUSIE DOREEN 方正仿宋简体

SUSIE DOREEN 方正黑体简体

SUSIE DOREEN 庞门正道标题体

宁静致远·墅芯铭居 书体坊兰亭体

宁静致远.墅芯铭居 华文隶书

宁静致远.墅芯铭居 等线 Bold

ABCDEFG abcdefg 等线 Light

图3-5

品牌标准色： 品牌标准色是用来象征企业或产品特性的指定颜色，是建立统一形象的视觉要素之一。它能正确地反映品牌理念的特质、属性和情感，以快速而精确地传达企业信息为目的。标准色的设计有单色标准色、复合标准色、多色系统标准色等类型。标准色设计必须要体现企业的经营理念和产品特性，突出竞争企业之间的差异性、适合消费心理等，如图3-6所示。

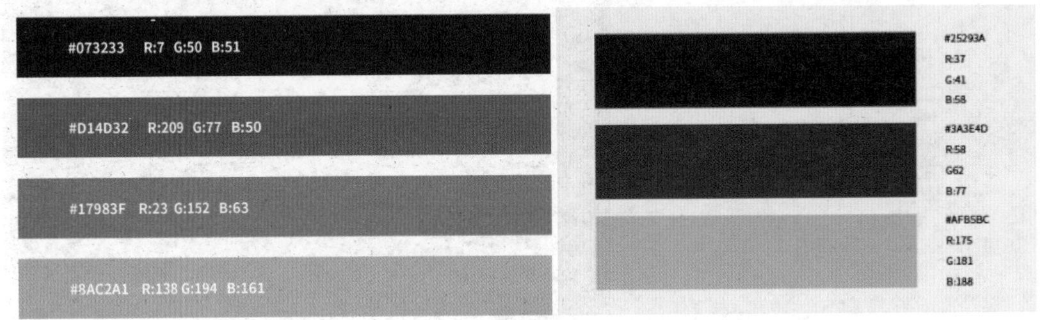

图3-6

品牌象征图形： 品牌象征图形也称为辅助图案，是为了有效地辅助视觉系统的应用。象征图形在传播媒介中可以丰富整体内容、强化企业整体形象，如图3-7所示。

图3-7

品牌吉祥物： 品牌吉祥物是为了配合广告宣传，为企业量身打造的人物、动物、植物等拟人化的造型。企业以这种形象拉近消费者与品牌的距离，使得整个品牌形象更加生动、有趣，让人印象深刻，如图3-8所示。

图3-8

2. 应用部分

应用部分一般是在基础部分的视觉要素基础上进行延展设计。将VI基础部分中设定的规则应用到各个应用部分的元素上，以求一种同一性、系统性来加强品牌形象。应用部分主要包括办公事务用品、产品包装、交通工具、服装服饰、广告媒体、内外部建筑、陈列与展示、印刷品、网络推广等。

办公事务用品：办公事务用品主要包括名片、信封、便笺、合同书、传真函、报价单、文件夹、文件袋、资料袋、工作证、备忘录、办公用具等，如图3-9所示。

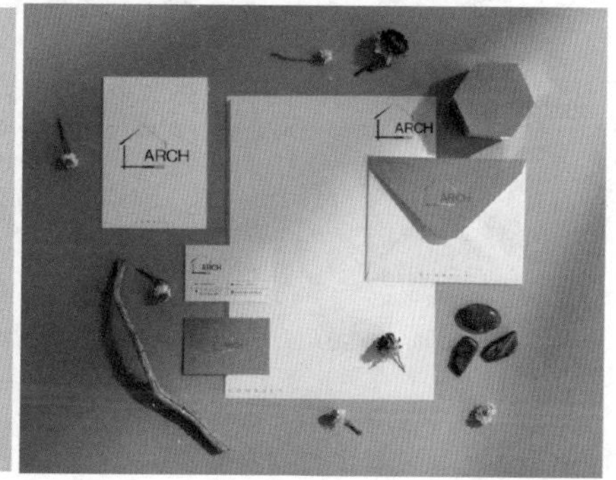

图3-9

产品包装：产品包装主要包括纸盒包装、纸袋包装、木箱包装、玻璃包装、塑料包装、金属包装、陶瓷包装等多种材料形式的包装。产品包装不仅可以保护产品在运输过程中不受损害，还能起到传播销售企业品牌形象的作用，如图3-10所示。

图3-10

交通工具： 交通工具主要包括业务用车、运货车等企业的各种车辆，如轿车、面包车、大巴士、货车、工具车等，如图3-11所示。

图3-11

服装服饰： 统一的服装服饰设计，不仅可以在与受众面对面服务领域起到辨识作用，还能提高品牌员工的归属感、荣誉感、责任感，在一定程度上提升工作效率。VI系统中的服装服饰部分主要包括制服、工作服、文化衫、领带、工作帽、纽扣、肩章等，如图3-12所示。

图3-12

广告媒体： 广告媒体主要包括各种报纸、杂志、招贴广告等媒介方式。采用各种类型的媒体和广告形式，能够快速、广泛地传播企业信息，如图3-13所示。

图3-13

内外部建筑： VI系统中，建筑外部的应用主要包括建筑造型、公司旗帜、门面招牌、霓虹灯等。建筑内部的应用主要包括各部门标识牌、楼层标识牌、形象牌、旗帜、广告牌、POP广告等，如图3-14所示。

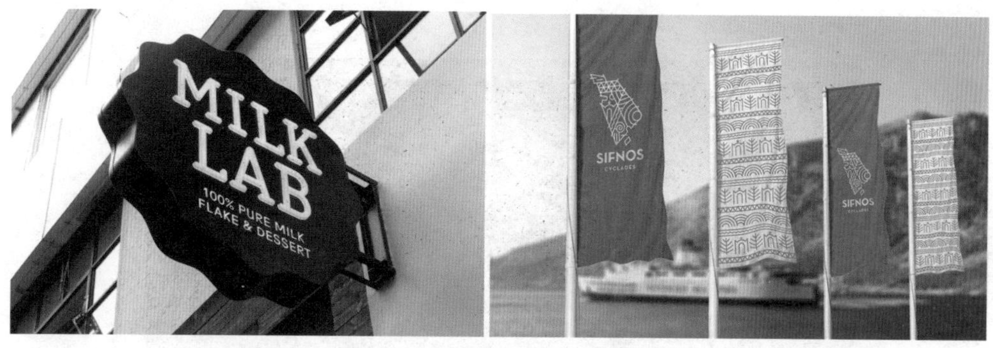

图3-14

陈列与展示：陈列与展示部分是以突出品牌形象为目的，对企业产品或企业文化、企业发展历史等内容进行的展示宣传活动。它主要包括橱窗展示、会场设计展示、货架商品展示、陈列商品展示等，如图3-15所示。

图3-15

印刷品：VI系统中的印刷品主要是指设计编排一致，具有固定印刷字体和排版格式，并将品牌标志和标准字统一安置于某一特定的版式，以营造一种统一的视觉形象为目的的印刷物。它主要包括企业简介、商品说明书、产品简介、年历、宣传明信片，如图3-16所示。

图3-16

网络推广：网络推广是指基于互联网平台的企业或品牌宣传的方式，常见的形式有企业或品牌的官方网站、电商平台中的店铺页面、H5页面、网页广告等，不同平台的页面设计都要符合VI系统的风格与规范，如图3-17所示。

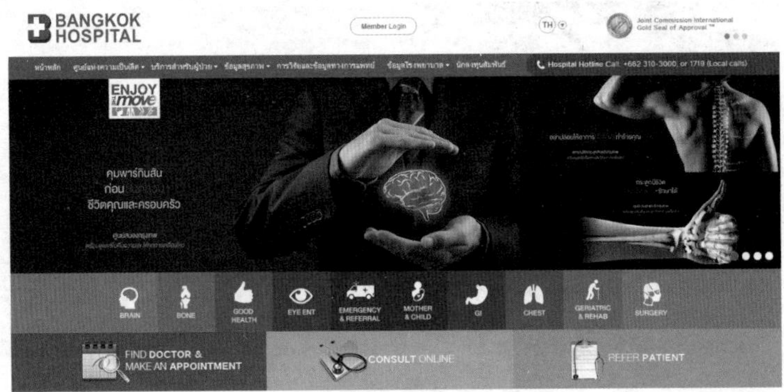

图3-17

3.2 VI设计实战

设计思路

案例类型：

本案例为高端楼盘的视觉形象设计项目，如图3-18所示。

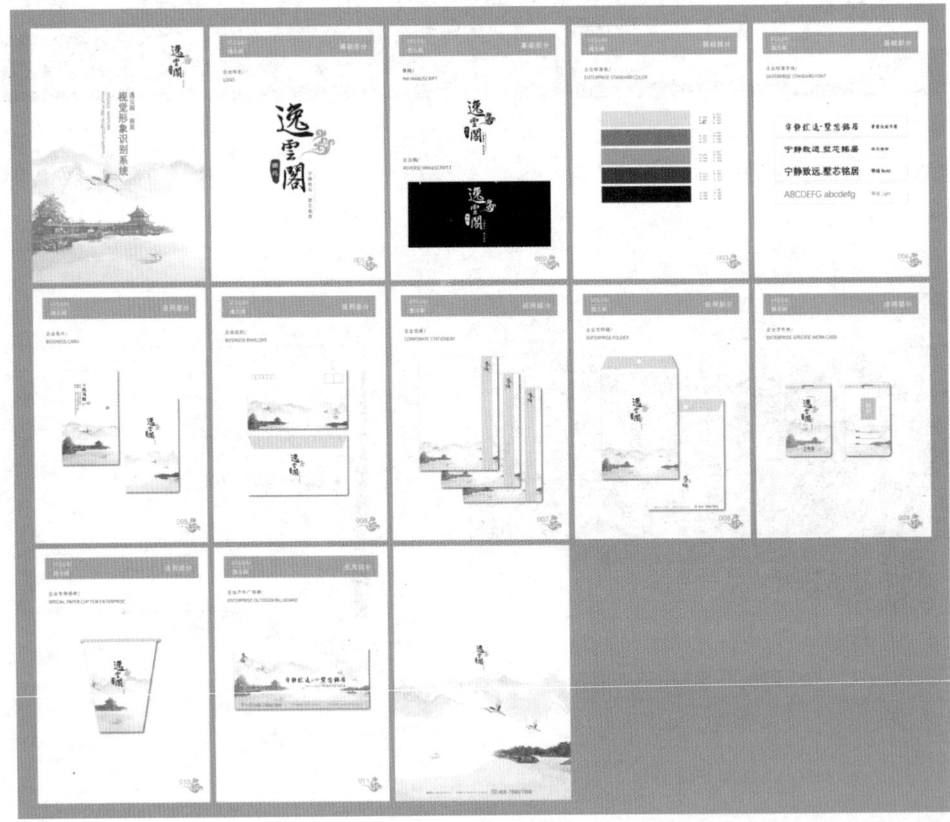

图3-18

项目诉求：

这是一个以平墅、联排、合院为主要产品的高端楼盘项目，建筑风格为中式，园区景观雅致大气。由于该楼盘所处位置远离市中心，依山傍水，环境清幽美丽，因此在进行VI设计时，就要展现出楼盘的高端精致以及环境的古朴素静。

设计定位：

本案例中的楼盘为高端大气的中式风格，为了表现整体格调，我们选用了具有东方特色的古典雅致的颜色。标识图形方面，依据品牌名称“逸云阁”的内涵，提取出祥云、水墨、印章等中式元素，并采用飘逸的繁体书法字，营造出浓浓的古典、雅致氛围，如图3-19所示。

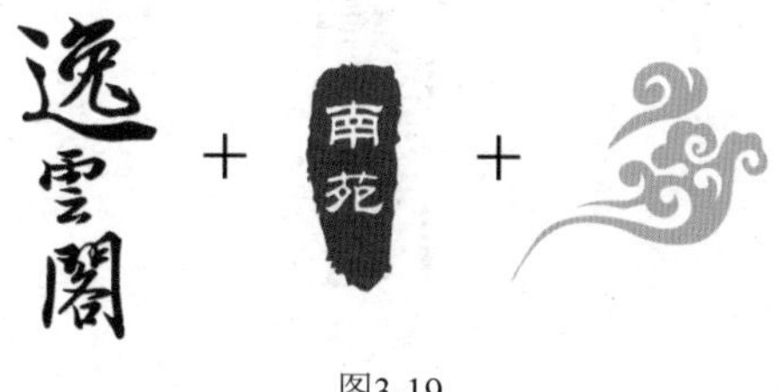

图3-19

配色方案

本案例标志根据企业名称进行设计，为了凸显楼盘的古典与雅致，选用黑色、土黄色、暗红色作为标准色，在不同颜色的对比组合下，凸显项目的内涵与韵味。其中，部分色彩来自于山水画，浅灰色色彩感觉轻柔，让人想起古代文人雅士常用的宣纸，以此来表现楼盘如世外桃源般的清幽与安逸。采用明度适中的土黄色进行中和，同时也为版面增添了些许的活跃氛围。黄色系色彩在中国传统文化中象征着尊贵与吉祥，将其运用在房地产行业的标识中，可以凸显出楼盘的高端与大气。用暗红色作为点缀色，明度偏低的暗红色具有内敛、雅致的色彩特征。同时黄色与红色也都是中式建筑常使用的颜色，将其与印章元素相结合，更具视觉统一感，如图3-20所示。

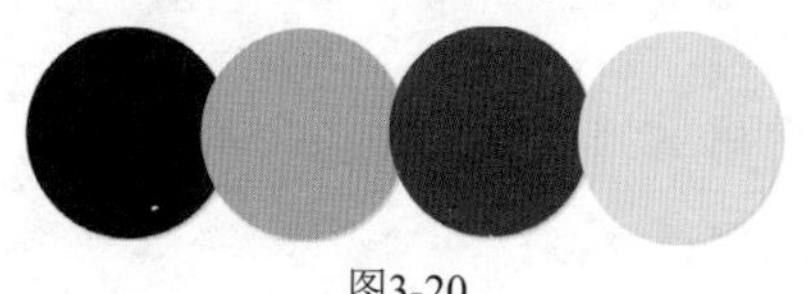

图3-20

版面构图

整套VI设计方案中出现的版面均参考了中国画的构图规律，元素安排力求疏密有致、浓淡适宜。大面积留白的运用不仅增添了想象的空间，同时还与楼盘清幽雅致的格调相呼应。为了更好地展现项目的风韵，版面采用了水墨画元素作为背景。意境高远的水墨画将楼盘特有的自然环境以挥毫泼墨的形式呈现出来，更具视觉吸引力。

版面的具体构成方式比较简单，名片、信封、文件袋、工作证等内容大多采用上下分割式的构图，主要内容位于上半部分，下半部分主要为烘托气氛的水墨画。户外广告以水墨画为底，简单的广告语位于版面偏右侧的区域。联系方式以及地址等信息则以更清晰的颜色在版面底部展示，如图3-21所示。

图3-21

本案例标志部分的制作流程如图3-22所示。

图3-22

技术要点

- 使用“变形工具”调整图形外形。
- 使用“路径查找器”制作镂空图形。
- 使用“透明度”面板制作透明效果。

操作步骤

1. 制作企业标志

1 新建一个A4大小的竖向空白文档。选择工具箱中的“矩形工具”，在控制栏中设置“填充”为白色，“描边”为无。设置完成后绘制一个与画板等大的矩形，如图3-23所示。

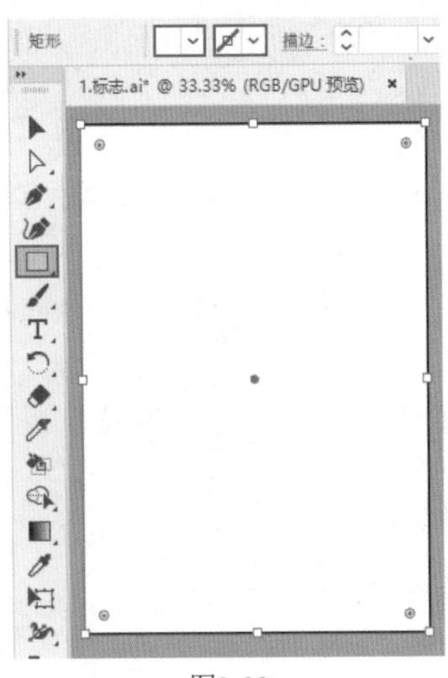

图3-23

2 制作主体文字。选择工具箱中的“文字工具”，在画板中输入文字。在控制栏中设置“填充”为黑色，“描边”为无，同时选择一种书法字体，设置合适的字体大小，如图3-24所示。

3 继续使用“文字工具”，使用相同的字体，分别输入另外两个文字。通过设置不同的字号，在大小对比中增强层次感，如图3-25所示。

图3-24

图3-25

4 制作标志主体文字左下角的印章文字。选择工具箱中的“圆角矩形工具”，在画板外绘制图形。绘制完成后，在控制栏中设置“填充”为深红色，“描边”为无，“圆角半径”为5mm，如图3-26所示。

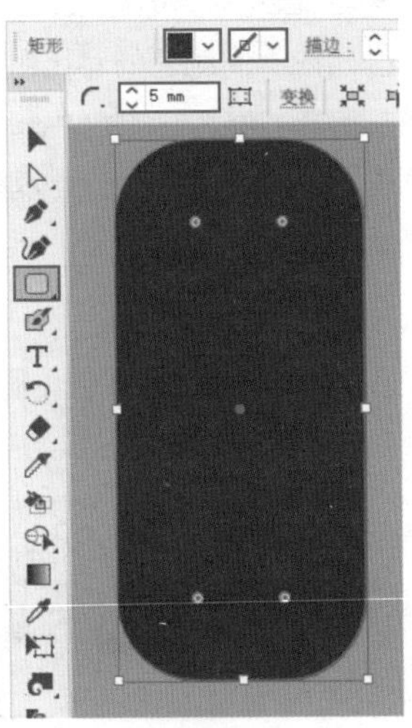

图3-26

5 对圆角矩形形状进行调整，使其呈现出边缘随意变化的自然状态。在图形选中状态下，双击工具箱中的“变形工具”按钮，在弹出的“变形工具选项”对话框中对相应的参数进行设置。设置完成后单击“确定”按钮，如图3-27所示。此处设置没有固定参数，随着操作的进行，我们可以随时随地对数值进行调整，使其为制作效果提供便利。

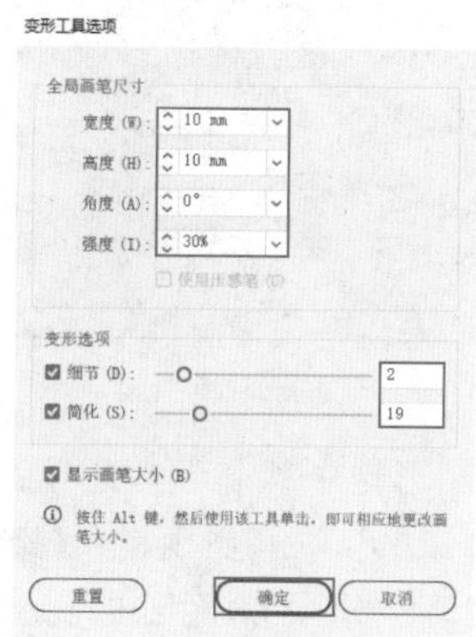

图3-27

6 设置完成后，将光标放在深红色矩形的右上角，按住鼠标左键向右上角拖动，如图3-28所示。

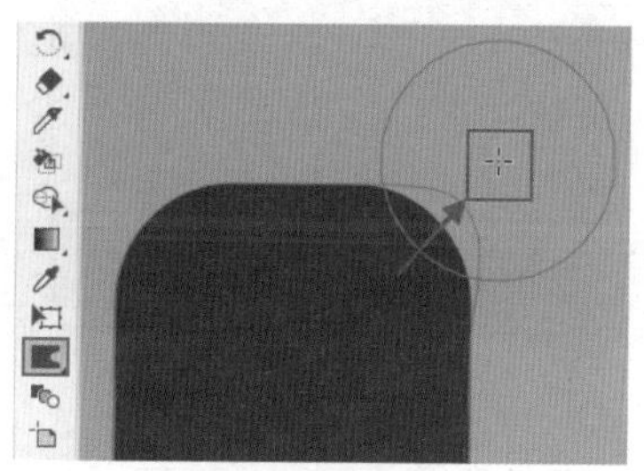

图3-28

7 释放鼠标后图形产生变化，同时可以看到在拖动部位出现了一些锚点，如图3-29所示。

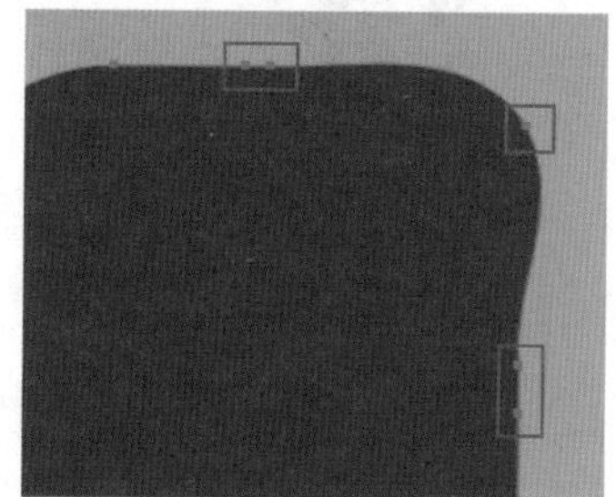

图3-29

8 也可以使用工具箱中的“直接选择工具”将锚点选中，拖动锚点进行变形操作，如图3-30所示。

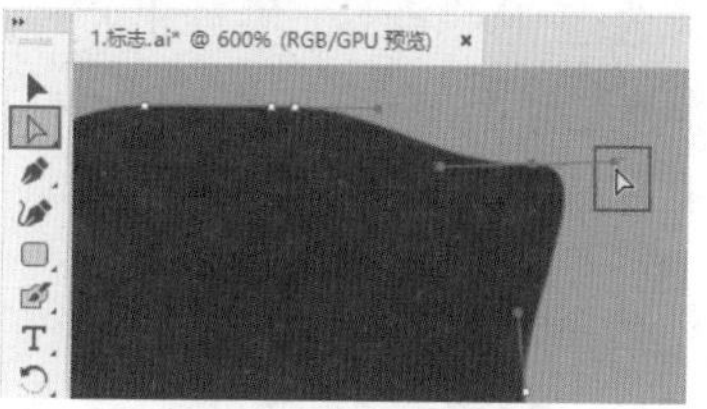

图3-30

9 使用同样的方法，对圆角矩形不同位置进行变形操作，同时结合使用“直接选择工具”，对局部细节效果进行调整，如图3-31所示。最终的变形效果无需与案例效果一致，只要具有一定的视觉美感，且与整体格调相一致即可，最重要的是要掌握具体的操作方法。

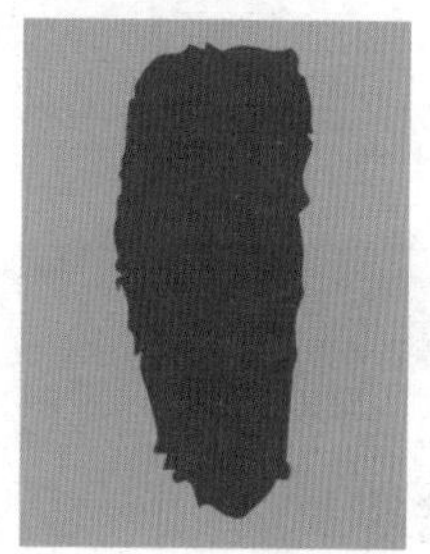

图3-31

10 在深红色变形图形上方添加文字。选择工具箱中的“直排文字工具”，在深红色图形上方输入文字。选中文字，在控制栏中设置合适的字体、字号，如图3-32所示。

图3-32

⑪ 将文字对象转换为图形对象。将文字选中，执行"对象>扩展"命令，在弹出的"扩展"对话框中单击"确定"按钮。此时即可将文字对象转换为图形对象，如图3-33所示。

图3-33

⑫ 制作镂空文字效果。将文字对象和底部图形选中，在打开的"路径查找器"面板中单击"减去顶层"按钮，将文字在底部图形中减去，如图3-34所示。

图3-34

⑬ 将印章文字移动至画板中，放在主体文字左下角位置，如图3-35所示。

图3-35

⑭ 制作主体文字右侧的祥云图形。选择工具箱中的"钢笔工具"，在控制栏中设置"填充"为土黄色，"描边"为无。设置完成后，在文档的空白位置，以单击添加锚点的方式绘制出祥云图形的大致轮廓，如图3-36所示。

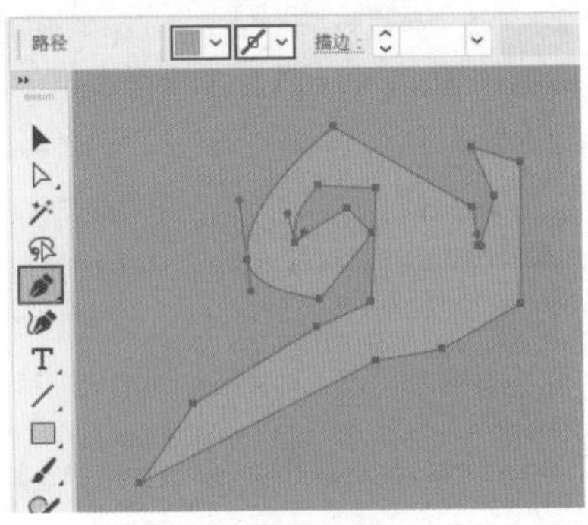

图3-36

⑮ 在祥云图形选中状态下，选择工具箱中的"直接选择工具"，将尖角锚点调整为圆角锚点，同时拖动控制手柄对图形进行变形操作，如图3-37所示。

图3-37

⑯ 使用同样的方法，制作另外一个祥云图形。然后将两个图形选中，移动至画板主体文字右侧位置，如图3-38所示。

图3-38

17 继续使用“直排文字工具”，在主体文字右下角添加小文字，丰富标志的细节效果。此时标志制作完成，如图3-39所示。此时可以将标志编组并复制，以备后面使用。

图3-39

2.制作标准色

1 新建一个A4大小的竖向空白文档。接着将制作完成的标志文档打开，把标志复制一份，放在当前文档中间偏上部位并将其适当缩小，如图3-40所示。

图3-40

2 在画板下半部分绘制标准色图形。选择工具箱中的“矩形工具”，在控制栏中设置“填充”为灰色，“描边”为无。设置完成后绘制一个长条矩形，如图3-41所示。

3 在矩形右侧输入相应的颜色参数。选择工具箱中的“文字工具”，在灰色矩形右侧输入文字。选中文字，在控制栏中设置“填充”为黑色，“描边”为无，同时设置合适的字体、字号，“对齐方式”为“左对齐”，如图3-42所示。

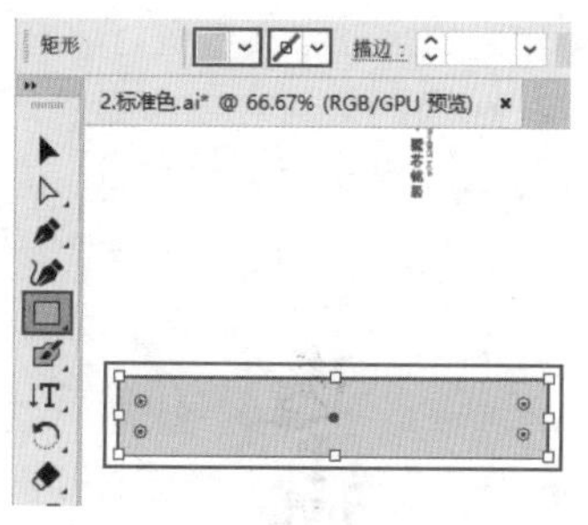

图3-41

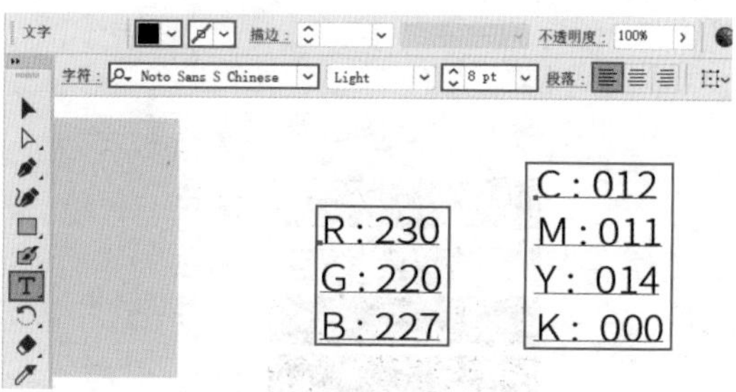

图3-42

4 将制作完成的矩形色块和右侧数值文字选中，按住鼠标左键向下拖动的同时按住Alt+Shift组合键，这样可以保证图形在同一垂直线上。至下方合适位置时释放鼠标，将其复制一份，如图3-43所示。

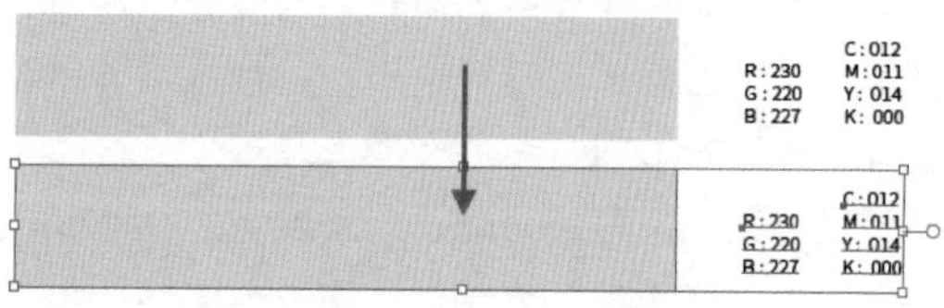

图3-43

5 在当前复制状态下，按3次Ctrl+D组合键，将图形与文字进行相同移动方向与移动距离的复制，如图3-44所示。

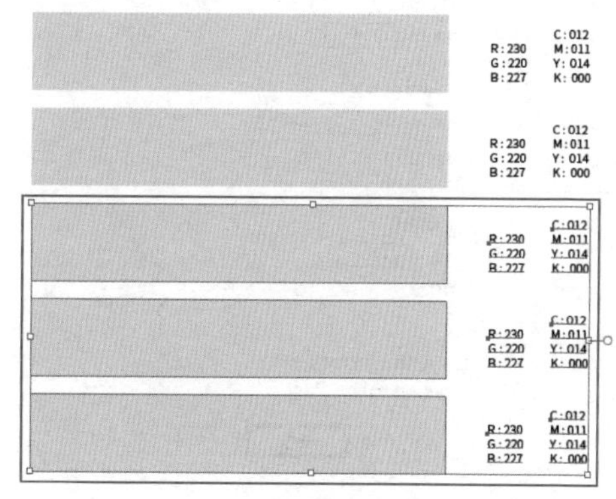

图3-44

6 对复制得到的矩形与文字进行填充颜色与文字内容的更改，此时标准色制作完成，如图3-45所示。先复制再更改的目的在于省却了后续的对齐操作，也保证了多个图形及文字的尺寸相同。

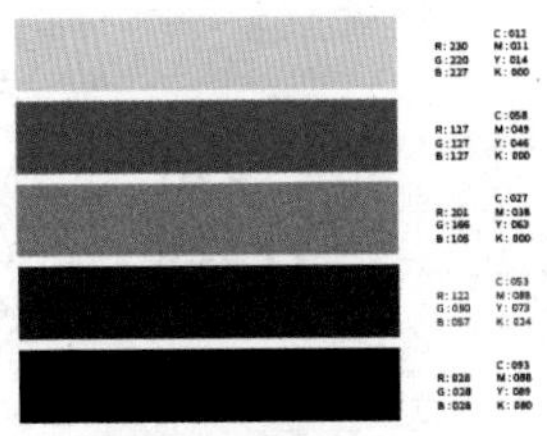

图3-45

3. 制作标准字

1 从案例效果中可以看出，画面上半部分为由网格精准呈现的标志，底部为在制作过程中使用的标准字体。新建空白文档。首先制作网格，选择工具箱中的“矩形网格工具”，在文档空白位置单击，在弹出的“矩形网格工具选项”对话框中设置“宽度”为160mm，“高度”为160mm，“水平分隔线数量”为20，“垂直分隔线数量”为20。设置完成后单击“确定”按钮，如图3-46所示。

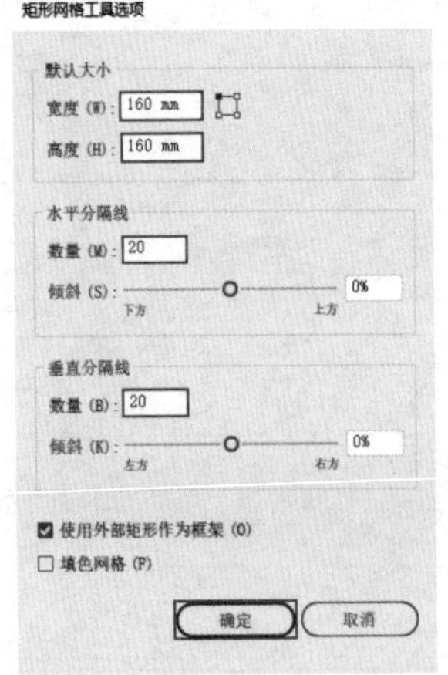

图3-46

2 将制作完成的矩形网格移动至画板中。在控制栏中设置“填充”为无，“描边”为黑色，描边“粗细”为0.25pt，如图3-47所示。

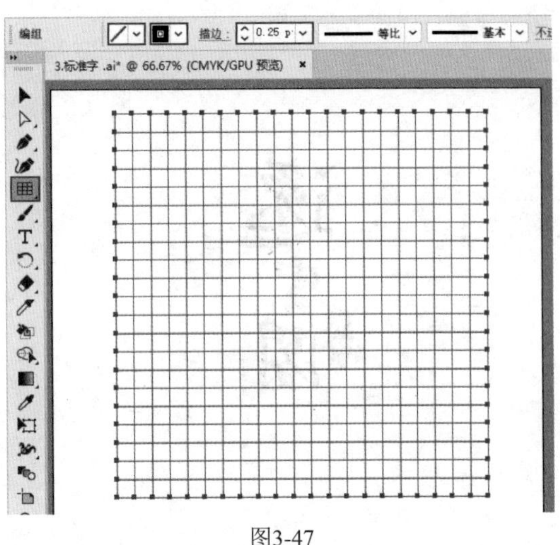

图3-47

3 将制作完成的标志文档打开，把标志复制一份，放在当前操作文档的矩形网格上，并将标志适当缩小，以网格线作为限制范围进行精准呈现，如图3-48所示。

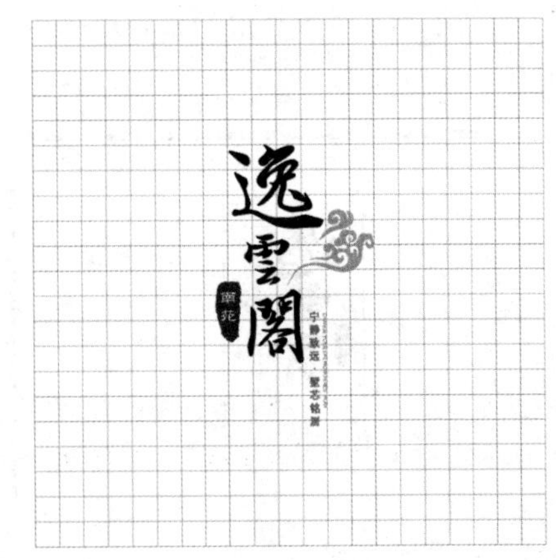

图3-48

4 绘制矩形边框。选择工具箱中的“矩形工具”，在控制栏中设置“填充”为无，“描边”为深灰色，描边“粗细”为0.25pt。设置完成后在网格底部绘制图形，如图3-49所示。

5 选择工具箱中的“文字工具”，在矩形边框左侧输入文字。选中文字，在控制栏中设置“填充”为黑色，“描边”为无，同时设置合适的字体、字号，如图3-50所示。

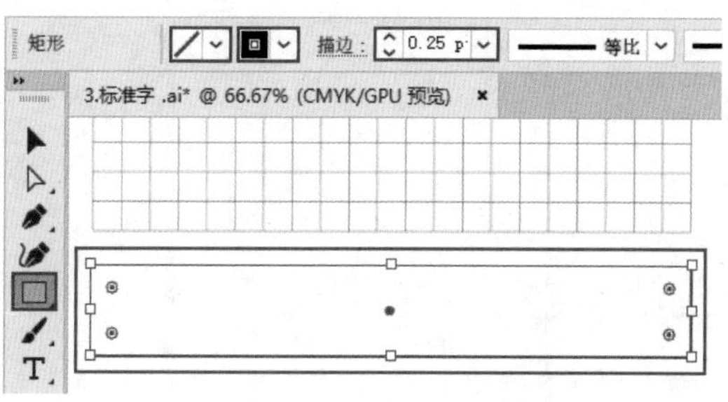

图3-49

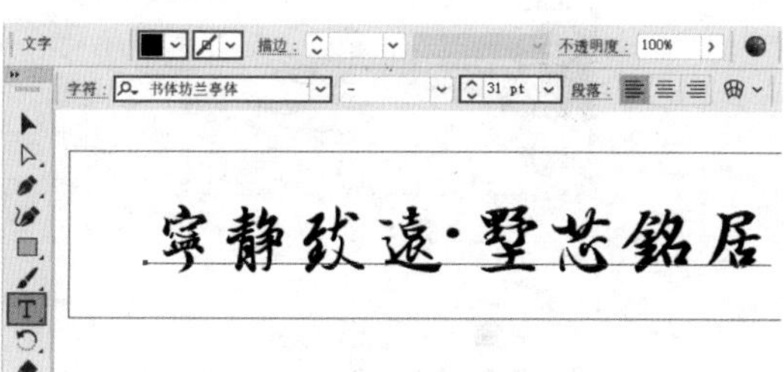

图3-50

6 继续使用“文字工具”，在已有文字右侧输入文字使用的字体名称，如图3-51所示。

图3-51

7 移动复制第一组标准字的各个部分到下方位置，并使用两次“再次变换”命令（快捷键为Ctrl+D），得到另外两个相同的模块，如图3-52所示。

图3-52

8 使用“文字工具”对这几部分文字的内容和字体进行设置。此时企业标准字制作完成，如图3-53所示。

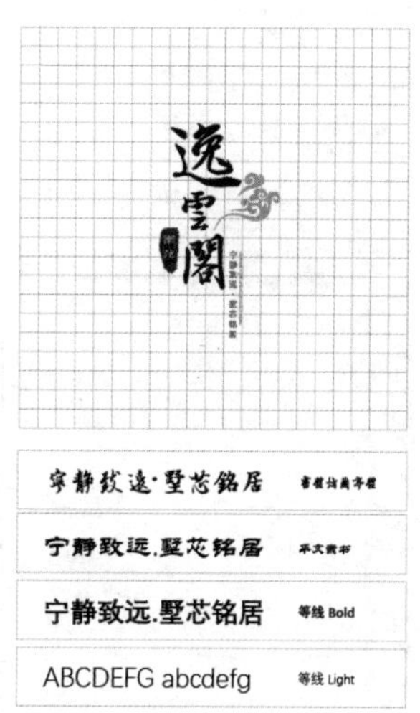

图3-53

4. 制作企业名片

1 执行“文件>新建”命令，在“新建文档”对话框中设置“宽度”为55mm，“高度”为90mm，“方向”为竖向，“画板”为2。设置完成后单击“创建”按钮，如图3-54所示。

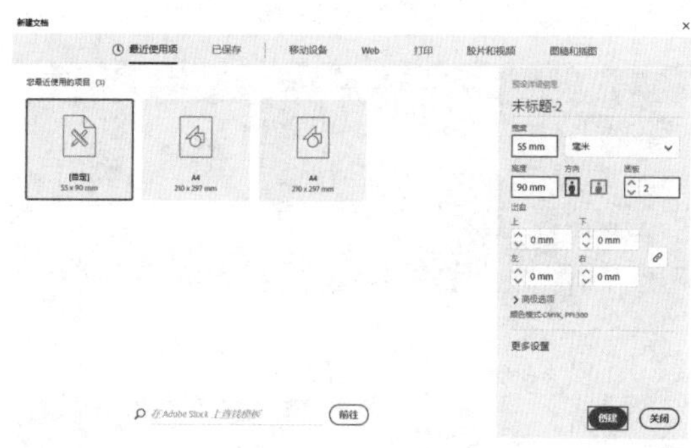

图3-54

2 创建两个空白画板，如图3-55所示。

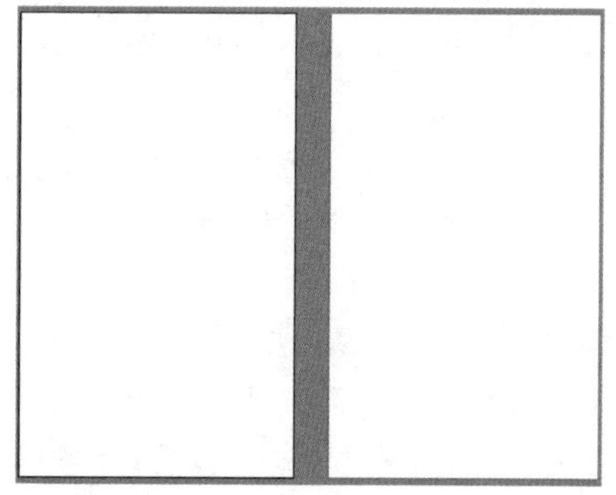

图3-55

3 制作名片正面。选择工具箱中的“矩形工具”，在控制栏中设置“填充”为白色，“描边”为无。设置完成后，绘制一个与画板等大的矩形，如图3-56所示。

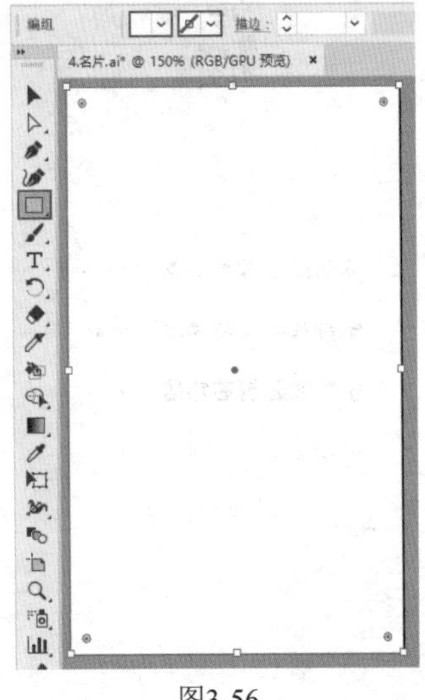

图3-56

4 在名片正面文档底部添加山水画。将“1.ai”素材文件打开，选中需要使用的素材部分，按Ctrl+C组合键进行复制，如图3-57所示。

图3-57

5 返回到当前文档中，按Ctrl+V组合键进行粘贴，放在当前文档底部位置，如图3-58所示。

6 在文档顶部添加文字。选择工具箱中的“直排文字工具”，在文档顶部单击添加文字。选中该文字，在控制栏中设置“填充”为黑色，“描边”为无，同时在控制栏中设置合适的字体、字号，如图3-59所示。

图3-58

图3-59

7 继续使用“直排文字工具”，在人名文字左侧继续添加其他文字，如图3-60所示。

图3-60

8 选择工具箱中的“椭圆工具”，在控制栏中设置“填充”为无，“描边”为深红色，描边“粗细”为0.5pt。设置完成后在人名文字上方，按住Shift键的同时拖动鼠标绘制正圆，如图3-61所示。

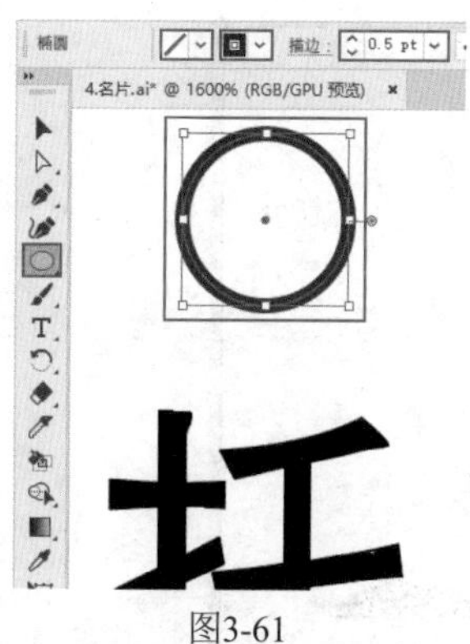

图3-61

⑨ 将制作完成的正圆选中，按Ctrl+C组合键进行复制，按Ctrl+F组合键进行原位粘贴。然后将光标放在复制得到的正圆定界框一角，按住Shift+Alt组合键的同时按住鼠标左键向左下角拖动，将图形进行等比例中心缩小，如图3-62所示。

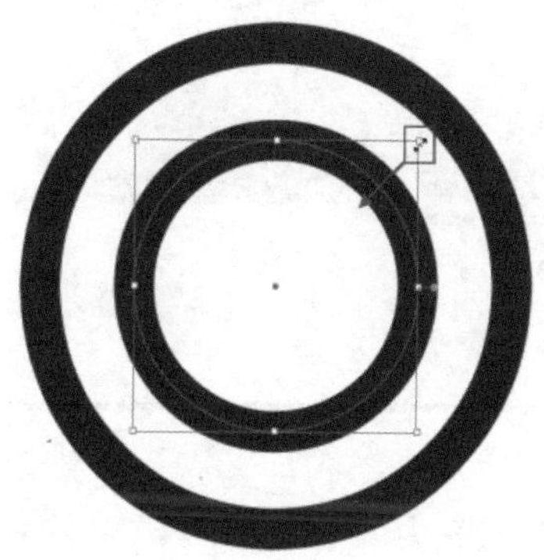

图3-62

⑩ 将制作完成的标志文档打开，把祥云图形复制一份，粘贴到当前操作文档中，并移至人名下方。此时名片正面制作完成，如图3-63所示。

图3-63

⑪ 制作名片背面效果。将名片正面的白色背景矩形复制一份，放在右侧画板中。在打开的“1.ai”素材文件中，选中并复制另外一部分背景素材，如图3-64所示。

图3-64

⑫ 将复制的背景素材粘贴到当前文档中，并移动到底部，如图3-65所示。

图3-65

⑬ 在画板顶部空白位置添加标志。此时名片正反面制作完成，如图3-66所示。

图3-66

5. 制作工作证

1 执行“文件>新建”命令，新建一个“宽度”为54mm，“高度”为85.5mm，“方向”为竖向，“画板”为2的空白文档，如图3-67所示。

图3-67

2 选择工具箱中的“矩形工具”，在控制栏中设置“填充”为白色，“描边”为无。设置完成后绘制一个与画板等大的矩形，如图3-68所示。

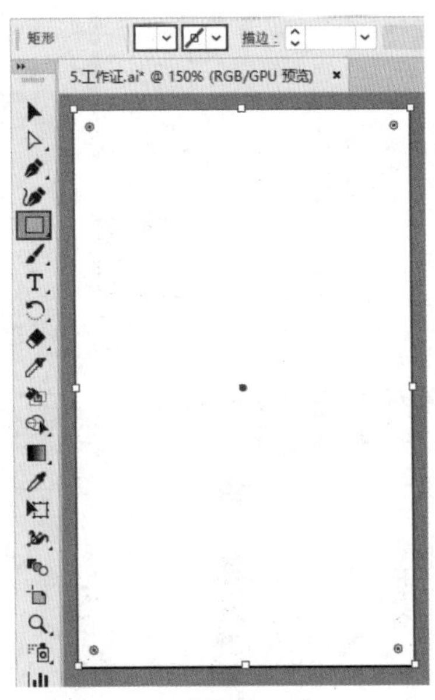

图3-68

3 从“1.ai”素材文件中复制部分背景，放在当前文档底部位置，如图3-69所示。

4 将素材选中，在“透明度”面板中设置“不透明度”为50%，如图3-70所示。

5 设置完成后的效果如图3-71所示。

图3-69

图3-70

图3-71

6 选择工具箱中的“矩形工具”，在控制栏中设置“填充”为浅灰色，“描边”为无。在画板顶部绘制一个长条矩形，如图3-72所示。

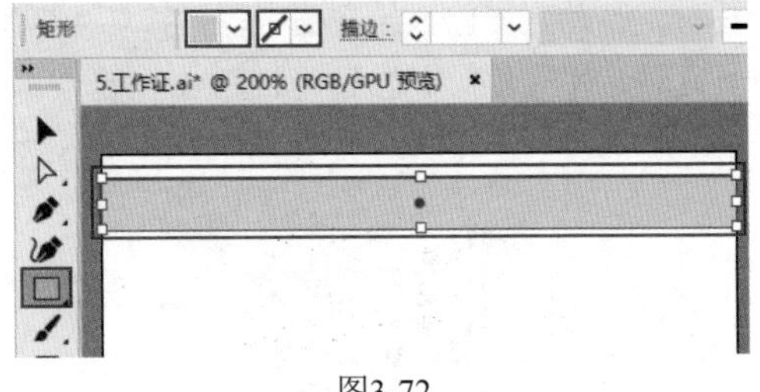

图3-72

7 将制作完成的标志文档打开，把标志复制一份，放在当前操作文档中，如图3-73所示。

8 在标志右上角和左下角添加折线，增强视觉聚拢感。选择工具箱中的“钢笔工具”，在控制栏中设置“填充”为无，“描边”为土黄色，描边“粗细”为1pt。设置完成后，在右上角绘制一个折线，如图3-74所示。绘制90°转角的折线时可以按住Shift键。

图3-73

图3-74

❾ 选中折线，按住Alt键的同时按住鼠标左键向左下角拖动，释放鼠标后完成复制操作，如图3-75所示。

图3-75

❿ 按住Shift键的同时按住鼠标左键拖动将其进行旋转操作，如图3-76所示。

图3-76

⓫ 在画板底部添加文字。选择工具箱中的“文字工具”，在画板底部输入文字。选中该文字，在控制栏中设置“填充”为深灰色，“描边”为无，同时在控制栏中设置合适的字体、字号，如图3-77所示。

图3-77

⓬ 继续使用“文字工具”，在已有文字底部输入相应的英文，如图3-78所示。

图3-78

⑬ 制作工作证的另外一面。将工作证背面的白色矩形背景和顶部浅灰色长条矩形复制一份，放在右侧空白画板上方，如图3-79所示。

⑭ 在“1.ai”素材文件中复制部分背景元素，放置在画板底部。在控制栏中设置“不透明度”为50%，如图3-80所示。

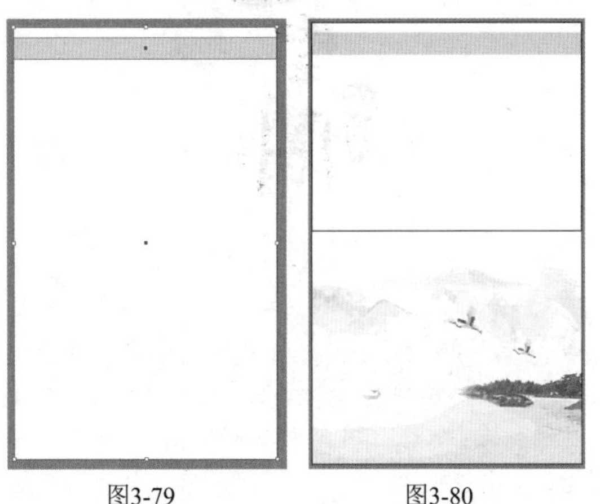

图3-79　　图3-80

⑮ 在正面画板顶部的空白位置绘制放置照片的矩形载体。选择工具箱中的“矩形工具”，在控制栏中设置“填充”为灰色，“描边”为浅灰色，描边“粗细”为2pt。设置完成后在画板空白位置绘制图形，如图3-81所示。

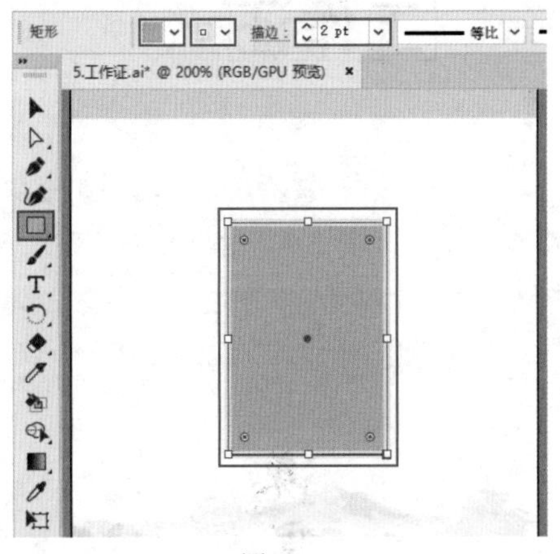

图3-81

⑯ 选择工具箱中的“直排文字工具”，在矩形内部输入文字。选中该文字，在控制栏中设置“填充”为浅灰色，“描边”为无，同时设置合适的字体、字号，如图3-82所示。

⑰ 继续使用“文字工具”，在山水素材左侧输入文字，如图3-83所示。

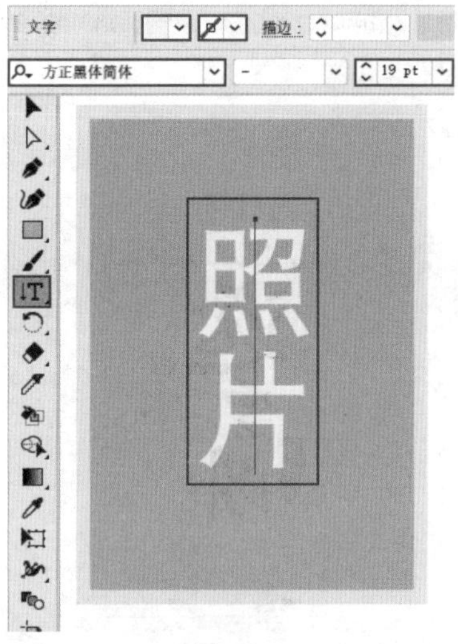

图3-82

图3-83

⑱ 对输入文字的行间距进行调整。在文字选中状态下，在打开的“字符”面板中增大“行间距”，此时文字的行间距被加宽，如图3-84所示。

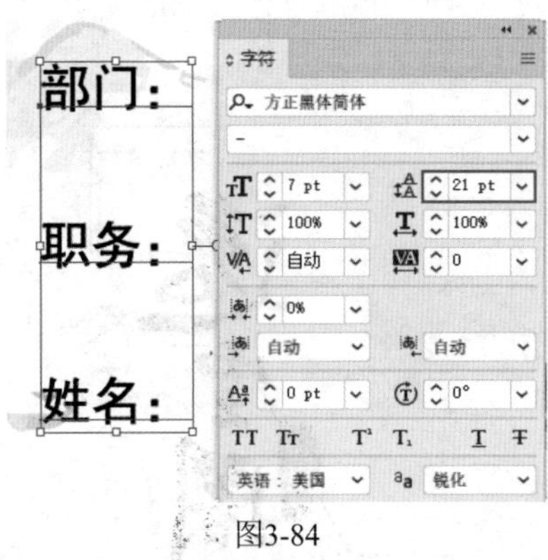

图3-84

⑲ 选择工具箱中的“直线段工具”，在控制栏中设置“填充”为无，“描边”为深灰色，描边“粗细”为0.5pt。设置完成后，在文字“部门”

右侧按住Shift键的同时按住鼠标左键拖动，绘制一条水平直线段，如图3-85所示。

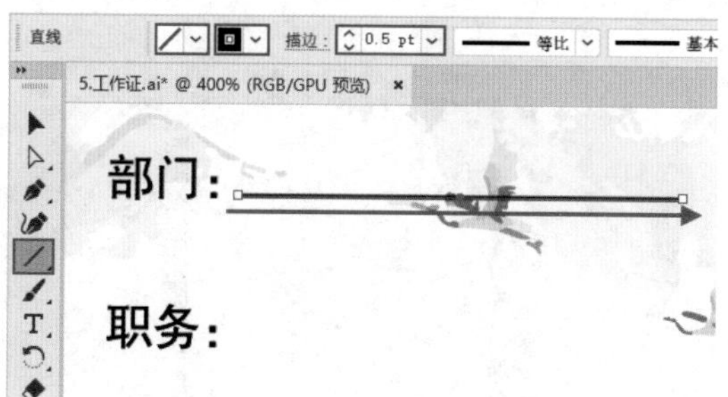

图3-85

⑳ 将制作完成的直线段复制两份，放在其下方位置。此时工作证正面制作完成，如图3-86所示。

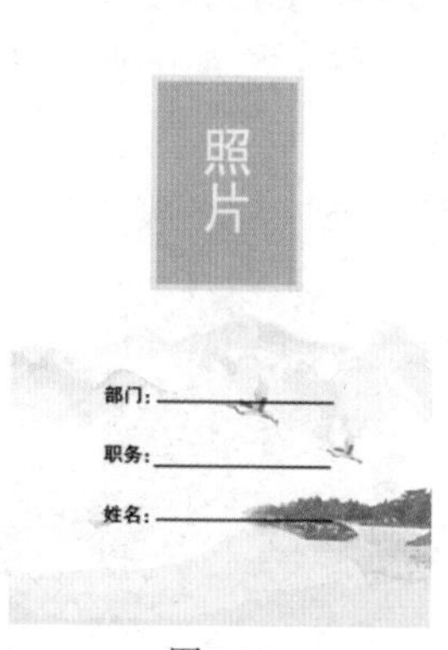

图3-86

㉑ 制作工作证立体展示效果。选择工具箱中的“圆角矩形工具”，在文档空白位置单击，在弹出的“圆角矩形”对话框中设置“宽度”为55mm，“高度”为85.5mm，“圆角半径”为3mm。设置完成后单击“确定”按钮，如图3-87所示。

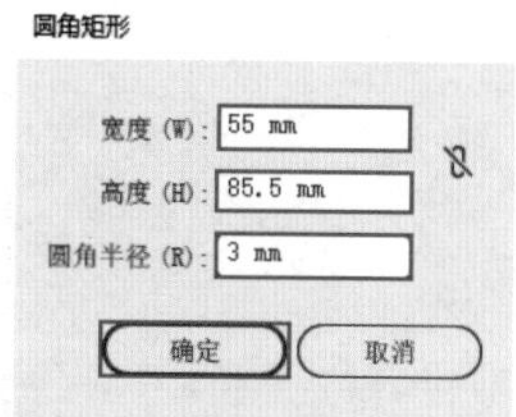

图3-87

㉒ 在控制栏中设置“填充”为无，“描边”为黑色，描边“粗细”为1pt。设置完成后，效果如图3-88所示。

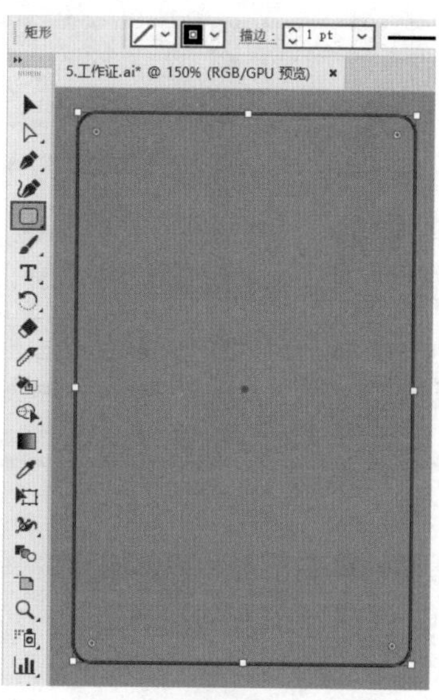

图3-88

㉓ 继续使用“圆角矩形工具”，在已有图形内部顶端再次绘制一个小一些的圆角矩形，如图3-89所示。

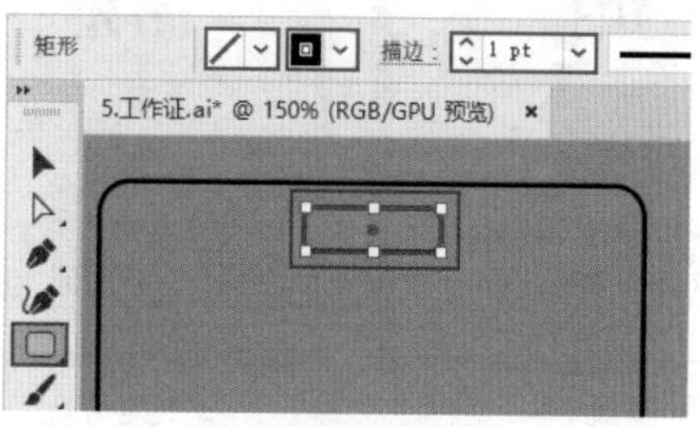

图3-89

㉔ 制作镂空效果。将两个圆角矩形选中，在打开的“路径查找器”面板中单击“减去顶层”按钮，将小圆角矩形从大圆角矩形上方减去，如图3-90所示。

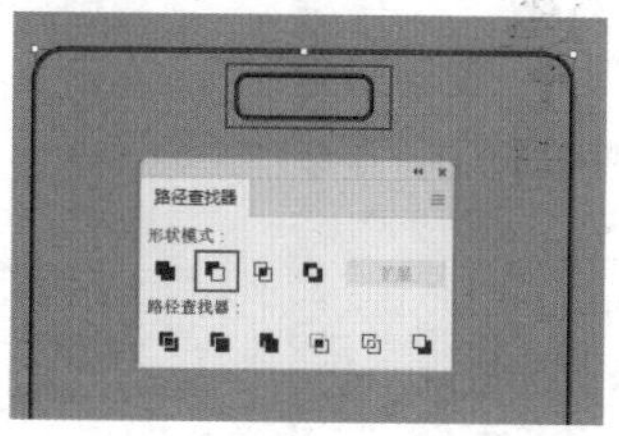

图3-90

㉕ 将第一款工作证平面图选中，按Ctrl+G组合键进行编组，如图3-91所示。

㉖ 将编组图形复制一份，放在文档空白位置。将镂空圆角矩形复制一份，放在平面图上方，如图3-92所示。

图3-91

27 将顶部的镂空图形和底部编组的平面图选中，按Ctrl+7组合键创建剪切蒙版，如图3-93所示。

图3-92

图3-93

28 使用同样的方法，制作另外一款工作证的展示效果，如图3-94所示。

图3-94

6. 制作文件袋

1 新建一个A4大小的竖向空白文档。接着选择工具箱中的“矩形工具”，在控制栏中设置“填充”为白色，“描边”为无。设置完成后绘制一个与画板等大的矩形，如图3-95所示。

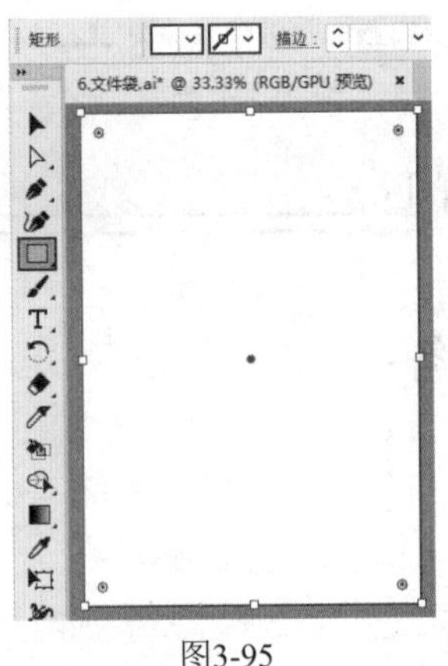
图3-95

2 在白色矩形下半部分添加山水素材。将“1.ai”素材文件打开，把较宽的山水素材选中，并复制，如图3-96所示。

图3-96

3 粘贴到当前操作文档中，缩放到合适大小并移动到底部位置，如图3-97所示。

图3-97

4 制作文件袋顶部的封口图形。选择工具箱中的“钢笔工具”，在控制栏中设置“填充”为浅灰色，“描边”为无。设置完成后在白色矩形顶部绘制图形，如图3-98所示。

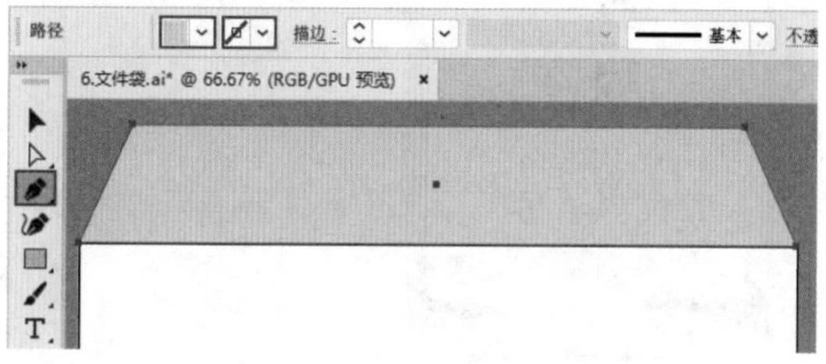

图3-98

❺ 制作文件袋封口的卡扣。选择工具箱中的“椭圆工具”，在控制栏中设置“填充”为无，“描边”为白色，描边“粗细”为5pt。设置完成后在浅灰色不规则图形中间位置绘制一个描边正圆，如图3-99所示。

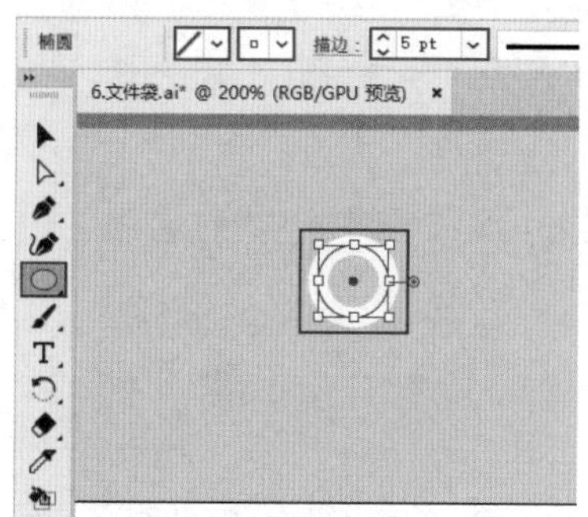

图3-99

❻ 将制作完成的标志文件打开，把标志复制一份，放在当前操作文档的中间位置，并将标志适当缩小。此时文件袋正面制作完成，如图3-100所示。

图3-100

❼ 制作文件袋背面效果。将正面效果图中的背景矩形、顶部不规则图形、白色描边正圆以及标志复制一份，放在右侧位置。同时将标志适当缩小，放在中间偏下位置，如图3-101所示。

❽ 将封口图形和小正圆选中，如图3-102所示。

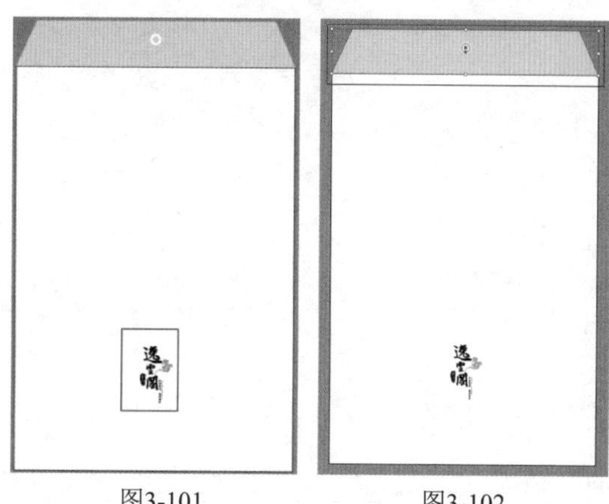

图3-101　　图3-102

❾ 在选中图形上单击鼠标右键，在弹出的快捷菜单中选择“变换>镜像”命令，在弹出的“镜像”对话框中选中“水平”单选按钮，设置完成后单击“确定”按钮，如图3-103所示。

图3-103

❿ 将图形进行上下翻转，如图3-104所示。

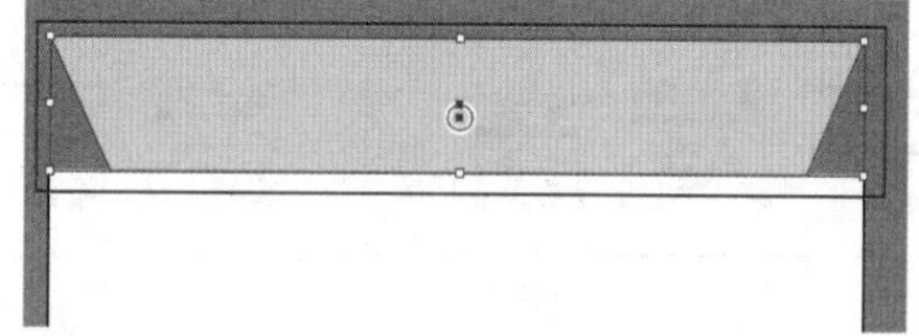

图3-104

⓫ 在两个图形选中状态下，按住鼠标左键将其向下移动，使其顶部边缘与白色矩形边缘重合，如图3-105所示。

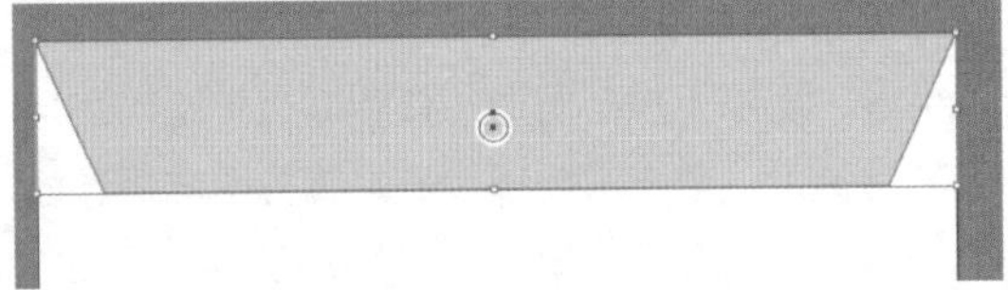

图3-105

⑫ 在文件袋背面底部添加文字。选择工具箱中的“文字工具”，在版面底部左侧输入文字。选中该文字，在控制栏中设置“填充”为灰色，“描边”为无，同时设置合适的字体、字号，如图3-106所示。

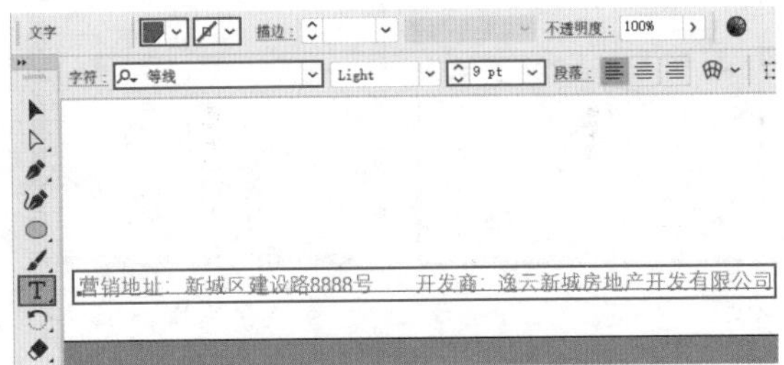

图3-106

⑬ 对部分文字的字体粗细进行调整。在“文字工具”使用状态下，将部分文字选中，在控制栏中设置一种稍粗的字体样式，如图3-107所示。

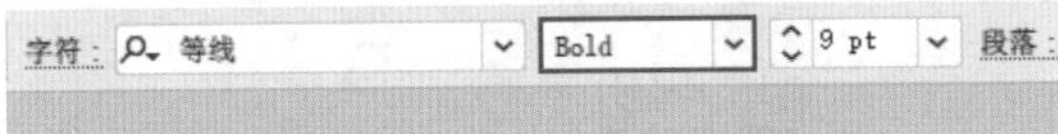

图3-107

⑭ 使用同样的方法对另外的部分文字进行设置，如图3-108所示。

图3-108

⑮ 继续使用“文字工具”，在已有文字右侧单击输入其他文字。此时文件袋正反两面制作完成，如图3-109所示。

图3-109

7. 制作信封

① 新建一个A4大小的竖向空白文档。接着选择工具箱中的“矩形工具”，在控制栏中设置“填充”为灰色，“描边”为无。设置完成后绘制一个与画板等大的矩形，如图3-110所示。这里填充灰色，是为了让浅色信封效果更加明显。

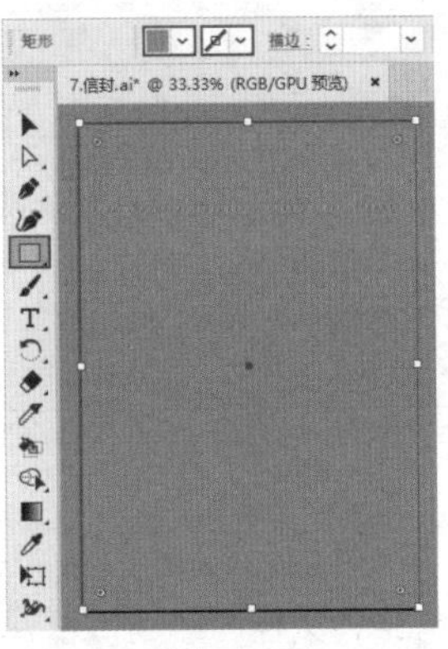

图3-110

② 制作信封正面。选择工具箱中的“矩形工具”，在控制栏中设置“填充”为白色，“描边”为无。设置完成后在灰色矩形中间位置绘制图形，如图3-111所示。

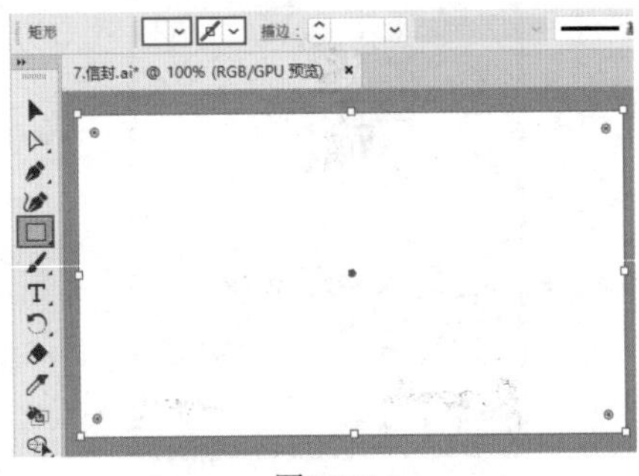

图3-111

❸ 从“1.ai”素材文件中复制部分元素，粘贴到当前文档白色矩形底部位置，并将其适当放大，如图3-112所示。

图3-112

❹ 在信封正面左上角绘制用于填写邮政编码的小矩形。选择工具箱中的“矩形工具”，在控制栏中设置“填充”为无，“描边”为深灰色，描边“粗细”为0.5pt。设置完成后在白色矩形左上角绘制图形，如图3-113所示。

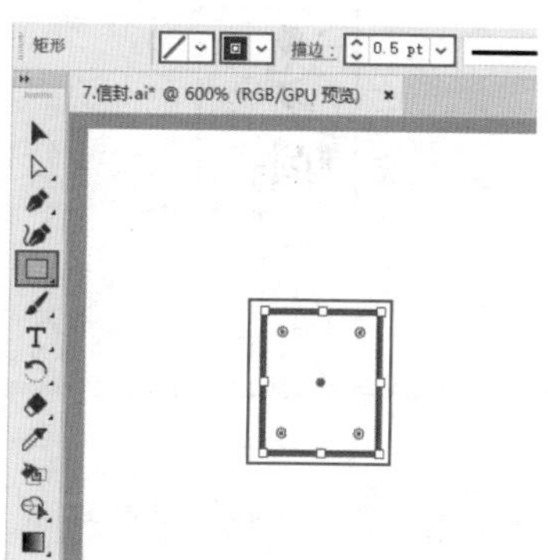

图3-113

❺ 将绘制的小矩形选中，按住Alt+Shift组合键的同时按住鼠标左键向右拖动，这样可以保证图形在同一水平线上移动。至右侧合适位置时释放鼠标，将图形进行复制，如图3-114所示。

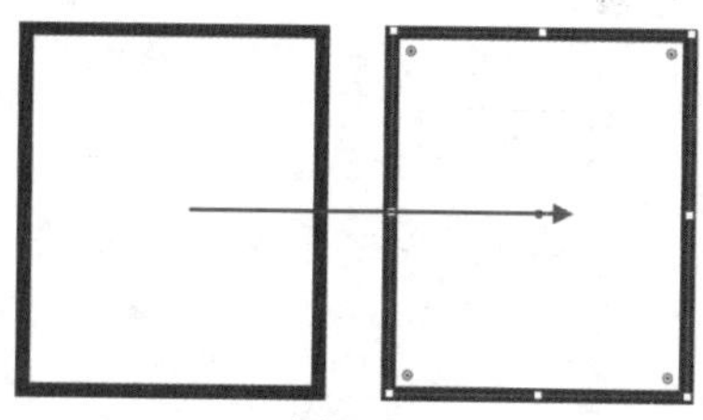

图3-114

❻ 在当前图形复制状态下，按4次Ctrl+D组合键将图形进行相同移动方向、相同移动距离的复制，如图3-115所示。

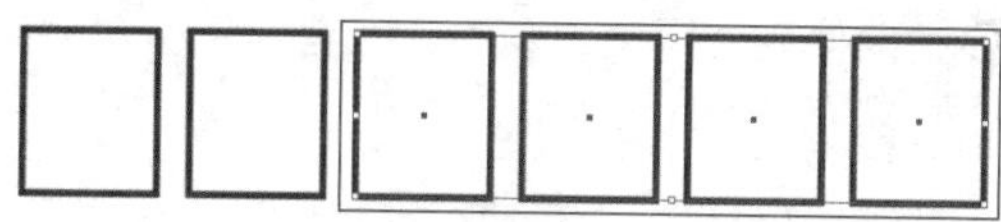

图3-115

❼ 在右上角绘制粘贴邮票的正方形。继续使用“矩形工具”，在信封正面右上角绘制一个黑色描边正方形，如图3-116所示。

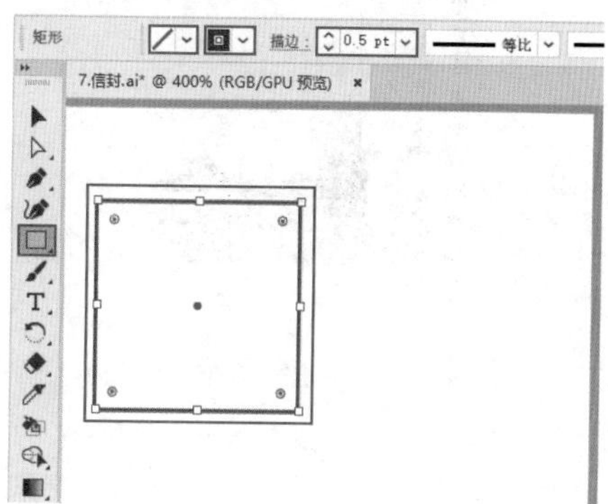

图3-116

❽ 在正方形选中状态下，将其复制一份，放在已有图形右侧位置，使两个图形边缘位置相连接，如图3-117所示。

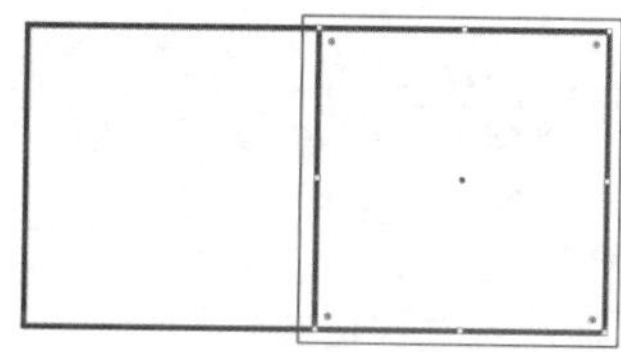

图3-117

❾ 制作信封顶端的封口图形。选择工具箱中的“钢笔工具”，在控制栏中设置“填充”为浅灰色，“描边”为无。设置完成后在白色矩形顶部绘制图形，如图3-118所示。

图3-118

⑩ 继续使用“钢笔工具”，在信封正面左侧绘制图形，如图3-119所示。

图3-119

⑪ 由于左右两侧的粘贴图形是相对的，因此只需将左侧图形进行复制与对称操作即可。将左侧图形选中，单击鼠标右键，在弹出的快捷菜单中选择“变换>镜像”命令，在弹出的“镜像”对话框中选中“垂直”单选按钮，设置完成后单击“复制”按钮，如图3-120所示。

图3-120

⑫ 将图形进行垂直对称的同时复制一份，然后将复制得到的图形移动至右侧位置，如图3-121所示。

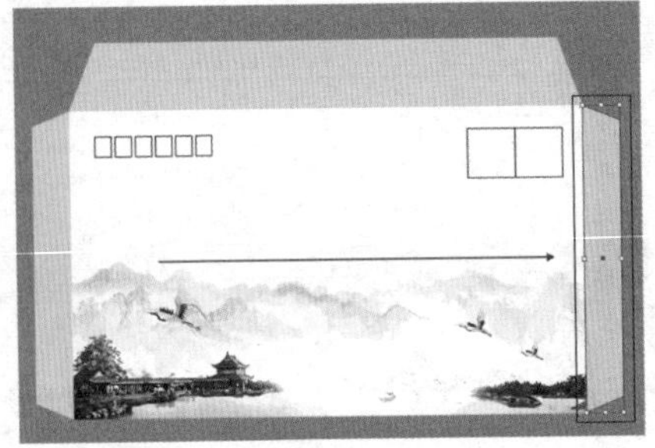

图3-121

⑬ 制作背面效果。将信封正面的白色背景矩形复制一份，放在其下方位置，如图3-122所示。

图3-122

⑭ 在复制得到的白色矩形中间位置添加标志，并将其适当缩小，如图3-123所示。

图3-123

⑮ 由于本案例制作的是信封展开平面图，因此在背面呈现的标志是相反状态。在标志选中状态下，单击鼠标右键，在弹出的快捷菜单中选择“变换>镜像”命令，在弹出的“镜像”对话框中选中“水平”单选按钮，设置完成后单击“确定”按钮，如图3-124所示。

图3-124

⑯ 此时信封的平面展开图制作完成，如图3-125所示。

图3-125

8. 制作信纸

❶ 首先新建一个A4大小的竖向空白文档。接着选择工具箱中的“矩形工具”，在控制栏中设置“填充”为白色，“描边”为无。设置完成后绘制一个与画板等大的矩形，如图3-126所示。

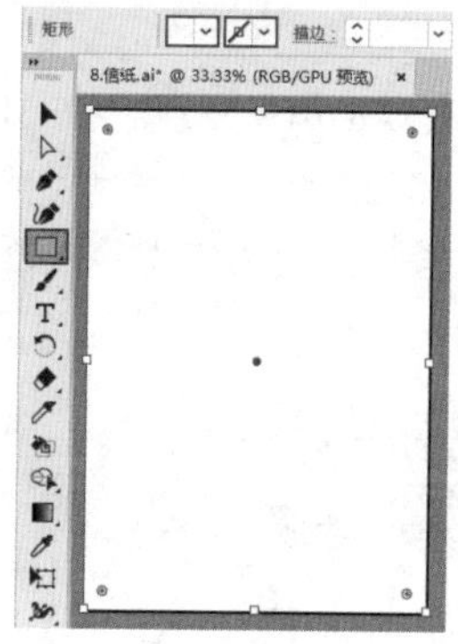

图3-126

❷ 在文档底部添加山水素材。将“1.ai”素材文件打开，将第二行较宽的山水素材选中，复制一份放在当前文档白色矩形底部，并将其适当放大，如图3-127所示。

图3-127

❸ 将素材选中，在打开的“透明度”面板中设置“不透明度”为50%，如图3-128所示。

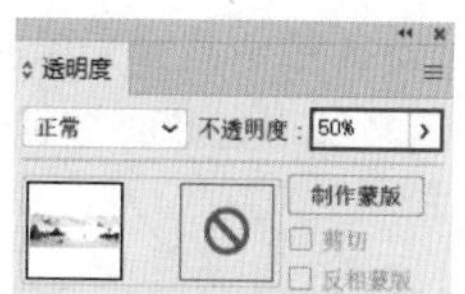

图3-128

❹ 设置完成后的效果如图3-129所示。

图3-129

❺ 在画板右侧绘制图形。选择工具箱中的“矩形工具”，在控制栏中设置“填充”为灰色，“描边”为无。设置完成后在画板右侧绘制一个长条矩形，如图3-130所示。

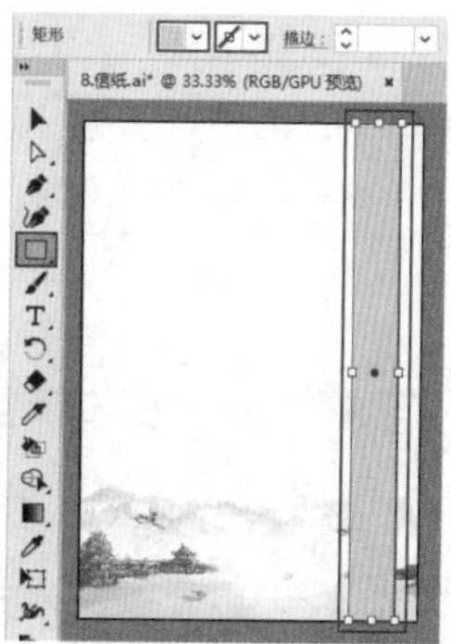

图3-130

❻ 将制作完成的工作证文件打开，选中带有折线的标志，按Ctrl+C组合键进行复制，如图3-131所示。

图3-131

7 按Ctrl+V组合键粘贴到当前文档中，放在右上角并将标志适当缩小。此时信纸制作完成，如图3-132所示。

图3-132

9. 制作纸杯

1 首先新建一个A4大小的竖向空白文档。接着选择工具箱中的“矩形工具”，在控制栏中设置“填充”为灰色，“描边”为无。设置完成后绘制一个与画板等大的矩形，如图3-133所示。

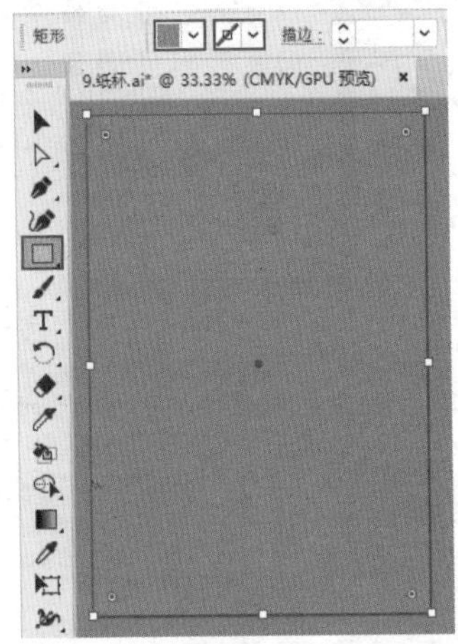

图3-133

2 制作杯身。选择工具箱中的“钢笔工具”，在控制栏中设置“填充”为白色，“描边”为无。设置完成后在灰色矩形中间位置绘制图形，如图3-134所示。

3 选择工具箱中的“圆角矩形工具”，在杯身图形顶部绘制图形。绘制完成后在控制栏中设置“填充”为灰色，“描边”为无，“圆角半径”为1mm，如图3-135所示。

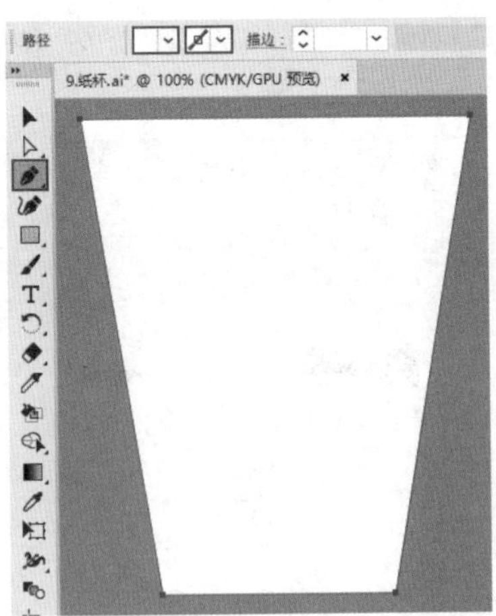

图3-134

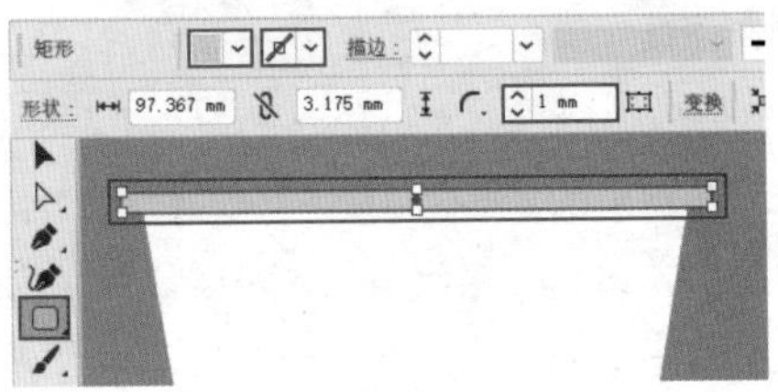

图3-135

4 在杯身底部添加山水图形。将“1.ai”素材文件打开，复制部分背景，粘贴到当前操作文档底部位置，并将其适当缩小，如图3-136所示。

图3-136

5 山水素材有超出杯身的部分，需要将其进行隐藏处理。将白色的杯身图形复制一份，放在山水素材上方位置。然后将复制得到的图形和底部素材选中，按Ctrl+7组合键创建剪切蒙版，将素材不需要的部分隐藏。在“透明度”面板中设置“不透明度”为60%，效果如图3-137所示。

6 在纸杯上方添加标志。将制作完成的标志文件打开，把标志复制一份，放在杯身中间位置，并将其适当缩小。此时纸杯制作完成，如图3-138所示。

图3-137

图3-138

10. 制作企业广告牌

1 首先新建一个“宽度”为3500mm，“高度”为1500mm，“方向”为横向的空白文档。接着选择工具箱中的“矩形工具”，在控制栏中设置“填充”为白色，“描边”为无。设置完成后绘制一个与画板等大的矩形，如图3-139所示。

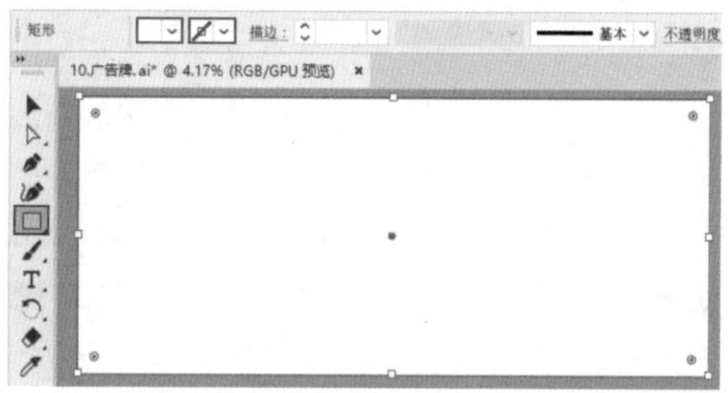
图3-139

2 在文档中添加山水图形。将“1.ai”素材文件打开，把较宽的背景元素选中，复制一份放在当前操作文档中，并将其适当放大，如图3-140所示。

图3-140

3 将素材选中，在“透明度”面板中设置“不透明度”为50%，如图3-141所示。

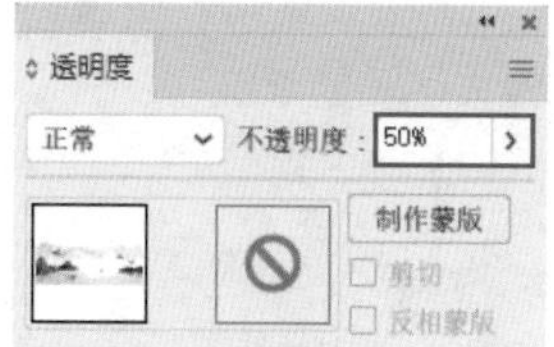

图3-141

4 设置完成后的效果如图3-142所示。

图3-142

5 在文档左上角添加标志，并将其适当缩小，如图3-143所示。

图3-143

6 在文档中添加文字。选择工具箱中的“文字工具”，在画板中间偏右位置输入文字。选中该文字，在控制栏中设置“填充”为黑色，“描边”为无，同时设置合适的字体、字号，如图3-144所示。

图3-144

7 继续使用“文字工具”，在主标题文字下方单击输入其他文字。通过文字的大小对比，增强版面的灵活感，如图3-145所示。

图3-145

8 将标志中的祥云图形选中，复制一份，放在主标题文字中间的空白位置，调整图形摆放顺序并将其适当放大，如图3-146所示。

图3-146

9 把主标题文字中间的祥云图形选中，单击鼠标右键，在弹出的快捷菜单中选择“变换>镜像”命令，在弹出的“镜像”对话框中选中“垂直”单选按钮，设置完成后单击“复制”按钮，如图3-147所示。

10 将图形进行垂直方向对称的同时复制一份，然后将复制得到的图形适当缩小，放在副标题文字左侧位置，如图3-148所示。

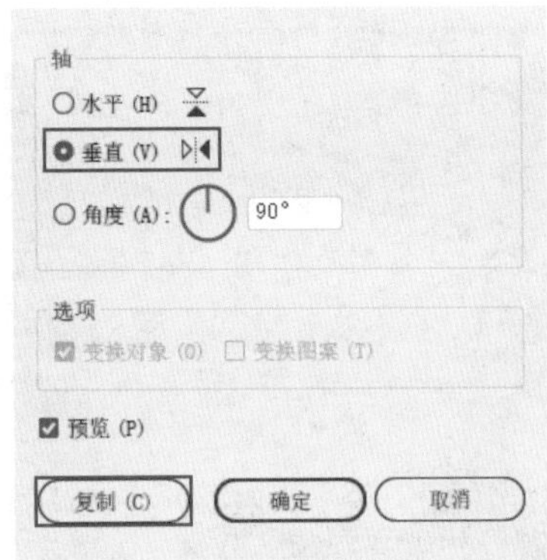

图3-147

360

图3-148

11 选择工具箱中的“矩形工具”，在控制栏中设置“填充”为灰色，“描边”为无。设置完成后在画板底部绘制一个长条矩形，如图3-149所示。

图3-149

12 在灰色的长条矩形上方添加文字。将制作完成的“文件袋”文件打开，把文件袋背面底部的文字选中，复制一份放在当前文档灰色矩形上方，并将文字字号适当调大，如图3-150所示。

图3-150

⑬ 将在副标题文字左侧的祥云图形选中，复制3份放在底部文字之间的空白位置，并对图形大小进行适当调整。此时广告牌制作完成，如图3-151所示。

图3-151

⑭ 执行“文件>打开”命令，在弹出的“打开”对话框中选择“2.ai”素材文件，单击“打开”按钮，如图3-152所示。

图3-152

⑮ 打开“企业标志”的文件，使用Ctrl+A组合键全选，再使用Ctrl+C组合键复制。返回到“2.ai”素材文件中，选择画板2，再次使用Ctrl+V组合键进行粘贴，使用“选择工具”调整素材大小，如图3-153所示。

图3-153

⑯ 继续使用相同的方法导入其他素材，到这里VI画册制作完成，如图3-154所示。

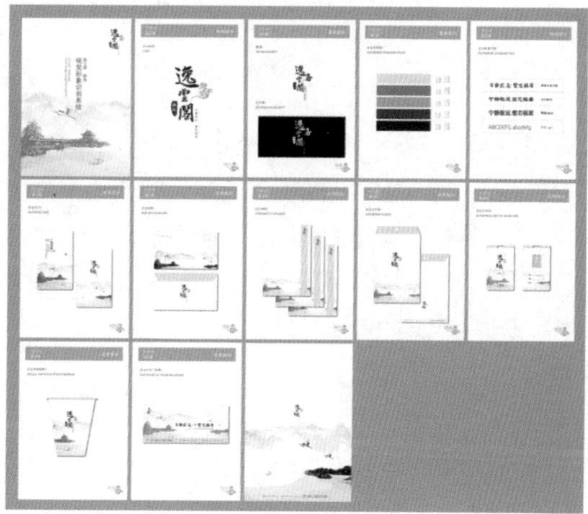

图3-154

第4章

海报设计

本章概述

海报设计是视觉传达设计的应用领域之一，通过将图形、图像、文字等进行合理的编排，以恰当的形式将信息传递给广大受众。海报设计的类型、版式、色彩、风格等因素会影响海报的整体呈现效果。类型可以将海报进行不同应用领域的划分；版式决定了整体的版面布局；色彩影响着海报呈现的视觉效果；风格是让画面统一和谐的隐性要素。

4.1 海报设计概述

海报是商家向人们传递信息的一个重要途径，一张好的海报可以促进商品销售，同时也可以增加商品知名度。那么海报最重要的作用是什么呢？当然就是吸引消费者。所以，简单来说，海报设计是为了达到某种宣传效果或传递某种信息而进行的艺术设计。

4.1.1 认识海报

海报，也称为招贴，是一种用于传播信息的广告媒介形式。其英文名称为poster，意为张贴在大木板或墙上或车辆上的印刷广告，或以其他方式展示的印刷广告。

海报设计相比于其他设计而言，其内容更加广泛且更加丰富，艺术表现力独特，创意独特，视觉冲击力非常强烈。海报主要扮演的是推销员角色，它代表了企业产品的宣传形象，能够提升企业产品的竞争力，并且极具审美价值和艺术价值，如图4-1所示。

图4-1

4.1.2 海报的常见类型

社会公共海报：包括社会公益、社会政治、社会活动海报等。其主要用于宣传推广节日、活动、社会公众关注的热点或社会现象，传播政党、政府的某种观点、立场、态度等，属于非营利性宣传，如图4-2所示。

图4-2

商业海报： 包括各类产品信息、企业形象和商业服务等。其主要用于宣传产品，从而产生一定的经济效益，以盈利为主要目的，如图4-3所示。

图4-3

艺术海报： 主要是满足人类精神层次的需要，强调教育、欣赏、纪念，用于精神文化生活的宣传，包括文学艺术、科学技术、广播电视等海报，如图4-4所示。

图4-4

4.1.3 海报的创意手法

展示： 展示是直接将商品展示在消费者的面前，具有直观性、深刻性。这是一种较为传统通俗的表现手法，如图4-5所示。

图4-5

联想： 联想是由某一种事物而想到另一种事物，或是由某事物的部分相似点或相反点而与另一种事物相联系。联想分为类似联想、接近联想、因果联想、对比联想等。在海报设计中，联想法是最基本也是最重要的一个方法，通过联想事物的特征，并通过艺术的手段进行表现，使信息传达的委婉且具有趣味性，如图4-6所示。

图4-6

比喻：比喻是将某一种事物比作另一种事物来表现主体的本质特征的方法。间接地表现了作品的主题，具有一定的神秘性，充分地调动了观众的想象力，更加耐人寻味，如图4-7所示。

图4-7

象征：象征是用某个具体的图形表达一种抽象的概念，用象征物去反映相似的事物从而表达一种情感。象征是一种间接的表达，强调一种意象，如图4-8所示。

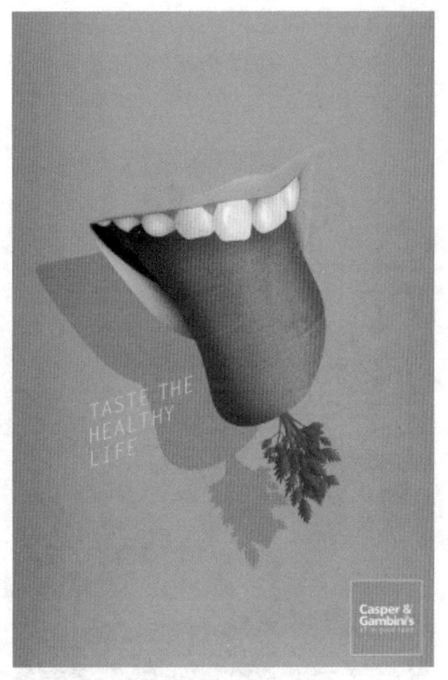

图4-8

拟人：拟人是将动物、植物、自然物、建筑物等生物和非生物赋予人类的某种特征。将事物人格化，从而使整个画面形象生动。在海报设计中经常会使用到拟人的表现手法，使其与人们的生活更加贴切，不仅吸引观众的目光，更能拉近与观众内心的距离，更具亲近感，如图4-9所示。

图4-9

夸张：夸张是依据事物原有的自然属性条件而进行进一步地强调和扩大，或通过改变事物的整体、局部特征更鲜明地强调或揭示事物的实质，从而创造一种意想不到的视觉效果，如图4-10所示。

图4-10

幽默：幽默是运用某些修辞手法，以一种较为轻松的表达方式传达作品的主题，画面轻松愉悦，却又意味深长，如图4-11所示。

图4-11

重复：重复是将某一事物反复出现，从而起到一定的强调作用，如图4-12所示。

图4-12

矛盾空间：矛盾空间是在二维空间表现出一种三维空间的立体形态。其利用视点的转换和交替，显示一种模棱两可的画面，给人造成空间的混乱。矛盾空间是一种较为独特的表现手法，往往会使观众久久驻足观看，如图4-13所示。

图4-13

4.2 海报设计实战

4.2.1 实例：儿童游乐场宣传海报

设计思路

案例类型：

本案例为儿童游乐场的“欢乐亲子夏夜嘉年华”活动设计的宣传海报，如图4-14所示。

图4-14

项目诉求：

这是一个有关儿童游乐场的宣传活动海报，因此需要确保设计风格与该游乐场的品牌形象保持一致。该活动是夏夜的嘉年华，需要在设计中突出夏夜和嘉年华的元素。在海报设计中要突出欢乐和乐趣的氛围。

设计定位：

针对儿童游乐场“欢乐亲子夏夜嘉年华”的宣传海报设计，在设计元素上，可以使用活动中特有的元素，如玩具、彩球、糖果等，呈现出充满欢乐、奔放自由的气息。同时，通过字体、排版等手段，突出“欢乐亲子夏夜嘉年华”这个主题，让人们一眼就能感受到活动的乐趣和欢快。

配色方案

由于活动是在晚上举行，海报的整体色调以模拟夜晚为主。采用深蓝色作为主色调，以营造夜晚的感觉，同时使用黄色作为辅助色。黄色能够与背景形成鲜明的对比，使前景更加突出和醒目。此外，为了提升画面的温度和热情，加入了红色作为点缀色，让人们联想到燃烧的篝火，为整个画面注入活力，如图4-15所示。

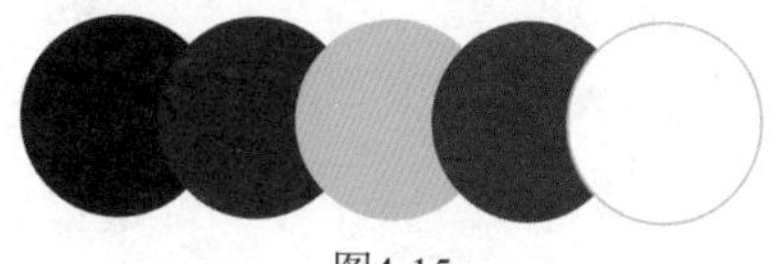

图4-15

版面构图

海报采用对称式构图，重点元素自上而下、左右对称排列，使画面视觉平衡。主题文字采用多重描边效果，突出强调作用，并以较大的圆形图形作为衬托，形成视觉中心。文字采用居中排列，能够自上而下自然流动，从而充分传达信息，如图4-16所示。

图4-16

本案例制作流程如图4-17所示。

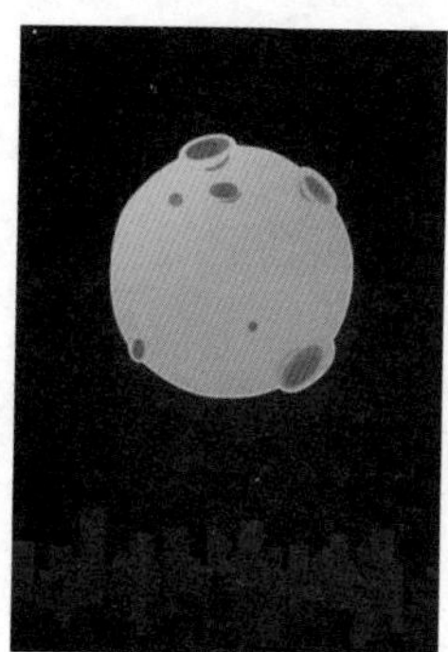

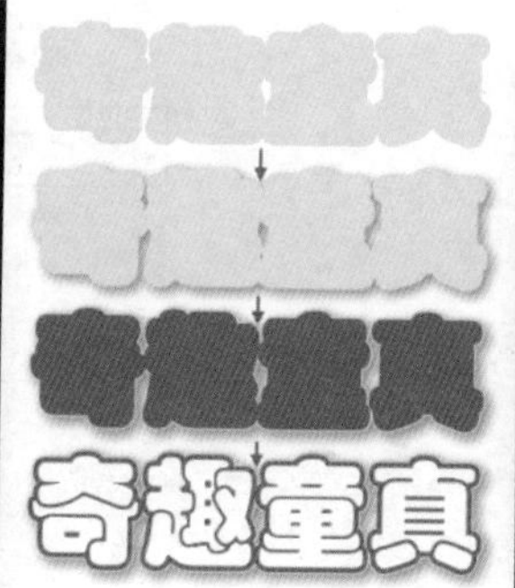

图4-17

技术要点

- 使用“膨胀工具”改变图形形态。
- 为对象添加“投影”效果。

操作步骤

1. 制作海报背景

❶ 执行“文件>新建”命令，新建一个A4大小的竖版文档。选择工具箱中的“矩形工具”，绘制一个与画板等大的矩形，如图4-18所示。

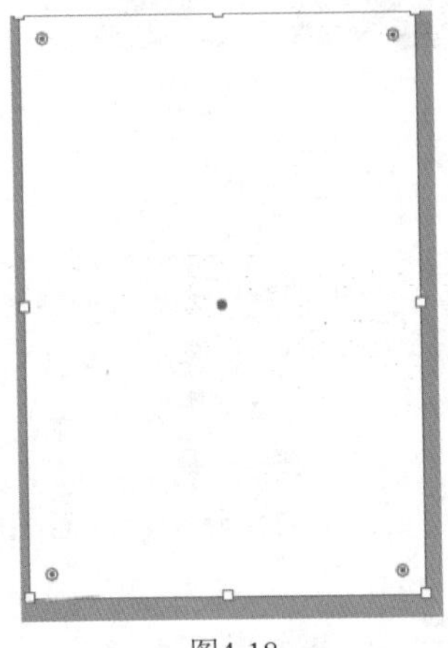

图4-18

❷ 选中该图形，双击工具箱中的“渐变工具”按钮，在弹出的“渐变”面板中设置“类型”为径向渐变，“角度”为0。然后双击左侧的色标，在下拉面板中单击菜单按钮☰，在弹出的下拉列表中选择RGB选项，设置颜色，如图4-19所示。

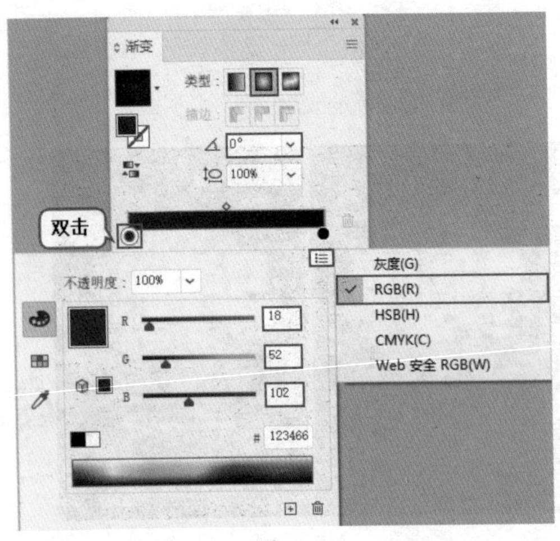

图4-19

❸ 双击右侧的色标，在下拉面板中设置颜色，如图4-20所示。

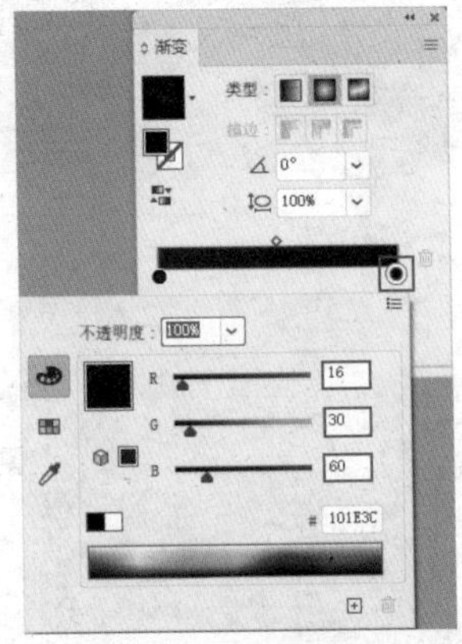

图4-20

❹ 设置完成后，图形效果如图4-21所示。

图4-21

❺ 取消矩形的选中状态，在“渐变”面板中设置“类型”为线性渐变，“角度”为-55°，接着设置一个黄色系渐变，如图4-22所示。

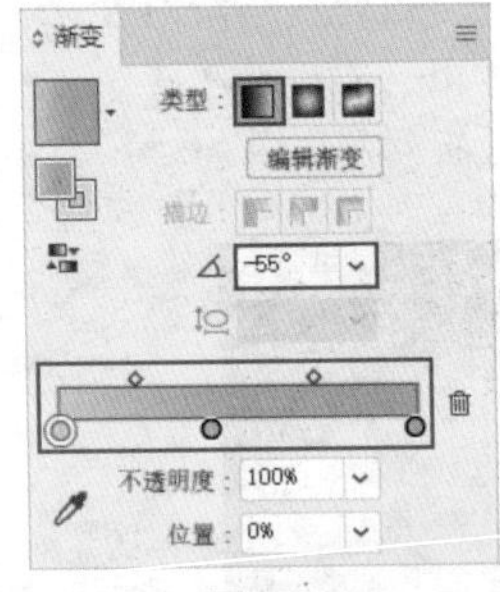

图4-22

❻ 选择工具箱中的“椭圆工具”，在控制栏中设置“填充”为渐变，“描边”为浅黄色，描边“粗细”为2pt，设置完成后在画面中绘制一个正圆，如图4-23所示。

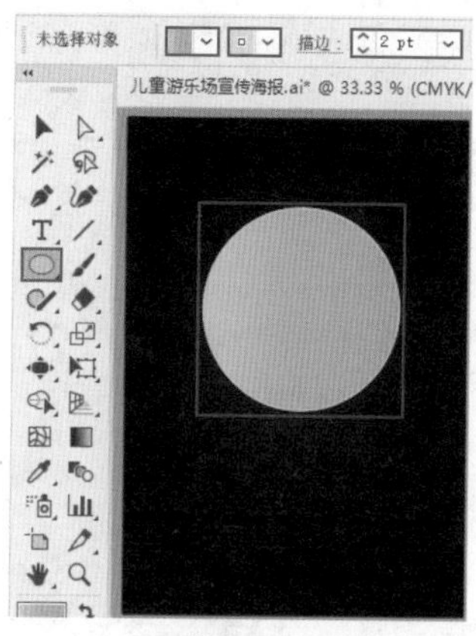
图4-23

7 选择刚才绘制的正圆，选择工具箱中的“膨胀工具”，在图形边缘按住鼠标左键向图形外拖动，使图形变成一个星球状，如图4-24所示。

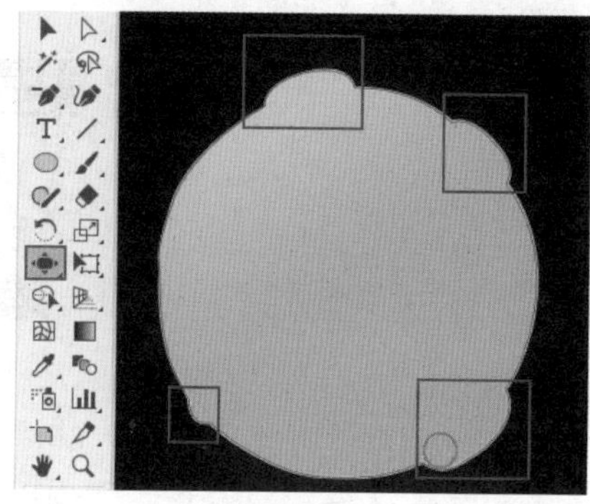
图4-24

8 选择刚才绘制好的图形，使用Ctrl+C组合键复制，使用Ctrl+B组合键在后一层粘贴，并将其位置向下移动。选择该复制形状，在控制栏中设置“填充”为蓝色，“描边”为无，如图4-25所示。

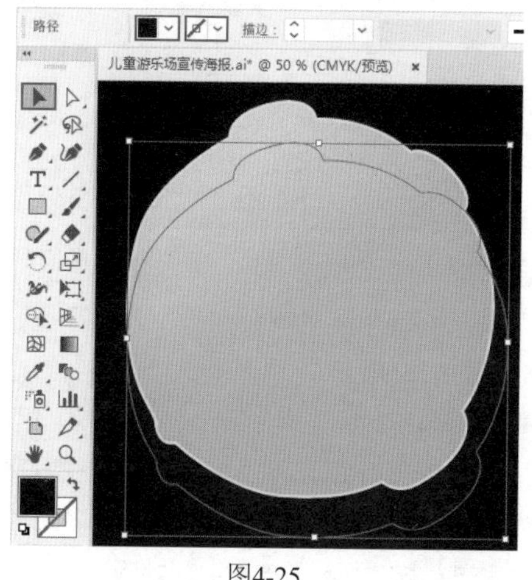
图4-25

9 选择工具箱中的“椭圆工具”，在星球凸起的位置按住鼠标左键拖动绘制一个椭圆形，然后将“填充”设置为橘黄色，如图4-26所示。

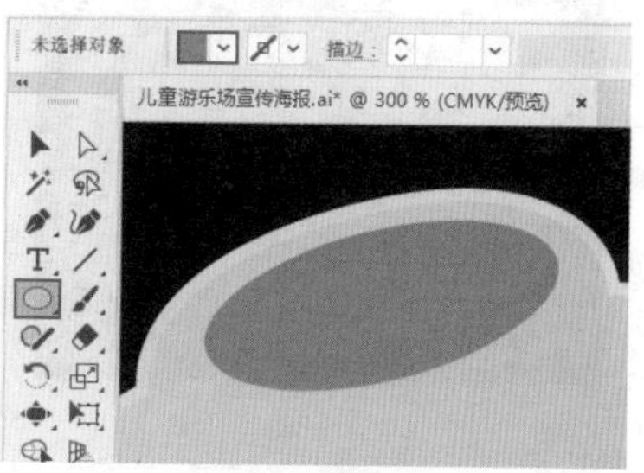
图4-26

10 继续使用同样的方法绘制一个稍小的椭圆形，并填充深橘黄色，使图形看起来有向下凹陷的效果，如图4-27所示。

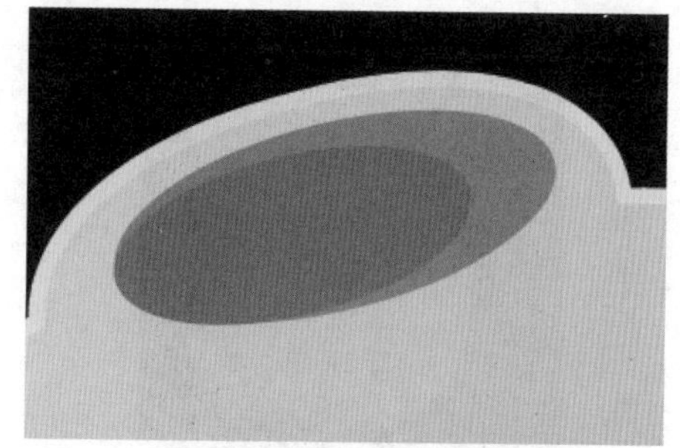
图4-27

11 选择工具箱中的“钢笔工具”，在控制栏中设置“填充”为深橘黄色，“描边”为无。设置完成后，在画面中的合适位置绘制一个月牙状图形，如图4-28所示。

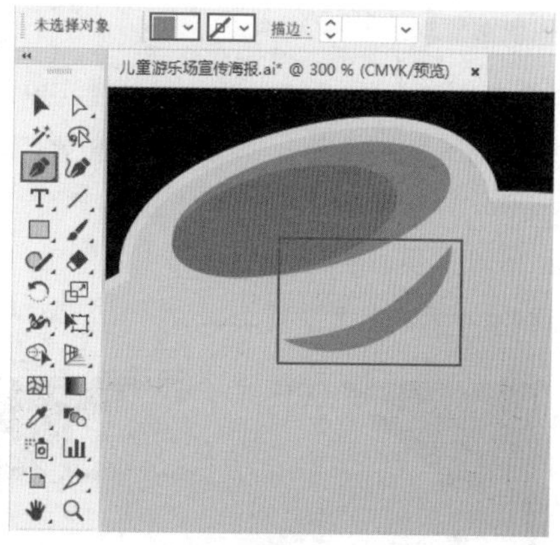
图4-28

12 继续使用“钢笔工具”和“椭圆工具”绘制其他形状，如图4-29所示。

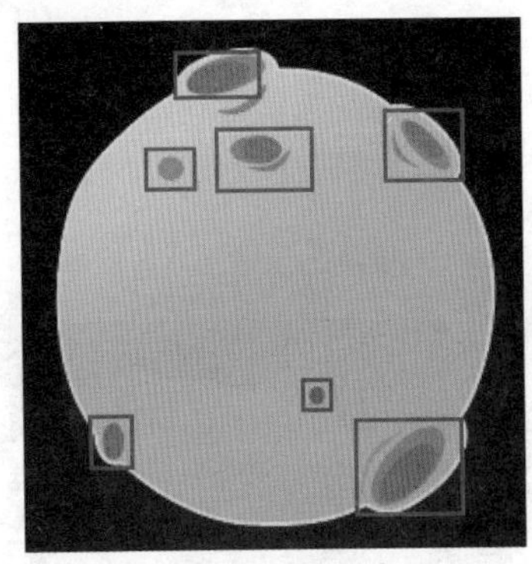

图4-29

⑬ 执行“文件>打开”命令，打开“1.ai”素材文件，使用“选择工具”选择剪影素材，使用Ctrl+C组合键进行复制，返回到创建的文档中使用Ctrl+V组合键进行粘贴，按住鼠标左键进行位置的移动，如图4-30所示。

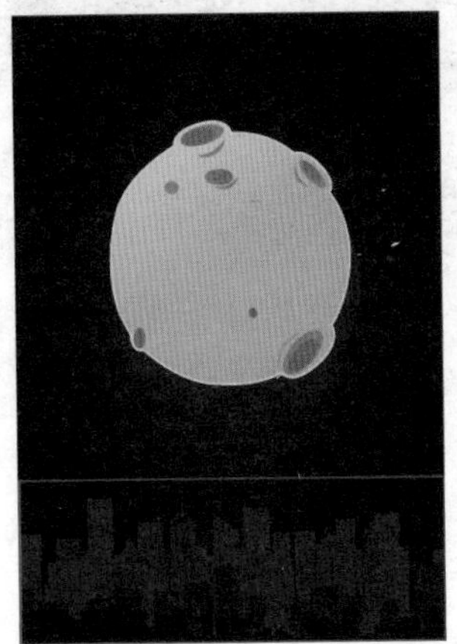

图4-30

2.制作海报文字

① 选择工具箱中的“文字工具”，在控制栏中设置“填充”为亮黄色，“描边”为亮黄色，描边“粗细”为12pt，设置合适的字体、字号，在星球上输入文字，如图4-31所示。

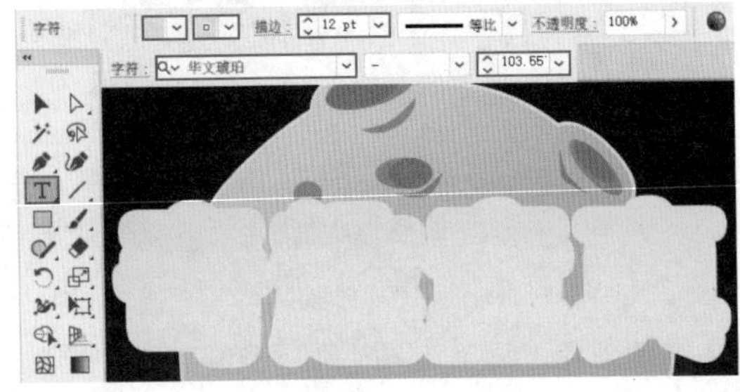

图4-31

② 选中文字，执行“效果>风格化>投影”命令，在弹出的“投影”对话框中设置“模式”为“正片叠底”，“不透明度”为30%，“X位移”为1.5mm，“Y位移”为1.5mm，“模糊”为1.8mm，“颜色”为黑色。设置完成后单击“确定”按钮，如图4-32所示。

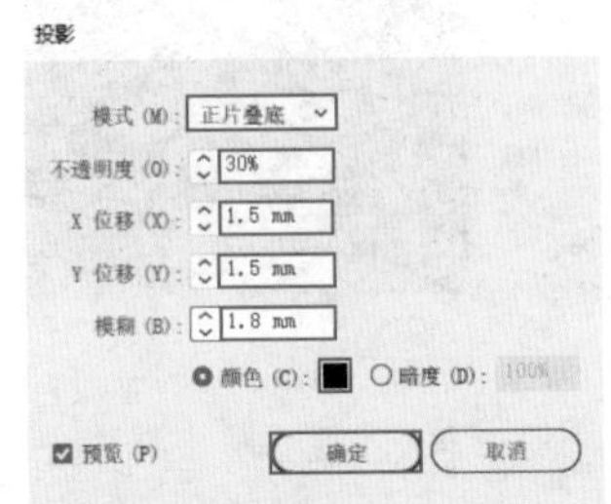

图4-32

③ 此时文字效果如图4-33所示。

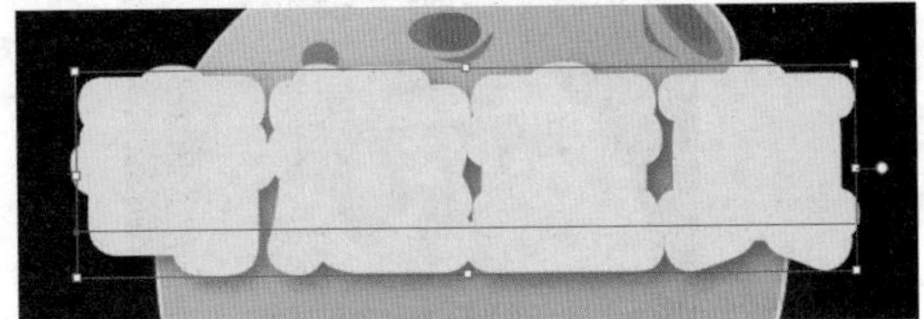

图4-33

④ 选择刚才输入的文字，使用Ctrl+C组合键复制一份，再使用Ctrl+F组合键向前复制一份。选中位于前方的位置，使用Shift+F6组合键调出“外观”面板，在该面板中选择“投影”效果，单击面板底部的“删除所选项目”按钮，如图4-34所示。将投影效果删除。

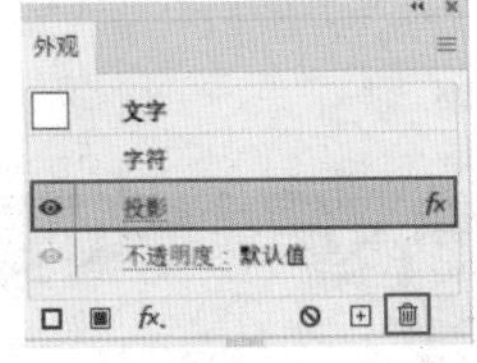

图4-34

⑤ 选中文字，在控制栏中将“填充”和“描边”设置为相同的橙色，描边“粗细”设置为9pt，如图4-35所示。

⑥ 再次选择刚才修改的文字，使用Ctrl+C组合键复制一份，再使用Ctrl+F组合键向前复制一份。选择新复制的文字，在控制栏中设置“填充”为白色，“描边”为无，如图4-36所示。

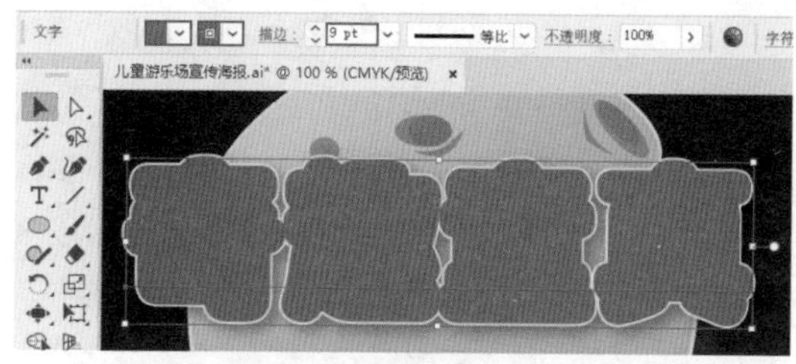
图4-35

图4-36

7 使用同样的方法制作其他文字，如图 4-37所示。

图4-37

8 选择工具箱中的“矩形工具”，在控制栏中设置“填充”为红色，“描边”为无，在画面下方绘制一个长方形，如图4-38所示。

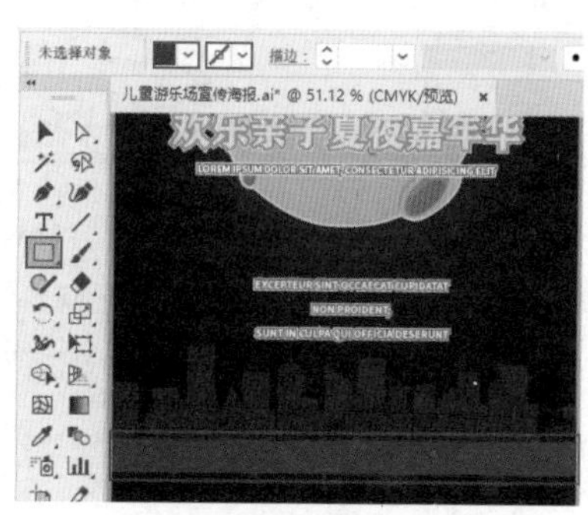
图4-38

9 选择工具箱中的“文字工具”，设置合适的字体、字号，“颜色”为白色，在刚才绘制的矩形上输入文字，如图4-39所示。

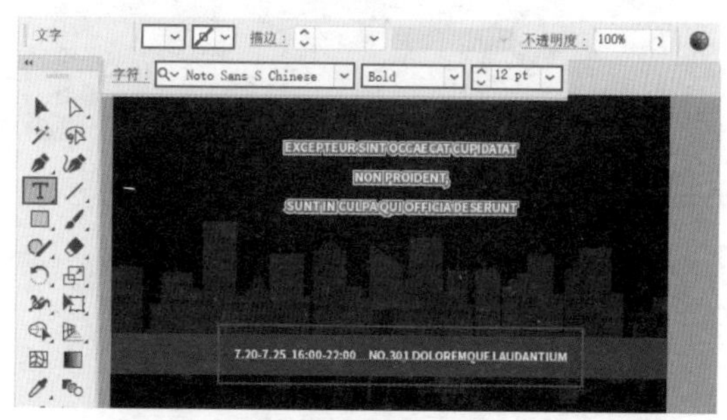
图4-39

10 执行“文件>打开”命令，打开“1.ai”素材文件，使用“选择工具”，按住鼠标左键拖动选择图标素材，使用Ctrl+C组合键进行复制，返回到创建的文档中使用Ctrl+V组合键进行粘贴，按住鼠标左键进行位置的移动。本案例制作完成，如图4-40所示。

图4-40

4.2.2 实例：唯美电影海报

设计思路

案例类型：

本案例为一部电影的海报设计项目，如图4-41所示。

图4-41

项目诉求：

这是一部人物传记式电影，主要讲述主人公的人生经历。海报在设计时要求凸显角色形象以及电影总体基调，以便于吸引受众注意力。

设计定位：

根据项目要求，海报整体选定了一种颇具摩登感与梦幻感的基调，与剧情相匹配。画面将主人公照片作为展示重点，将与故事相关的元素布置在人物周围，使主题更突出。

配色方案

该海报以柔和的淡粉色为主色调，整体给人一种温柔、淡雅、清新脱俗的感觉。以紫色作为辅助色，在色相上二者为类似色，能够起到突出主体的作用，在明度上能够起到对比、突出的作用。在粉、紫的基础上点缀与之邻近的青蓝色，能够起到丰富画面色彩的作用，如图4-42所示。

图4-42

版面构图

该海报采用重心式构图，首先以人物角色为视觉重心将观者的视线牢牢吸引住，然后目光自然地向下移动至文字信息处，这样的表现手法简单、实用，不仅在构图中易于操作，更能够直接地吸引观者注意，如图4-43所示。

图4-43

本案例制作流程如图4-44所示。

图4-44

技术要点

- 使用“渐变工具”为图形填充渐变色。
- 使用“不透明度”蒙版隐藏位图局部。

操作步骤

1. 制作海报背景

❶ 执行“文件>新建”命令，新建一个A4大小的竖版文档。选择工具箱中的“矩形工具”，在控制栏中设置“填充”为白色，“描边”为无，在画面中按住鼠标左键拖动绘制一个与画板等大的矩形，如图4-45所示。

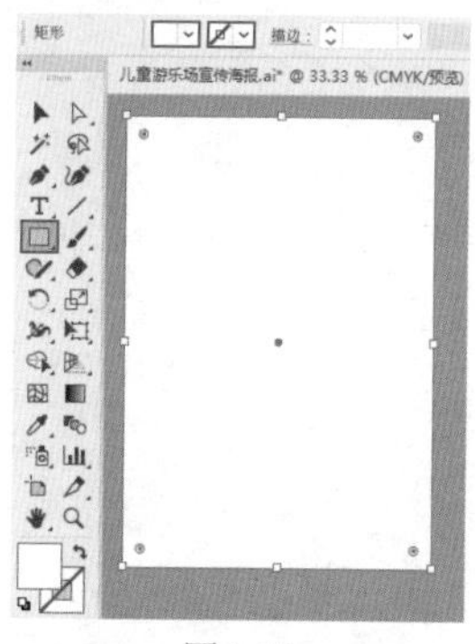

图4-45

❷ 选中刚才绘制的矩形，双击工具箱中的“渐变工具”，在“渐变”面板中设置“类型”为径向渐变，编辑一个淡粉色系的渐变颜色，如图4-46所示。

图4-46

❸ 选择工具箱中的“椭圆工具”，按住鼠标左键拖动绘制一个椭圆形，如图4-47所示。

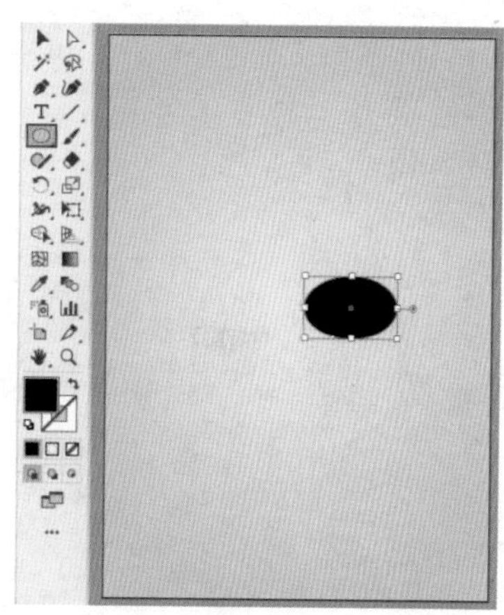

图4-47

❹ 选择刚才绘制的椭圆形，双击工具箱中的“渐变工具”按钮，在弹出的“渐变”面板中设置“类型”为径向渐变，“长宽比”为64%，编辑一个灰色至白色的渐变颜色，并将白色色标的“不透明度”设置为0，如图4-48所示。

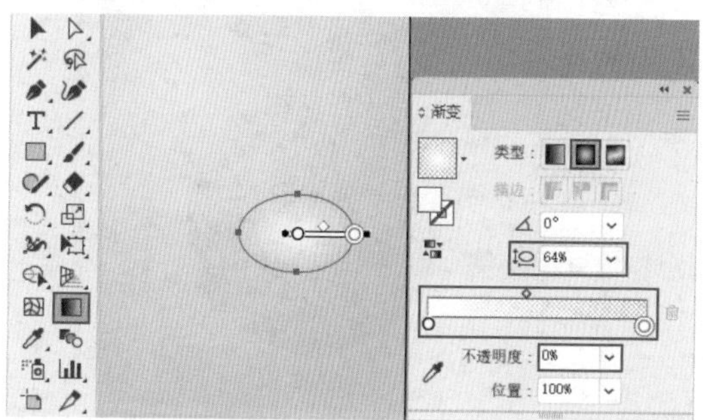

图4-48

❺ 选择刚才调整好的椭圆形，按住Alt键拖动鼠标，进行移动并复制的操作，如图4-49所示。复制完成后可以加选椭圆形，使用Ctrl+G组合键进行编组。

图4-49

6 执行“文件>置入”命令，选择“1.png”素材文件，单击“置入”按钮，将该素材置入到文档中，如图4-50所示。

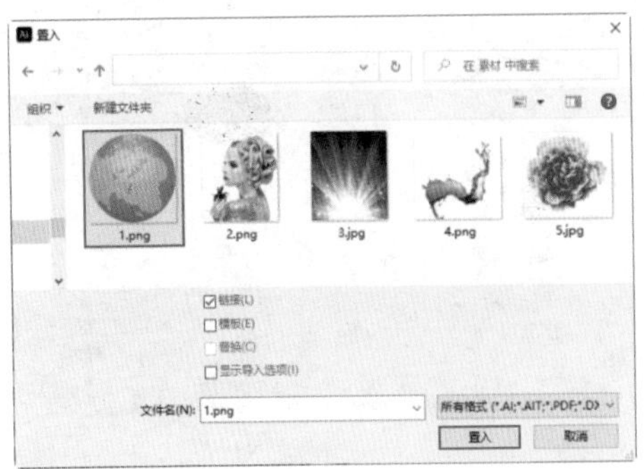

图4-50

7 使用“选择工具”适当调整素材大小，在控制栏中单击“嵌入”按钮，如图4-51所示。

图4-51

8 使用“椭圆工具”绘制一个与素材等大的圆形，再次调出“渐变”面板，设置“类型”为线性渐变，编辑一个半透明的粉色渐变，并按住鼠标左键拖动调整渐变效果，如图4-52所示。

图4-52

9 执行“文件>置入”命令，将“3.jpg”素材文凭置入到文档中。置入素材后，使用“选择工具”调整素材的大小以及位置，单击“嵌入”按钮完成嵌入操作，如图4-53所示。

图4-53

10 选中该素材，单击控制栏中的“不透明度”按钮，在下拉面板中设置“混合模式”为“颜色减淡”，如图4-54所示。

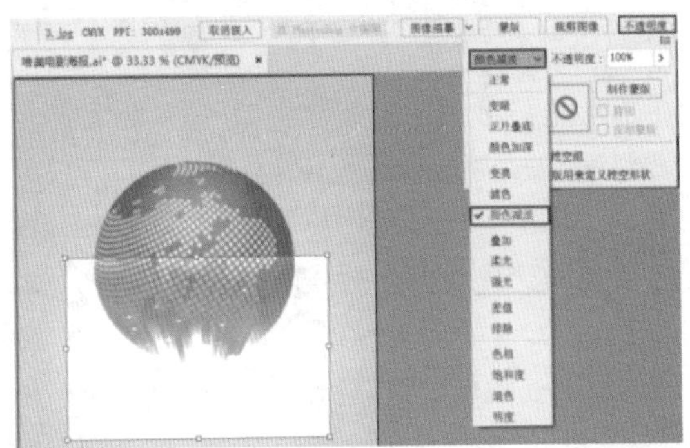

图4-54

11 选中后面的渐变圆形，使用Ctrl+C组合键进行复制，在画面空白处单击取消图形的选中状态，接着再使用Ctrl+F组合键将图形粘贴到前方，如图4-55所示。

图4-55

⑫ 选中粘贴的圆形，调出“渐变”面板，然后编辑一个黑白色的渐变，如图4-56所示。

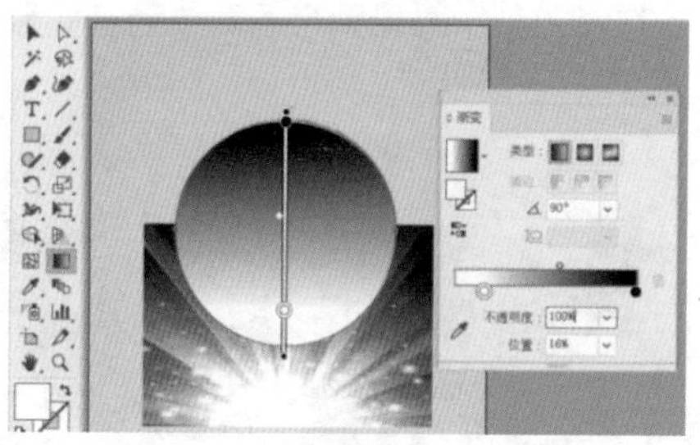

图4-56

⑬ 按住Shift键加选圆形和光线素材，执行“窗口>透明度”命令，在弹出的“透明度”面板中单击“制作蒙版”按钮，如图4-57所示。

图4-57

⑭ 首先单击“透明度”面板右侧的缩览图进入到不透明度蒙版的编辑中，接着选择工具箱中的“渐变工具”，拖动滑块调整渐变效果，这样能够让图形边缘变得柔和。对效果调整完成后，单击“透明度”面板左侧的缩览图退出对蒙版的修改，如图4-58所示。

图4-58

⑮ 执行“文件>置入”命令，选择“2.png”素材文件，单击“置入”按钮。调整素材的大小以及位置，单击控制栏中的“嵌入”按钮，如图4-59所示。

图4-59

⑯ 选中背景的云朵，复制到前景中，适当调整位置，如图4-60所示。

图4-60

⑰ 使用同样的方法置入花朵素材和红酒素材，如图4-61所示。

图4-61

⑱ 选中红酒素材，在“透明度”面板中设置“混合模式”为“颜色加深”，“不透明度”为60%，如图4-62所示。

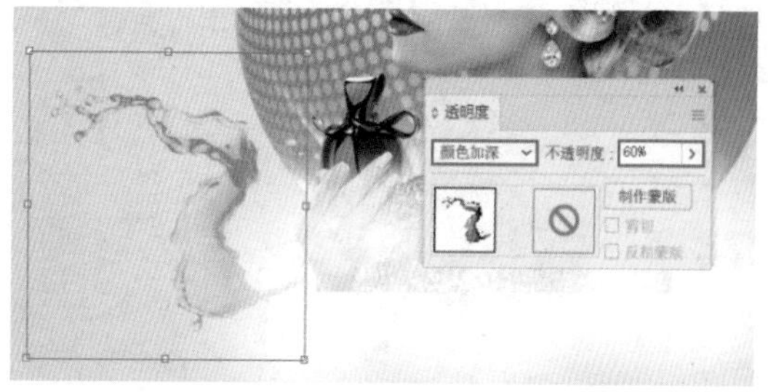

图4-62

⑲ 复制红酒素材，移动到右侧。选中该素材，在“透明度”面板中设置“混合模式”为“颜色加深”，如图4-63所示。

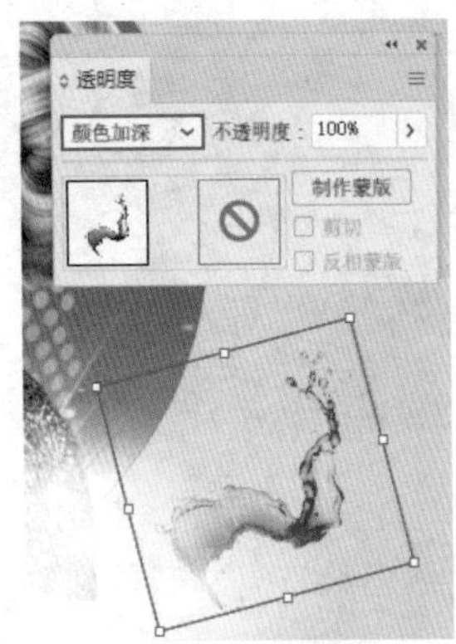

图4-63

⑳ 选择工具箱中的“椭圆工具”，按住Shift键的同时按住鼠标左键拖动绘制一个正圆。使用“渐变工具”将绘制的正圆填充一个紫色系的渐变颜色，如图4-64所示。

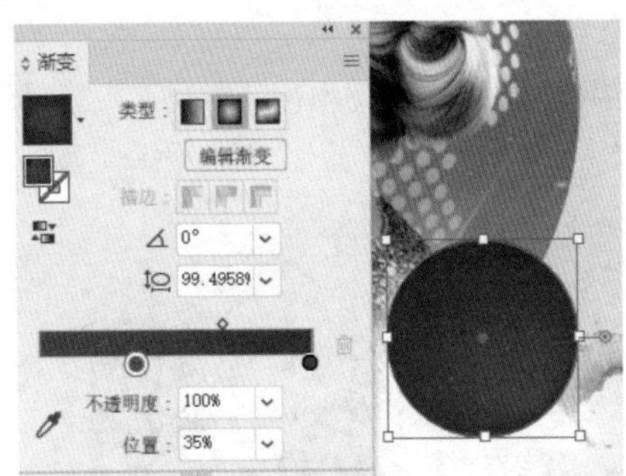

图4-64

㉑ 继续使用“椭圆工具”，在刚才绘制的正圆上方绘制一个椭圆，再次使用“渐变工具”为这个椭圆填充一个白色半透明渐变，如图4-65所示。

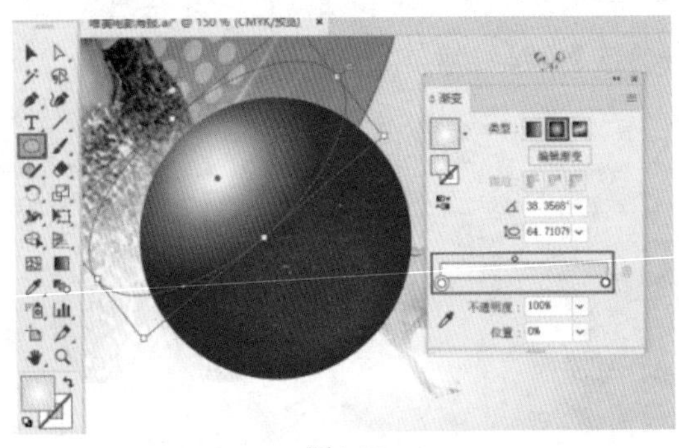

图4-65

㉒ 使用“文字工具”在画面中单击插入光标，选择合适的字体、字号并输入文字。输入完成后使用“选择工具”放置到合适的位置，如图4-66所示。

图4-66

㉓ 继续使用同样的方法向画面中添加其他文字，如图4-67所示。

图4-67

㉔ 制作泡泡。选择工具箱中的“椭圆工具”，按住Shift键的同时按住鼠标左键拖动绘制一个正圆，使用“渐变工具”编辑一个由透明到白色的渐变颜色，如图4-68所示。

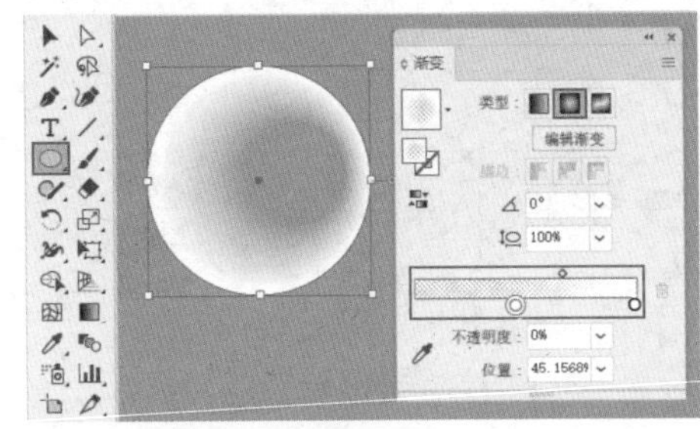

图4-68

㉕ 再次使用“椭圆工具”，按住Shift键的同时按住鼠标左键拖动绘制一个正圆并填充为白色，如图4-69所示。

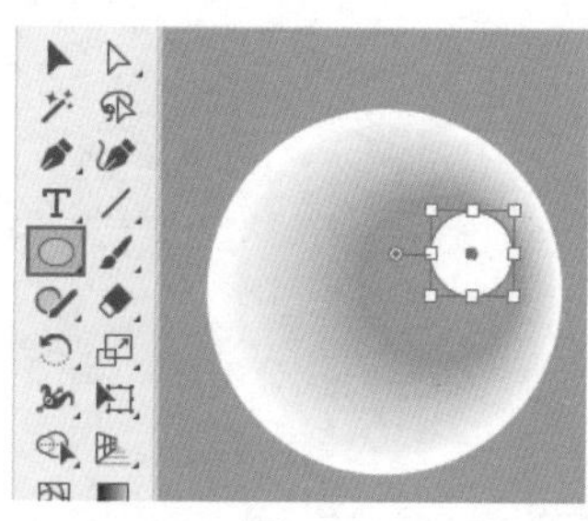
图4-69

㉖ 按住Shift键加选这两个图形，使用Ctrl+G组合键进行编组。选择工具箱中的“选择工具”，按住Alt键的同时按住鼠标左键拖动，对这个图形组进行移动并复制操作，调整泡泡图形的大小以及位置，如图4-70所示。

图4-70

2. 制作海报的文字部分

❶ 选择工具箱中的“文字工具”，在控制栏中设置选择合适的字体、字号，输入文字，如图4-71所示。

图4-71

❷ 选中该文字，执行“文字>创建轮廓”命令，如图4-72所示。

图4-72

❸ 选择工具箱中的“渐变工具”，设置“类型”为线性渐变，“角度”为-90°，编辑一个紫色系的渐变颜色，如图4-73所示。

图4-73

❹ 使用同样的方法制作其他文字，如图4-74所示。

图4-74

❺ 继续使用“文字工具”向画面中添加文字。本案例制作完成，效果如图4-75所示。

图4-75

第5章 广告设计

本章概述

广告是我们用来陈述和推广信息的一种方式。我们的生活中充斥着各类广告，广告的类型和数量也在日益增多。随着数量的增多，对于广告设计的要求也越来越高，想要成功地吸引消费者的眼球也不再是一件易事，这就要求我们在进行广告设计时必须要了解和学习广告设计的相关内容。

5.1 广告设计概述

广告设计是一种现代艺术设计方式，在视觉传达设计中占有重要地位。现代广告设计的发展已经从静态的平面广告发展为动态广告，以多种多样的形式融入我们的生活，吸引我们的眼球。一个好的广告设计能有效地传播信息，从而达到超乎想象的反馈效果。

5.1.1 什么是广告

广告，从表面上理解即广而告之。广告设计是通过图像、文字、色彩、版面、图形等元素进行平面艺术创意而实现广告目的和意图的一种设计活动和过程。在现代商业社会中，广告是用来宣传企业形象、销售企业产品及服务和传播某种信息，通过广告的宣传作用增加产品的附加价值，促进产品的消费，从而产生一定的经济效益，如图5-1所示。

图5-1

5.1.2 广告的常见类型

随着市场竞争日益激烈，如何使自己的产品从众多同类商品中脱颖而出一直是困扰商家的难题，利用广告进行宣传自然成为一个很好的途径。这也就促使了广告业的迅速发展，广告的类型也趋向多样化，常见类型主要有以下几种：平面广告、户外广告、互联网广告、电视广告、媒体广告等。

1. 平面广告

平面广告主要是以一种静态的形态呈现，包含图形、文字、色彩等诸多要素。其表现形式也是多种多样，有绘画的、摄影的、拼贴的等。平面广告多为纸质版，刊载的信息有限，但具有随意性，可进行大批量的生产。具体来说，平面广告包含报纸杂志广告、DM单广告、POP广告、企业宣传册广告、招贴广告、书籍广告等类型。

报纸杂志广告通常占据其载体的一小部分，与报纸杂志一同销售。一般适用于展销、展览、劳务、庆祝、航运、通知、招聘等。其内容繁杂，但简短、精练，广告费用较为实惠，具有一定的经济性、持续性，如图5-2所示。

图5-2

DM单广告是一种直接向消费者传达信息的通道，广告主可根据个人意愿选择广告内容。DM单广告可通过邮寄、传真、柜台散发、专人送达、来函索取等方式发散，具有一定的针对性、灵活性和及时性，如图5-3所示。

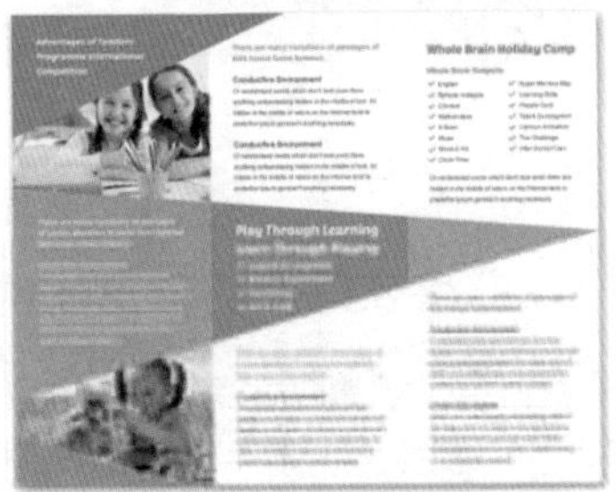

图5-3

POP广告通常置于购买场所的内部空间、零售商店的周围、商品陈设物附近等地。POP广告多用水性马克笔或油性马克笔和各颜色的专用纸制作，其制作方式、所用材料多种多样，而且手绘POP广告更具有亲和力，制作成本也较为低廉，如图5-4所示。

图5-4

企业宣传册广告一般适用于企业产品、服务及整体品牌形象的宣传。其内容以企业品牌整体为主，具有一定针对性、完整性，如图5-5所示。

图5-5

招贴广告是一种集艺术与设计为一体的广告形式。其表现形式更富有创意和审美性。它所带来的不仅仅是经济效益，对于消费者精神文化方面也有一定的影响，如图5-6所示。

图5-6

2. 户外广告

户外广告主要投放在交通流量较大、较为公众的室外场地。户外广告既有纸质版也有非纸质版，具体来说，户外广告包含灯箱广告、霓虹灯广告、单立柱广告、车身广告、场地广告、路牌广告等类型。

灯箱广告主要用于企业宣传，一般放在建筑物的外墙上、楼顶、裙楼等位置。白天为彩色广告牌，晚上亮灯则成为内打灯，向外发光。经过照明后，广告的视觉效果更加强烈，如图5-7所示。

图5-7

霓虹灯广告是通过利用不同颜色的霓虹管制成文字或图案。夜间呈现一种闪动灯光模式，动感而耀眼，如图5-8所示。

图5-8

车身广告是一种置于公交车或专用汽车两侧之上的广告。其传播方式具有一定的流动性，传播区域较广，如图5-9所示。

图5-9

场地广告是指置于地铁、火车站、机场等地点范围内的各种广告，如在扶梯、通道、车厢等位置，如图5-10所示。

图5-10

路牌广告主要置于公路或交通要道两侧。路牌广告形式多样、立体感较强、画面十分醒目，能够更快地吸引眼球，如图5-11所示。

图5-11

3. 互联网广告

互联网广告是指利用网络发放的广告。其有弹出式、文本链接式、直接阅览室、邮件式、点击式等多种方式，如图5-12所示。

图5-12

4. 电视广告

电视广告是一种以电视为媒介的传播信息的形式。广告时间长短依内容而定。其具有一定的独占性和广泛性，如图5-13所示。

图5-13

5. 广播广告和电话广告

广播广告一般多置于商店和商场内。广播广告持续时段较短，但时效性和反馈性较快。

电话广告是一种以电话为媒介的形式，有拨号、短信、语音等方式。其具有一定的主动性、直接性、实时性。

5.1.3 广告设计的原则

现代广告设计原则是根据广告的本质、特征、目的所提出的根本性、指导性的准则和观点。主要包括可读性原则、形象性原则、真实性原则、关联性原则。

可读性原则： 无论多好的广告，都要让受众清楚地了解其主要表现的是什么。所以必须要具有普遍的可读性，准确地传达信息，才能真正地投放市场、投向公众。

形象性原则： 一个平淡无奇的广告是无法打动消费者的，只有运用一定的艺术手法渲染和塑造产品形象，才能使产品在众多的广告中脱颖而出。

真实性原则： 真实是广告最基本的原则。只有真实地表现产品或服务特质才能吸引消费者，其中不仅仅要保证宣传内容的真实性，还要保证以真实的广告形象表现产品。

关联性原则： 不同的商品适用于不同的公众，所以要确定和了解受众的审美需求，从而进行相关的广告设计。

5.2 广告设计实战

5.2.1 实例：运动产品灯箱广告

设计思路

案例类型：

本案例为以倡导体育运动为主题的公益性质广告设计项目，如图5-14所示。

图5-14

项目诉求：

坚持运动除了强健体魄，还能够激发面对困境时的强大精神力量，所以本案例意图通过公益广告的形式倡导全民运动、激发人们对体育的热情。

设计定位：

广告要传达的是一种精神层面的内容，这种主题可以借助具象的图像或色彩来表达。以充满动感的图像搭配活力四射的色彩，简洁的画面更容易凸显主题。

配色方案

该广告以橘色搭配蓝色为主，整个画面冷暖对比强烈，给人活力、积极、进取的视觉印象。以强对比的色彩打底的画面，搭配白色和黑色作为点缀色，填充了画面亮部和暗部的缺失，同时也起到弱化过于强烈的色彩反差的作用，如图5-15所示。

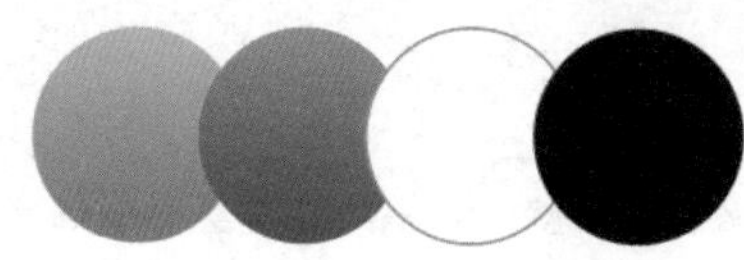

图5-15

版面构图

该广告的主体内容并不多，背景部分以大色块的形式组合，巧妙运用明暗的差异，构造出带有空间感的环境。选取运动感十足的素材搭配少量文字摆放在画面中央，很容易使观众的视线聚焦在画面中心处，如图5-16所示。

图5-16

本案例制作流程如图5-17所示。

图5-17

技术要点

- 使用“美工刀工具”进行图形的分割。
- 使用“文字工具”和“形状工具”添加文字和图形。
- 使用“渐变”面板编辑渐变颜色。

操作步骤

1. 制作空间感背景

1 执行“文件>新建”命令，创建一个新文档。选择工具箱中的“矩形工具”，在控制栏中设置“描边”为无，按住鼠标左键进行拖动，绘制一个与画板等大的矩形，如图5-18所示。

图5-18

2 选中矩形，选择工具箱中的“美工刀工具”，按住Shift+Alt组合键的同时按住鼠标左键在矩形下半部分拖动进行分割，如图5-19所示。

3 选中顶部的矩形，继续使用“美工刀工具”，按住Alt键的同时按住鼠标左键进行拖动，在画面的上半部分进行分割，如图5-20所示。

4 选中底部的矩形，继续使用相同的方法，分割下方的矩形，如图5-21所示。

图5-19

图5-20

图5-21

5 选择工具箱中的“选择工具”，在左上角的四边形上方单击将其选中，然后在控制栏中设置“填充”为橘黄色，如图5-22所示。

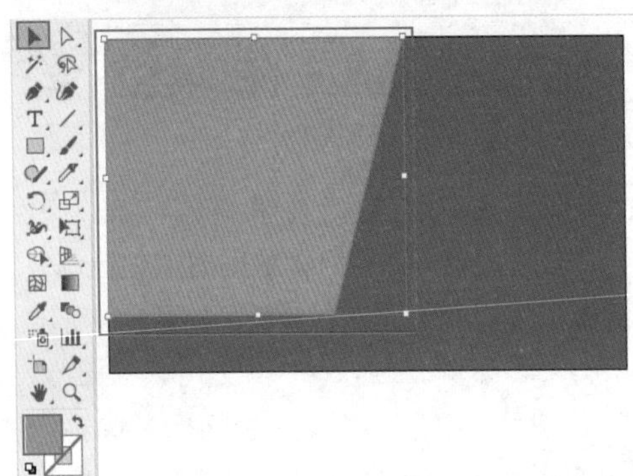
图5-22

6 选择右上角的图形，双击工具箱中的“渐变工具”按钮，在打开的“渐变”面板中设置“类型”为线性渐变，编辑一个蓝色系的渐变颜色，如图5-23所示。

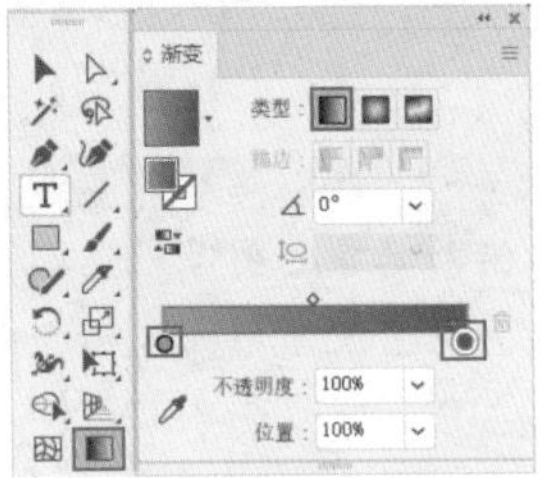

图5-23

7 使用“渐变工具”在图形上按住鼠标左键拖动，调整渐变颜色，如图5-24所示。

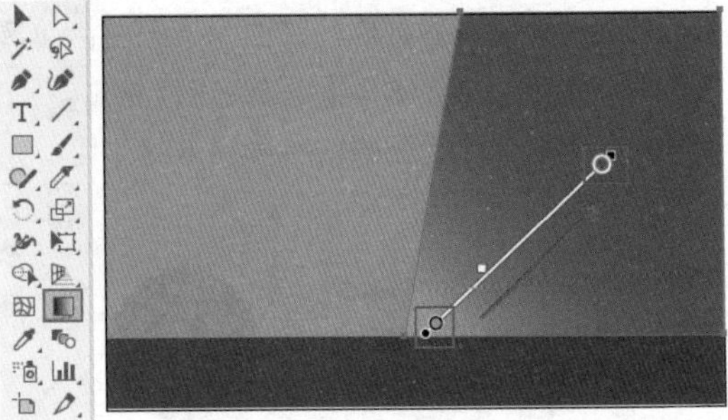
图5-24

8 使用同样的方法，设置下方两个图形的颜色。此时图形效果如图5-25所示。

图5-25

2. 制作广告主体内容

1 选择工具箱中的“矩形工具”，在控制栏中设置“填充”为深蓝色，“描边”为无，在画面的右上角按住Shift+Alt组合键的同时按住鼠标左键拖动绘制一个正方形。然后将矩形填充为深蓝色，如图5-26所示。

图5-26

2 选择工具箱中的“多边形工具”，在控制栏中设置“填充”为白色，“描边”为无，在画面中单击，在弹出的对话框中设置“边数”为3，设置完成后单击“确定”按钮，如图5-27所示。

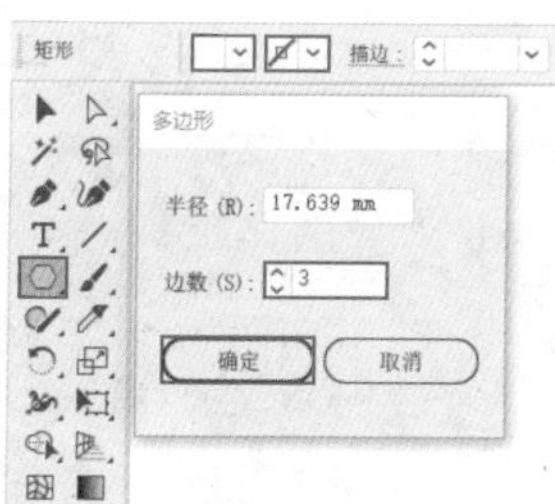

图5-27

3 选择工具箱中的“选择工具”，单击选择刚才绘制的三角形，拖动控制点调整三角形的大小并放置在合适的位置上，如图5-28所示。

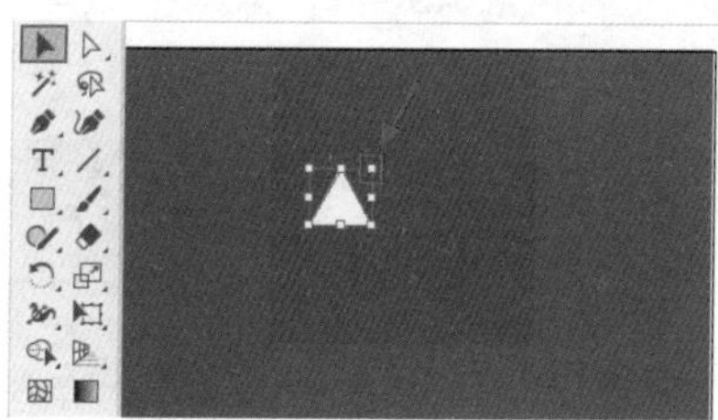

图5-28

4 选中三角形，按住Alt键的同时按住鼠标左键向右拖动，将三角形复制一份，如图5-29所示。

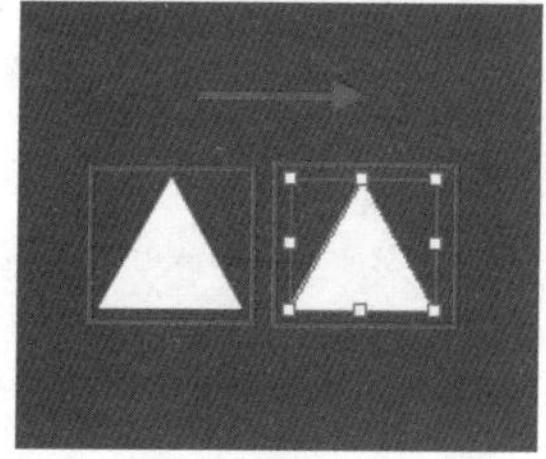

图5-29

5 调整右侧三角形的大小，如图5-30所示。

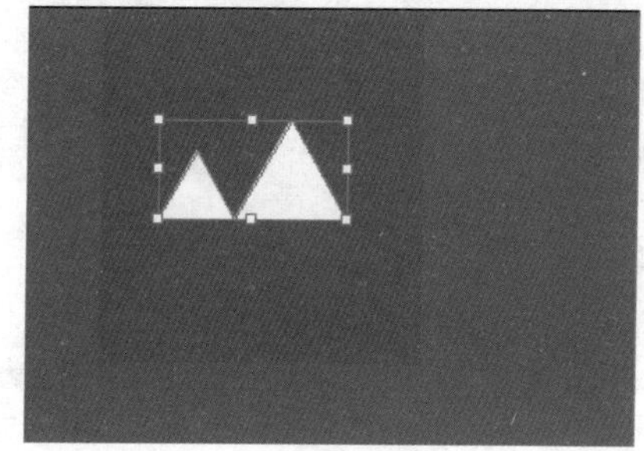

图5-30

6 选择工具箱中的“文字工具”，在画面中单击插入光标，输入文字。选中文字，在控制栏中设置合适的字体、字号及颜色，如图5-31所示。

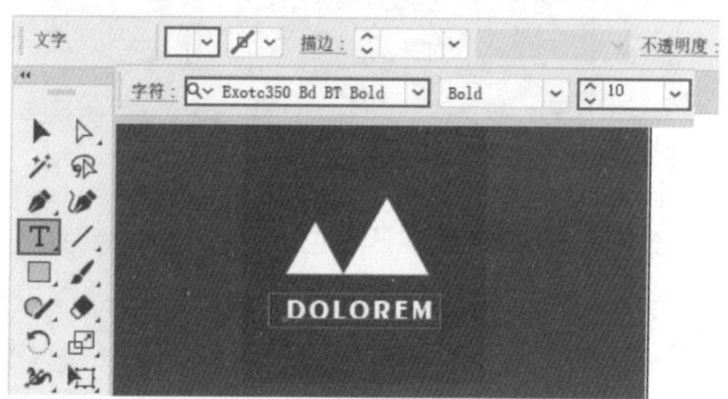

图5-31

7 继续选择“文字工具”，在画面中输入文字，然后选中文字，在控制栏中设置合适的字体、字号及颜色，如图5-32所示。

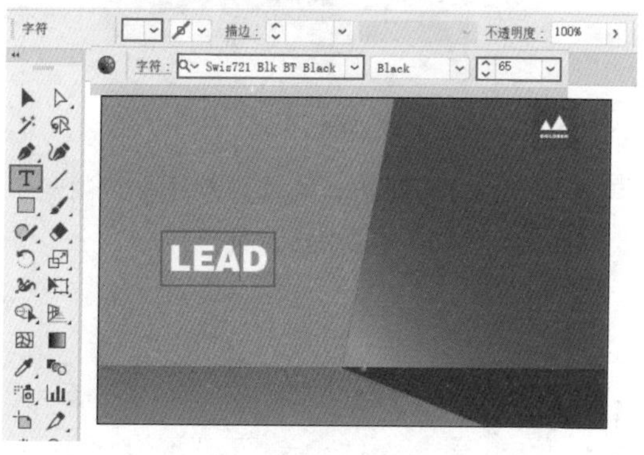

图5-32

8 选中文字，使用Ctrl+T组合键调出“字符”面板，设置“字间距”为3000，此时文字效果如图5-33所示。

9 继续选择“文字工具”，在画面的左上方输入文字，然后选中文字，在控制栏中设置合适的字体、字号及颜色，如图5-34所示。

图5-33

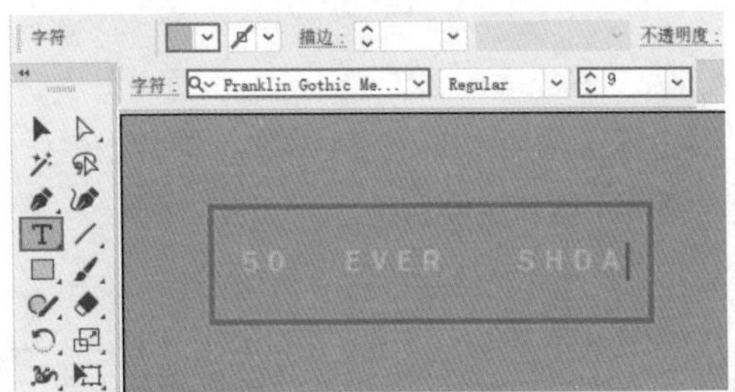

图5-34

⑩ 选择工具箱中的“矩形工具”，在文字的下方按住鼠标左键拖动绘制一个矩形，在控制栏中设置“填充”为浅橘色，“描边”为无，如图5-35所示。

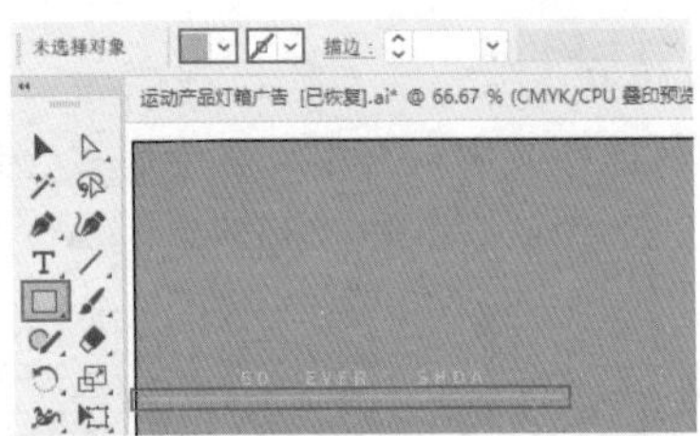

图5-35

⑪ 在绘制的图形下方，再次拖动鼠标绘制一个矩形并填充橘黄色，如图5-36所示。

图5-36

⑫ 继续使用“文字工具”，在控制栏中设置合适的字体、字号，在画面中继续添加文字，如图5-37所示。

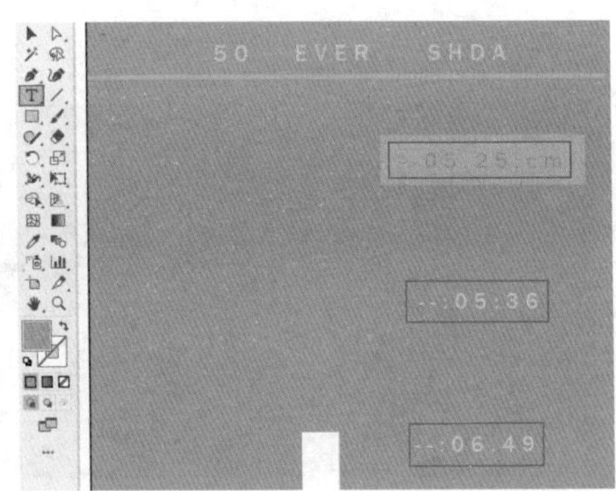

图5-37

⑬ 选择工具箱中的“矩形工具”，在控制栏中设置“填充”为白色，“描边”为无，按住鼠标左键拖动在画面中绘制一个矩形，如图5-38所示。

图5-38

⑭ 选中矩形，选择工具箱中的“倾斜工具”，在矩形上方按住鼠标左键进行拖动，就可以将矩形改变为平行四边形，如图5-39所示。

图5-39

⑮ 选择工具箱中的“钢笔工具”，在画面中以单击的方式绘制一个三角形，绘制完成后在控制栏中设置“填充”为黄色，“描边”为无，如图5-40所示。

⑯ 选择工具箱中的“直线段工具”，在控制栏中设置“填充”为无，“描边”为白色，描边“粗细”为1pt，设置完成后，在版面的右侧按住鼠标左键拖动进行绘制，如图5-41所示。

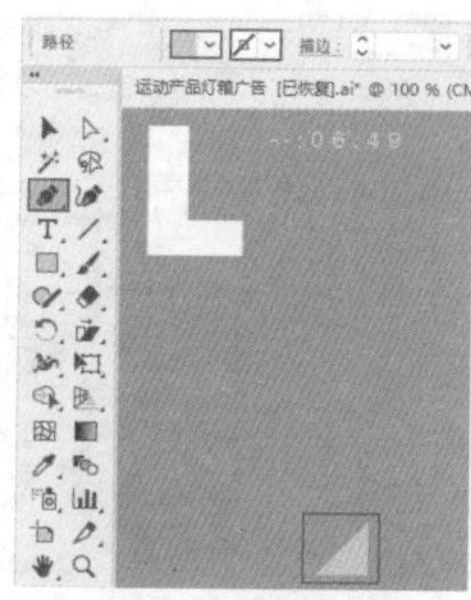
图5-40

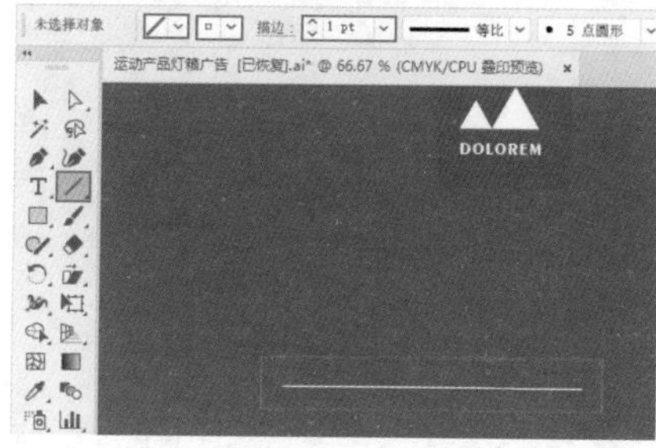
图5-41

⑰ 继续添加画面中的背景元素，此时画面效果如图5-42所示。

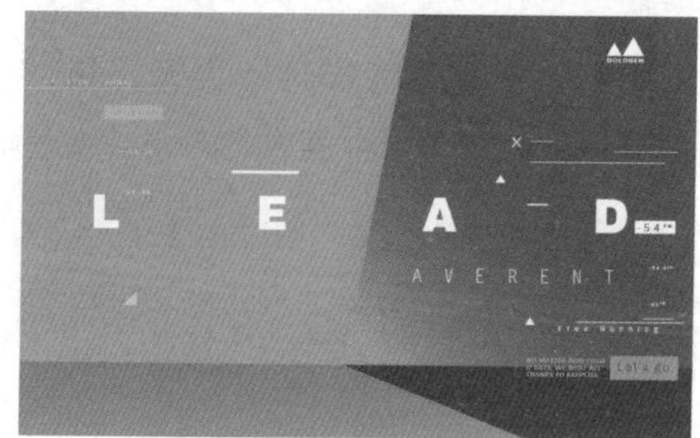

图5-42

⑱ 执行“文件>置入”命令，在打开的对话框中选择“1.png”素材文件，单击“置入”按钮，如图5-43所示。

图5-43

⑲ 将素材适当调整大小并放置在合适的位置上。本案例制作完成，如图5-44所示。

图5-44

5.2.2 实例：商场X展架促销广告

设计思路

案例类型：

本案例为商场促销活动的X展架广告设计项目，如图5-45所示。

图5-45

项目诉求：

该广告将用于商场的促销活动中，以“全家齐享”为主题，需要吸引顾客的注意力并促进销售。该广告需要适应不同的场景和客户群，如购物中心、超市、人流密集区等，能够在快节奏、高频率的当下，快速地传达广告信息并给顾客留下深刻的印象。

设计定位：

该广告采用活力感的设计风格，以较大的文字信息突出促销主题，以卡通化的人物切合“全家齐享”的主题，使顾客一眼就能够了解产品和促销信息，吸引顾客的兴趣和购买欲望。

配色方案

该作品的整体色调喜庆、热烈，非常适合传达节日氛围。主色调采用了稍淡一些的红色，可以吸引商场这种嘈杂环境下人们的注意力；辅助色调采用了青绿色，其清爽、活泼的特点与红色背景形成鲜明的对比。此外，还使用了黄色作为点缀色，与红色形成鲜明的对比，使整个画面充满了感染力和生命力，如图5-46所示。

图5-46

版面构图

为适应X展架的要求，当前广告使用了竖版细长的画面。这类版面通常采用自上而下的布置方式。观众首先会被幽默的标语所吸引，然后目光会顺着画面向下移动至插图位置，最后阅读具体的信息。这种构图方式具有很强的秩序感和稳定感，同时让人感觉清晰明了，因此是X展架广告常用的构图方法，如图5-47所示。

图5-47

本案例制作流程如图5-48所示。

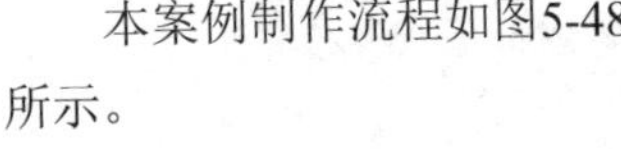

图5-48

技术要点

- 使用封套功能制作变形文字。
- 使用镜像功能制作出对称的对象。

操作步骤

1. 制作广告中的主体内容

1 执行“文件>新建”命令，创建一个新文档。选择工具箱中的“矩形工具”，在控制栏中设置“填充”为红色，“描边”为无，按住鼠标左键拖动绘制一个与画板等大的矩形，如图5-49所示。

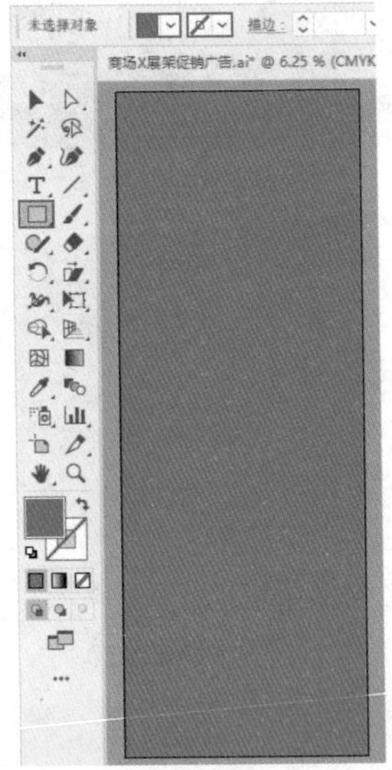

图5-49

2 选择工具箱中的“文字工具”，在画面中单击插入光标，输入文字。选中文字，在控制栏中设置合适的字体、字号及颜色，如图5-50所示。

3 继续使用“文字工具”，在下方添加文字并在控制栏中设置合适的字体、字号，如图5-51所示。

图5-50

图5-51

4 选择刚输入的文字，执行“对象>封套扭曲>用变形建立”命令，在弹出的对话框中，设置“样式”为“弧形”，“方向”为“水平”，“弯曲”为15%，设置完成后单击“确定”按钮，如图5-52所示。

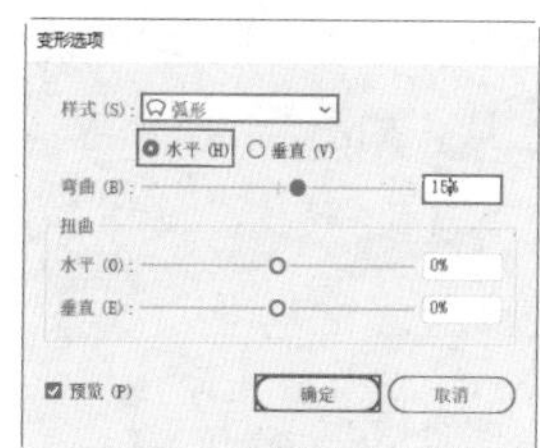

图5-52

5 当前文字效果如图5-53所示。

图5-53

6 继续使用同样的方法在下方制作文字效果，如图5-54所示。

图5-54

7 选择工具箱中的“钢笔工具”，沿着文字轮廓绘制一个图形，绘制完成后，在控制栏中设置“填充”为白色，“描边”为无，如图5-55所示。

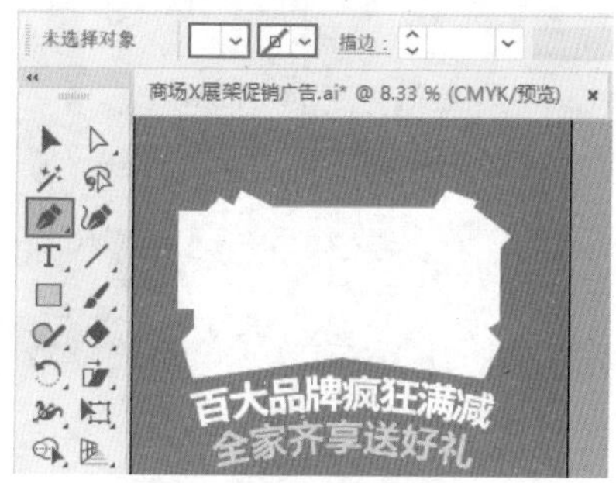

图5-55

8 选择工具箱中的“选择工具”，选中刚绘制的图形，多次执行“对象>排列>后移一层”命令，将图形移动到文字的后面，如图5-56所示。

图5-56

9 继续使用“钢笔工具”，参照底部弧形文字绘制对话框图形，设置“填充”为青绿色，“描边”为白色，描边“粗细”为20pt，如图5-57所示。

图5-57

⑩ 使用“选择工具”选中刚绘制的图形，多次执行“对象>排列>后移一层”命令，将图形移到文字的后面，如图5-58所示。

图5-58

⑪ 将“1.png”素材文件打开，选中卡通素材使用Ctrl+C组合键进行复制，返回到操作的文档中使用Ctrl+V组合键进行粘贴，然后调整合适的大小和位置，如图5-59所示。

图5-59

⑫ 选择工具箱中的“椭圆工具”，在素材的右上方按住Shift键的同时按住鼠标左键拖动绘制一个正圆，绘制完成后在控制栏中设置“填充”为黄色，“描边”为无，如图5-60所示。

图5-60

⑬ 选择工具箱中的“钢笔工具”，在正圆的左上方以单击的方式绘制一个三角形，绘制完成后，在控制栏中设置“填充”为黄色，“描边”为无，如图5-61所示。

图5-61

⑭ 按住Shift键单击加选刚才绘制的三角形与正圆，执行“窗口>路径查找器”命令，打开“路径查找器”面板，单击“联集”按钮使得两个图形成为一个图形，如图5-62所示。

图5-62

⑮ 使用“椭圆工具”，再次绘制一个正圆，在

控制栏中设置“填充”为深黄色，“描边”为无，如图5-63所示。

图5-63

⑯ 选中深黄色正圆，执行“对象>排列>后移一层”命令，将其移到后面，如图5-64所示。

图5-64

⑰ 选择工具箱中的“文字工具”，在画面中单击插入光标，输入文字并将其选中，在控制栏中设置合适的字体、字号及颜色，如图5-65所示。

图5-65

⑱ 选择工具箱中的“椭圆工具”，按住Shift键的同时按住鼠标左键拖动在标题文字的右上方绘制一个正圆，绘制完成后在控制栏中设置“填充”为黄色，“描边”为无，如图5-66所示。

图5-66

⑲ 继续使用“椭圆工具”，在绘制的正圆上按住Shift键绘制一个小正圆，在控制栏中设置小正圆的“填充”为白色，“描边”为无，如图5-67所示。

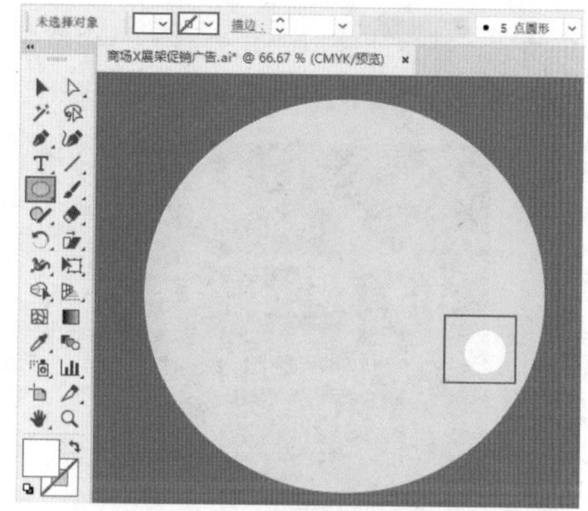

图5-67

⑳ 使用“钢笔工具”在大正圆上绘制一个图形，绘制完成后在控制栏中设置“填充”为“白色”，“描边”为无，如图5-68所示。

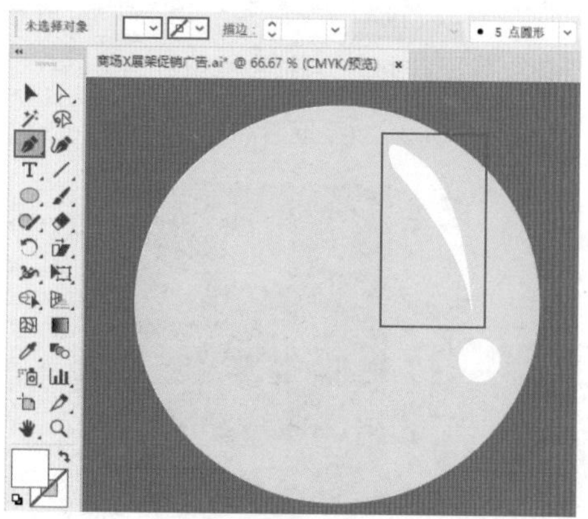

图5-68

21 按住Shift键单击加选绘制的3个图形，使用Ctrl+G组合键进行编组。按住Alt键向左下方拖动鼠标，释放鼠标后完成移动并复制的操作，然后对复制的图形进行大小的调整，如图5-69所示。

图5-69

22 继续进行图形的复制，并调整大小和位置，如图5-70所示。

图5-70

23 制作云朵装饰图形。使用“椭圆工具”按住鼠标左键拖动在标题文字左上方绘制一个椭圆，绘制完成后在控制栏中设置“填充”为白色，“描边”为无，如图5-71所示。

图5-71

24 使用“选择工具”选中椭圆，按住Alt键进行拖动，释放鼠标后完成移动并复制的操作，如图5-72所示。

图5-72

25 继续复制另外两个正圆，按住Shift键加选如图5-73所示的4个椭圆，使用Ctrl+G组合键进行编组。

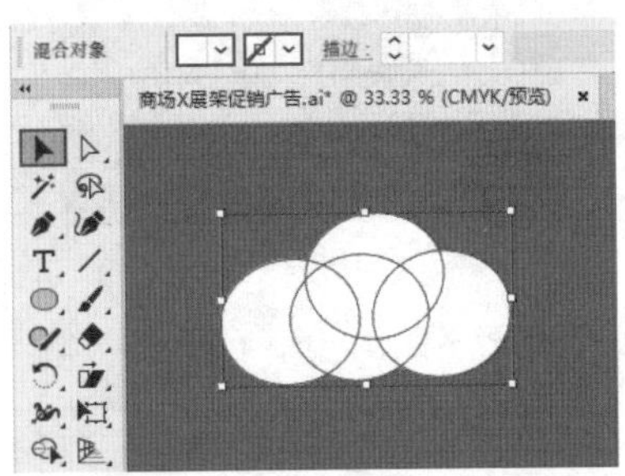

图5-73

26 选择编组图形，按住Alt键向左移动一点，释放鼠标完成移动并复制的操作，如图5-74所示。

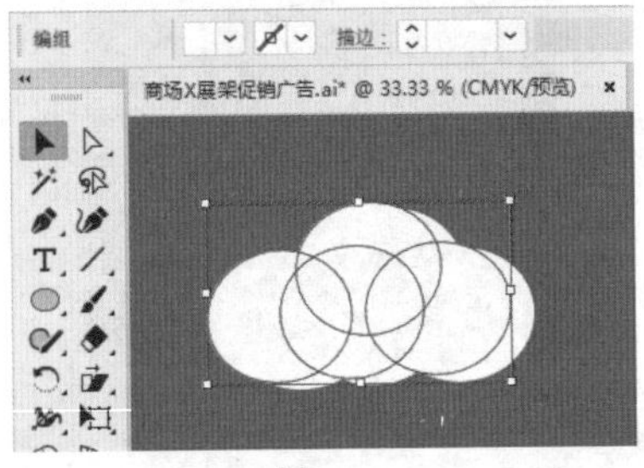

图5-74

27 选择位于下面的图形组，设置填充为浅蓝色，“描边”为无，如图5-75所示。

图5-75

28 选择两个编组图形，再次使用Ctrl+G组合键进行编组。选中编组图形，按住Alt键进行拖动，释放鼠标后完成移动并复制的操作。然后对复制的图形大小进行调整，如图5-76所示。

图5-76

29 继续对图形进行复制，并调整其大小。选中部分图形，多次执行“对象>排列>后移一层”命令，使得部分图形移到人物素材后面，如图5-77所示。

图5-77

30 选择工具箱中的“矩形工具”，在标题文字的右上方绘制一个正方形，在控制栏中设置“填充”为深绿色，“描边”为无，如图5-78所示。

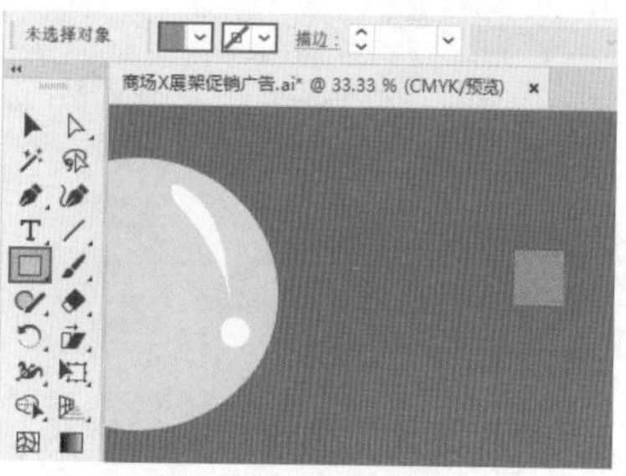
图5-78

31 选择工具箱中的“直线段工具”，在控制栏中设置“填充”为无，“描边”为白色，描边“粗细”为1pt，然后按住鼠标左键拖动绘制一条斜线，如图5-79所示。

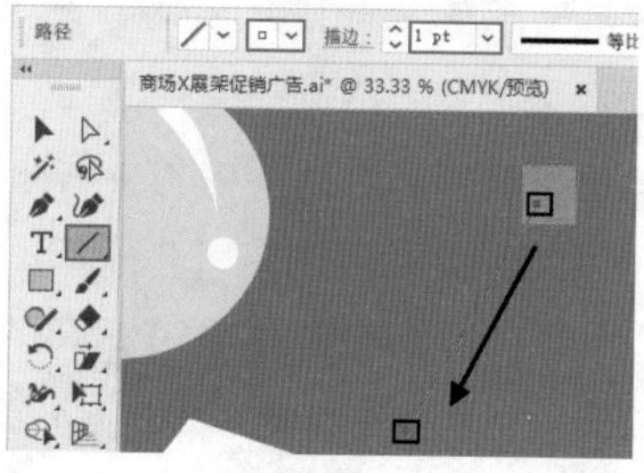
图5-79

32 选择工具箱中的“椭圆工具”，按住Shift键在刚才绘制的直线末端绘制一个正圆，绘制完成后在控制栏中设置“填充”为白色，“描边”为无。按住Shift键加选刚才绘制的三个形状，使用Ctrl+G组合键进行编组，如图5-80所示。

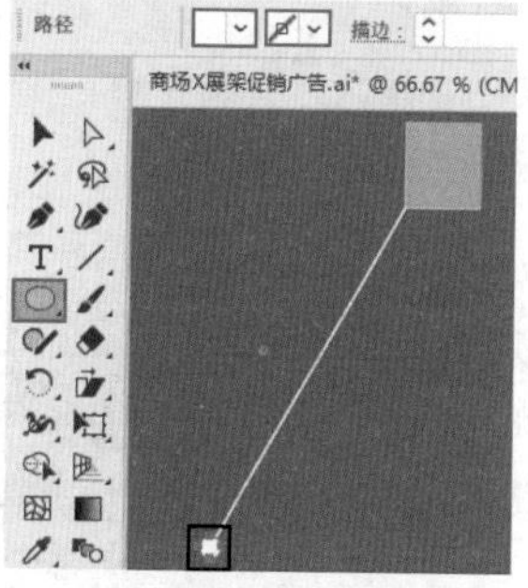
图5-80

33 选择编组图形，执行“对象>变换>镜像”命令，在弹出的对话框中设置“轴”为“垂直”，设置完成后单击“复制”按钮，如图5-81所示。

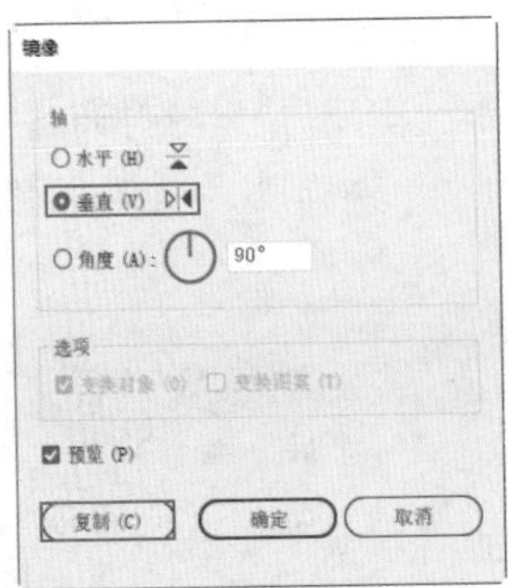

图5-81

34 使用“选择工具”将镜像的编组图形移动到合适的位置，如图5-82所示。

图5-82

35 继续使用同样的方法将图形进行复制和镜像，放在卡通形象底部位置，如图5-83所示。

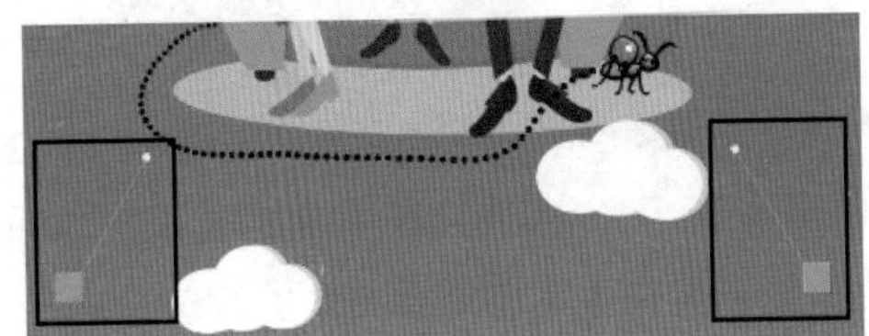

图5-83

2.制作广告中的说明文字

1 选择工具箱中的“文字工具”，在画面上方中间的位置单击插入光标，输入文字，并将其选中，在控制栏中设置合适的字体、字号及颜色，如图5-84所示。

图5-84

2 继续使用“文字工具”，在刚才输入的文字右侧单击插入光标，输入文字，并将其选中，在控制栏中设置合适的字体、字号及颜色，如图5-85所示。

图5-85

3 使用“椭圆工具”在画面的左下方绘制一个正圆，绘制完成后在控制栏中设置“填充”为绿色，“描边”为白色，描边“粗细”为6pt，如图5-86所示。

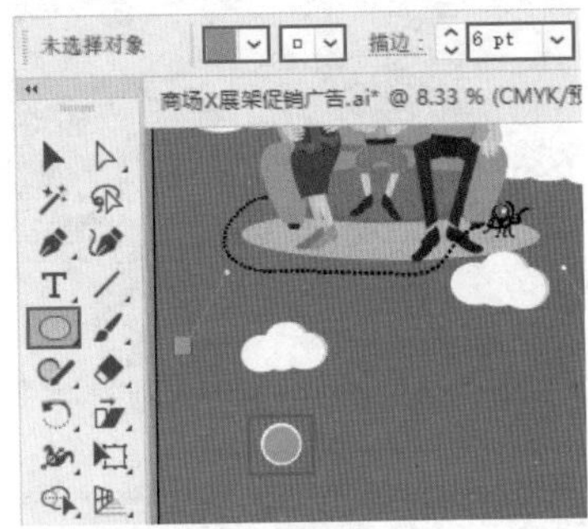

图5-86

4 使用“选择工具”选择刚绘制的正圆，使用Ctrl+C组合键进行复制，再使用Ctrl+Shift+V组合键进行原位粘贴，接着按住Alt+Shift组合键拖动控制点以中心等比例进行缩小。在控制栏中设置复制图形的“填充”为无，“描边”为白色，单击“描边”按钮，设置描边“粗细”为1.5pt，选中“虚线”复选框，使图形描边变为虚线，如图5-87所示。

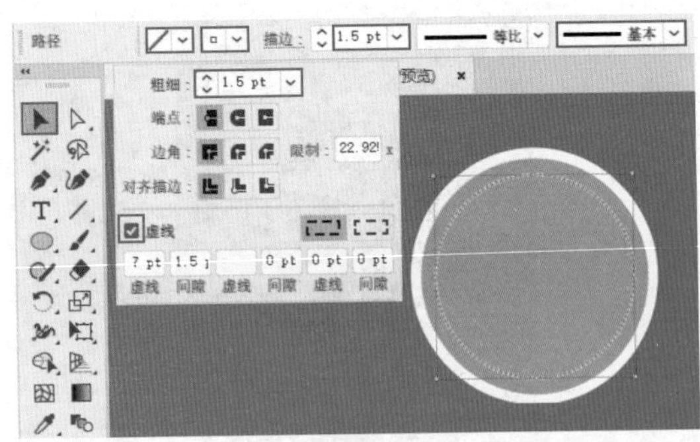

图5-87

5 使用“文字工具”，在正圆中输入文字，然后选中文字，在控制栏中设置合适的字体、字号及颜色，如图5-88所示。

图5-88

6 继续使用“文字工具”，在刚绘制的图形右侧继续添加文字，如图5-89所示。

图5-89

7 使用“直线段工具”，在控制栏中设置“填充”为无，“描边”为黑色，描边“粗细”为3pt，然后按住Shift键的同时按住鼠标左键拖动，在两行文字中间绘制一条直线，如图5-90所示。

图5-90

8 使用“选择工具”，按住鼠标左键框选刚制作的部分，使用Ctrl+G组合键进行编组。按住Alt键的同时按住鼠标左键向右拖动，释放鼠标完成移动并复制的操作，如图5-91所示。

图5-91

9 使用“文字工具”，选中文字内容对文字内容进行更改，如图5-92所示。

图5-92

10 使用同样的方法制作出其余两组文字，如图5-93所示。

图5-93

11 使用“直线段工具”，在控制栏中设置“填充”为无，“描边”为黑色，描边“粗细”为3pt，接着按住Shift键的同时按住鼠标左键进行拖动绘制一条直线，如图5-94所示。

图5-94

12 使用“文字工具”在刚绘制的直线下方输入文字，并将其选中，在控制栏中设置合适的字体、字号及颜色，如图5-95所示。

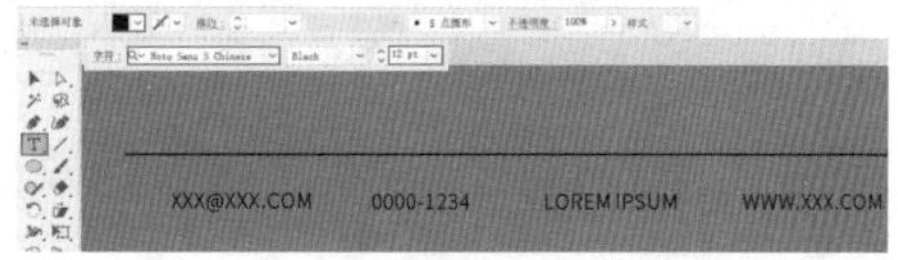

图5-95

13 执行“窗口>符号库>移动”命令，在弹出的“移动”面板中选择合适的符号拖动到画面中，如图5-96所示。

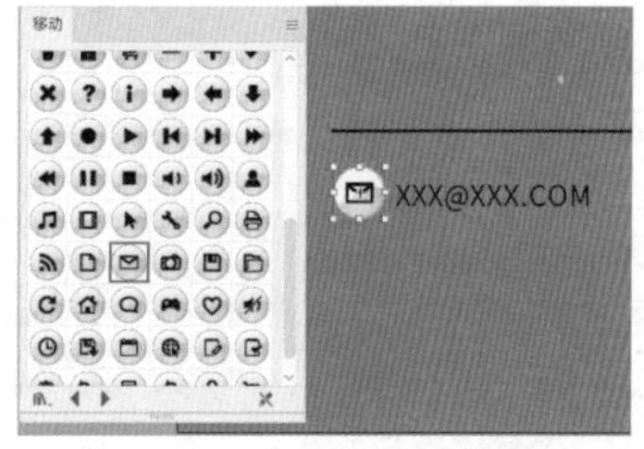

图5-96

⑭ 选中符号，在控制栏中单击“断开链接”按钮，如图5-97所示。

图5-97

⑮ 单击鼠标右键，在弹出的快捷菜单中选择“取消编组”命令，使用“选择工具”选择图标的部分进行删除只保留信封图形，然后将符号移动到合适的位置，如图5-98所示。

图5-98

⑯ 使用同样的方法制作其他图标，如图5-99所示。

图5-99

⑰ 本案例制作完成，效果如图5-100所示。

图5-100

第6章

UI设计

本章概述

界面设计是对软件外观的设计，一款软件的界面不仅影响到软件带给用户的视觉体验，还能够影响到用户的使用体验，甚至在一定程度上影响软件受欢迎的程度。本章主要从认识UI设计、熟悉跨平台的UI设计、了解UI设计的基本流程、掌握UI设计的流行趋势等几个方面来学习UI设计。

6.1 UI设计概述

6.1.1 认识UI设计

UI的英文全称为User Interface，直译就是用户界面，通常理解为界面的外观设计，但是实际上还包括用户与界面之间的交互关系。我们可以把UI设计定义为软件的人机交互、操作逻辑、界面美观的整体设计。

一款优秀的设计作品，需要有以下几个设计标准：产品的有效性、产品的使用效率和用户主观满意度。延伸开来还包括对用户而言产品的易学程度、对用户的吸引程度以及用户在体验产品前后的整体心理感受等，如图6-1所示。

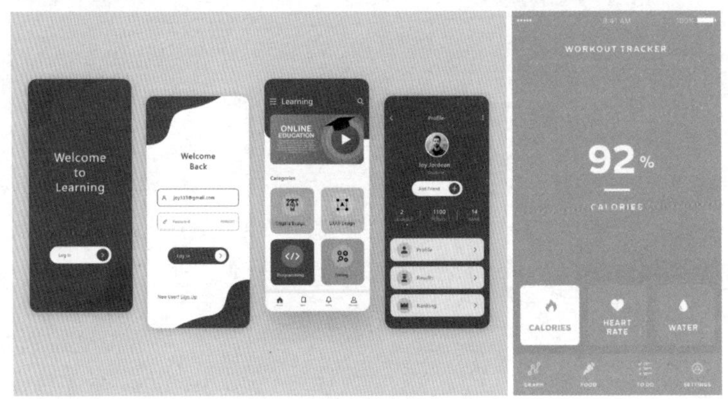

图6-1

简单来说，UI设计分为三个方面，其中包括用户研究、交互设计和界面设计。

1.用户研究

从事用户研究工作的人称为用户研究员或研究工程师。用户研究就是研究人类信息处理机制、心理学、消费者心理学、行为学等学科，通过研究得出更适合用户理解和操作的使用方法。用户研究员可以从用户怎么说、用户怎么想、用户怎么做和用户需要怎么去着手研究几个方面来考虑。

2.交互设计

交互设计就是研究人与界面之间的关系，设计过程中需要以用户体验为基础进行设计，还要考虑用户的背景、使用经验以及在操作过程中的感受，从而设计出符合用户使用逻辑、并在使用中产生愉悦感的产品。交互设计的工作内容是设计整个软件的操作流程、树状结构、软件结构和操作规范等。

3.界面设计

界面设计就是对软件外观的设计。从心理学意义上来分，界面可分为感觉（视觉、触觉、听觉等）和情感两个层次。一个友好美观的界面，能够拉近人与产品之间的距离，在赏心悦目的同时，也能更好地吸引用户，从而增加自身的市场竞争力。

6.1.2 跨平台的UI设计

UI设计的应用非常广泛，例如我们使用的聊天软件、办公软件、手机App在设计过程中都需要进行UI设计。按照应用平台类型的不同进行分类，UI设计可以应用在C/S平台、B/S平台以及App平台。

1. C/S平台

C/S的英文全称为Client/Server，也就是通常所说的PC平台。应用在PC端的UI设计也称为桌面软件设计，此类软件是安装在电脑上的。例如安装在电脑中的杀毒软件、游戏软件、制图软件等，如图6-2所示。

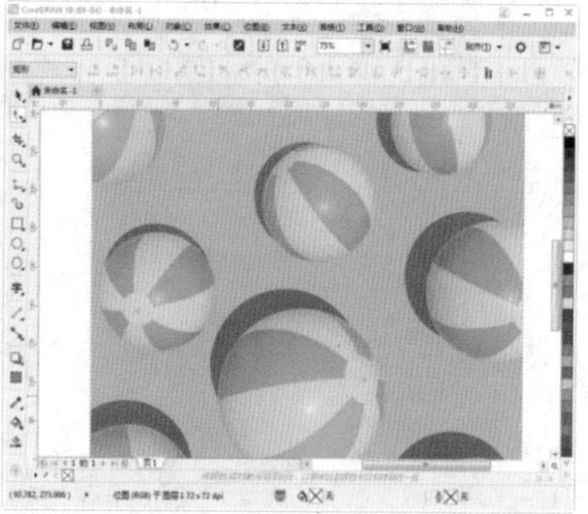

图6-2

2. B/S平台

B/S的英文全称为Browser /Server，也称为Web平台。在Web平台中，需要借助浏览器打开UI设计的作品，这类作品就是我们常说的网页设计。B/S平台分为两类，一类是网站，另一类是B/C软件。网站是由多个页面组成的，是网页的集合。访客通过浏览网页来访问网站，例如淘宝网、新浪网都是网站。B/C软件是一种可以应用在浏览器中的软件，它简化了系统的开发和维护。常见的校务管理系统、企业ERP管理系统都是B/C软件，如图6-3所示。

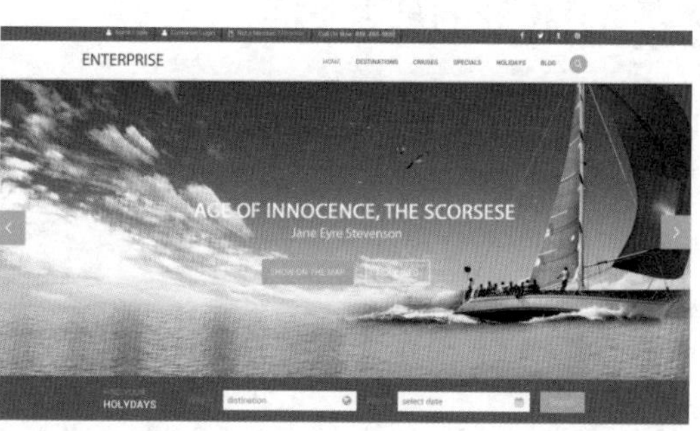

图6-3

3. App平台

App的英文全称为Application，翻译为应用程序的意思，是安装在手机或掌上电脑中的应用产品。App也有自己的平台，时下最热门的就是iOS平台和Android平台，如图6-4所示。

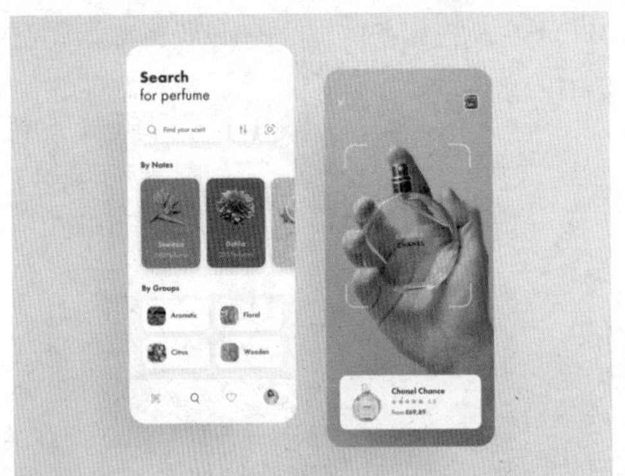

图6-4

6.1.3 UI设计的基本流程

UI设计的基本流程一般可以分为四个阶段：分析阶段、设计阶段、配合阶段和验证阶段。

1. 分析阶段

当我们接触一个产品时，首先就要对它进行了解与分析。分析阶段分为需求分析、用户场景模拟和竞品分析三个部分。

从字面意思上，我们就能够理解什么是需求分析，它也就是本次设计的出发点。用户场景模拟是指了解产品的现有交互以及用户使用产品的习惯等。竞争分析是了解当下同类产品的竞争状况，这样才能做到知己知彼，同时也能够对自身的设计带来启发。

2. 设计阶段

在设计阶段，设计方法采用面向场景、面向市场驱动和面向对象的设计方法。面向场景就是对使用的产品进行场景模拟，在模拟的场景中发现问题，为后续的设计工作做好铺垫。面向市场驱动是对产品响应与触发事件的设计，也就是交互设计。面向对象的设计方法是因为产品的受众人群不同，所以产品的设计风格也不同，产品的受众人群决定了产品的定位。

3. 配合阶段

一个设计产品的问世，是一个团队的努力结果。在这个团队中大家都要相互配合。当产品图设计完成后，设计师需要跟进后续的前端开发、测试环境，确保最后的产出物和设计方案一致。

4. 验证阶段

产品在投放市场之前需要进行验证。验证内容包括是否与当初设计产品时的想法一致、产品是否可用、用户使用的满意度以及是否与市场需要一致等内容。

6.1.4 UI设计的流行趋势

设计的流行趋势总是在不断地变化，几乎每隔一段时间就有新的设计风格产生。下面列举几种比较常见的UI设计风格。

1. 拟物化

拟物化是指界面中的元素模拟现实中的对象，从而唤起用户的熟悉感，降低界面认知学习的成本，比如短信的按钮通常会设计成信封，通话图标会设计为老式电话机的听筒，如图6-5所示。

图6-5

2. 超写实风格

从拟物化风格衍生出的是“超写实风格”，

模拟现实物品的造型和质感，通过叠加高光、纹理、材质、阴影等效果对实物进行再现，也可适当程度地变形和夸张，界面模拟真实物体。这种设计风格追求真实感、体积感，非常注重对细节的刻画。通常超写实风格应用于各种游戏的按钮、图标设计中，如图6-6所示。

图6-6

3. 扁平化

扁平化是最近几年流行起来的设计风格，扁平化的特点是界面干净、整齐，没有过多的修饰，并且在设计元素上强调抽象、极简、符号化，如图6-7所示。

4. 微质感

微质感既存在拟物化的真实性，又具有扁平化的简洁性。微质感特别注重设计的细节，例如添加精细的底纹、制作凹陷或凸起的效果，如图6-8所示。

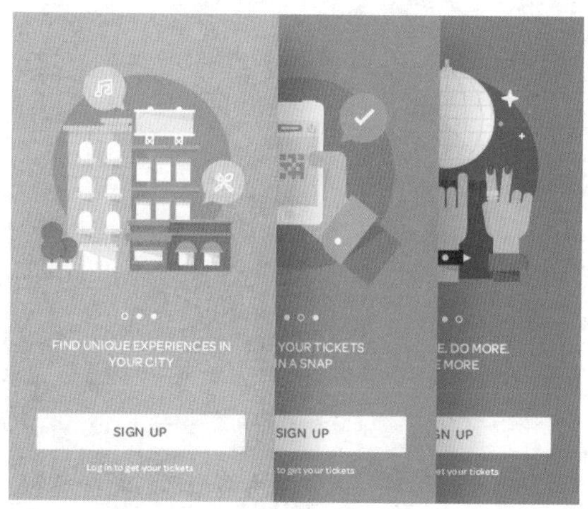

图6-7

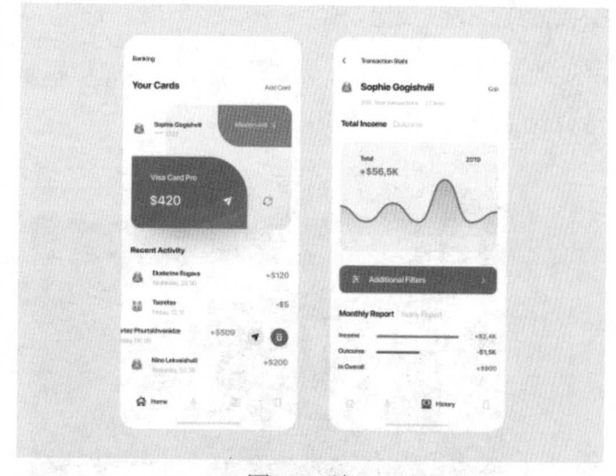

图6-7（续）

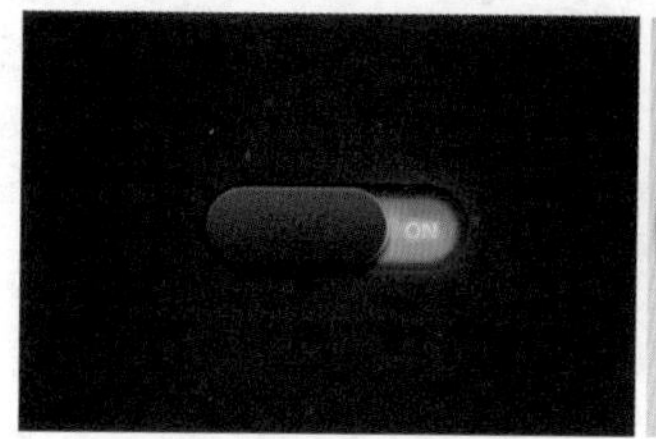

图6-8

5. 动效化

无论是App的引导界面，还是网页中的按钮，应用动效化都能够增强UI设计作品的体验效果。在不进行操作的情况下它是静止的。当光标移动至链接图片的位置时，图片会发生变化，此时单击即可进行页面的跳转，如图6-9所示。

图6-9

6. 大幅页面增强视觉效果

随着网络的普及以及屏幕尺寸的增加，越来越多的UI设计作品通过采用大幅图片来突出主题，营造视觉效果，如图6-10所示。

图6-10

6.2 UI设计实战

6.2.1 实例：鲜果配送平台App图标

设计思路

案例类型：

本案例是一款应用于移动客户端的线上水果销售App图标设计项目，如图6-11所示。

图6-11

项目诉求：

该App面向大中型城市的年轻人，主打一年365天、每天24小时，随时随地满足吃到新鲜水果的愿望。想吃水果，轻松点击，半小时之内，新鲜的水果送上门，水果种类齐全、新鲜，配送及时。App图标设计要求突出App的功能性，并且符合年轻人的喜好。

设计定位：

根据商家基本要求，从水果中选择了外形美观、气味清新宜人的柠檬作为图标主体物，形态鲜明，更容易使人理解与记忆。为了凸显年轻化，设计风格偏向为扁平化、描边感的效果。

配色方案

该图标采用对比鲜明的青、黄两色，给人以新鲜、活力之感。青色打底，为图标营造出清新、惬意的底色，明艳的柠檬黄与中黄，迅速“点亮”观者的视线。同时添加了少量的白色，缓冲强烈的色彩对比，避免过于强烈的视觉刺激，如图6-12所示。

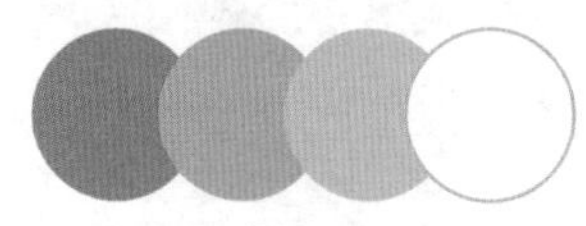

图6-12

版面构图

该图标采用扁平化风格，构成内容也比较简单，以整个柠檬的剖面和半个柠檬的剖面组合而成，简洁、凝练的图形更容易使人产生轻松、便捷之感，呼应了App“随时随地轻松购买、各地各处皆可配送”的强大功能。

本案例制作流程如图6-13所示。

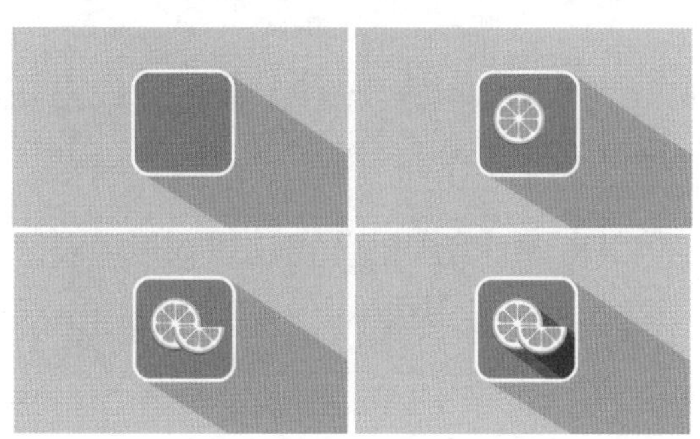

图6-13

技术要点

- 使用“变换”命令制作图形。
- 使用“混合模式”制作图形的阴影。

操作步骤

1.制作背景

❶ 执行“文件>新建”命令，创建一个新文档。选择工具箱中的“矩形工具”，按住鼠标左键拖动绘制一个与画板等大的矩形，然后设置“填充”为青绿色，如图6-14所示。

图6-14

❷ 选择工具箱中的“圆角矩形工具”，按住Shift键的同时按住鼠标左键拖动在画面中央绘制一个圆角矩形。绘制完成后在控制栏中设置“填充”为青色，“描边”为白色，描边“粗细”为8pt，单击“描边”按钮，在下拉面板中设置“对齐描边”为“使描边外侧对齐”，接着设置“圆角半径”为13mm，如图6-15所示。

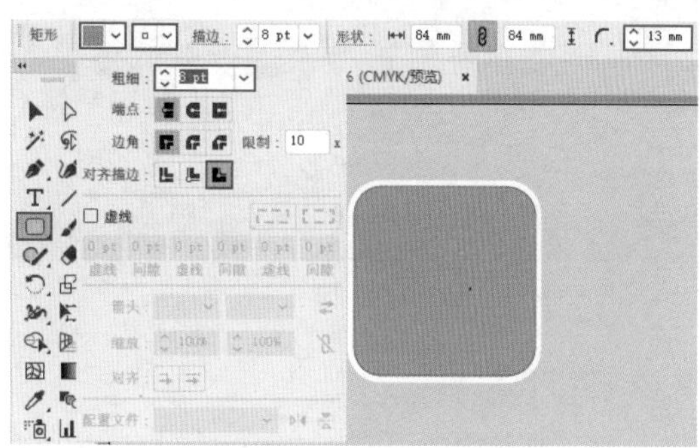

图6-15

❸ 选择工具箱中的“钢笔工具”，以单击的方式绘制一个图形，绘制完成后设置“填充”为浅灰色，“描边”为无，如图6-16所示。

❹ 选中该图形，单击控制栏中的“不透明度”按钮，设置“混合模式”为“正片叠底”，如图6-17所示。

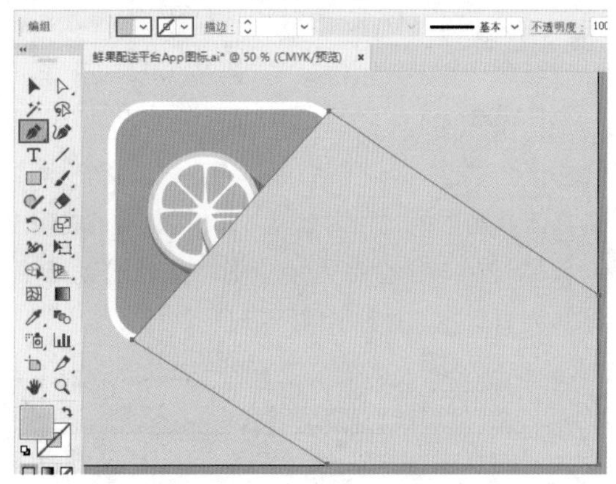
图6-16

图6-17

5 再次选中该图形，执行“对象>排列>后移一层”命令，将图形移动至圆角矩形的后面，如图6-18所示。

图6-18

2. 制作橙子图案

1 选择工具箱中的“椭圆工具”，按住Shift键的同时按住鼠标左键拖动在刚才绘制的圆角矩形上绘制一个正圆。绘制完成后在控制栏中设置“填充”为灰色，如图6-19所示。

2 使用“选择工具”选中正圆，按住Alt键的同时按住鼠标左键向左上方拖动进行移动和复制。选中上面的正圆，在控制栏中设置“填充”为深橙色，如图6-20所示。

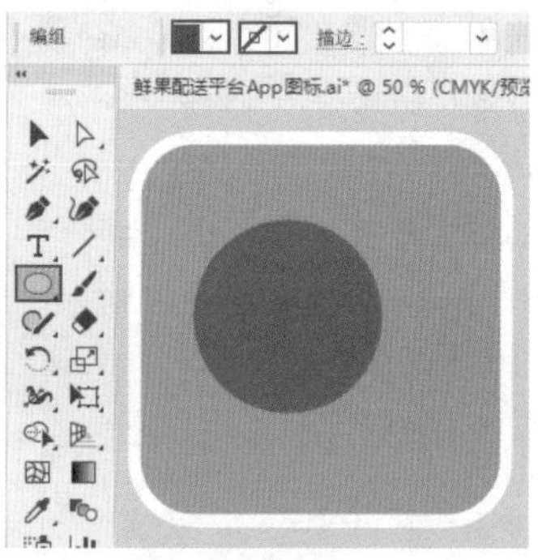
图6-19

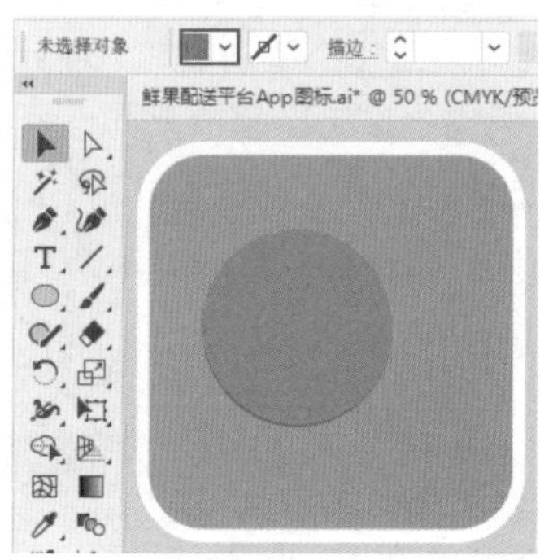
图6-20

3 在上面正圆选中的状态下，按住Alt键的同时按住鼠标左键向左上方拖动，释放鼠标完成移动并复制的操作。选中新复制的正圆，在控制栏中设置“填充”为黄色，如图6-21所示。

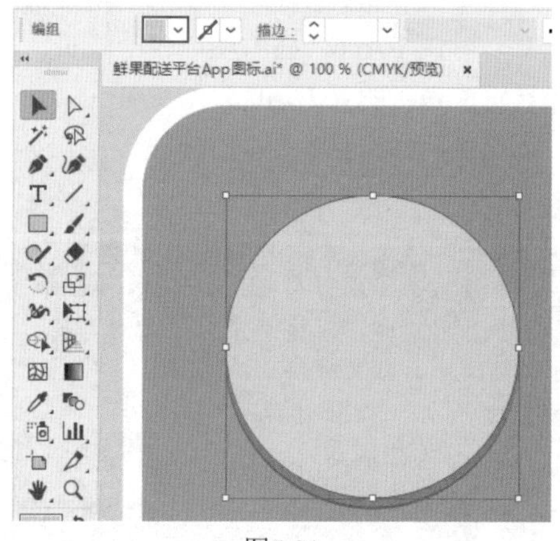
图6-21

4 在黄色正圆选中的状态下，使用Ctrl+C组合键进行复制，使用Ctrl+F组合键粘贴到画面的前方，按住Shift+Alt组合键的同时按住鼠标左键拖动控制点对该图形进行等比例的缩小，并在控制栏中设置“填充”为白色，如图6-22所示。

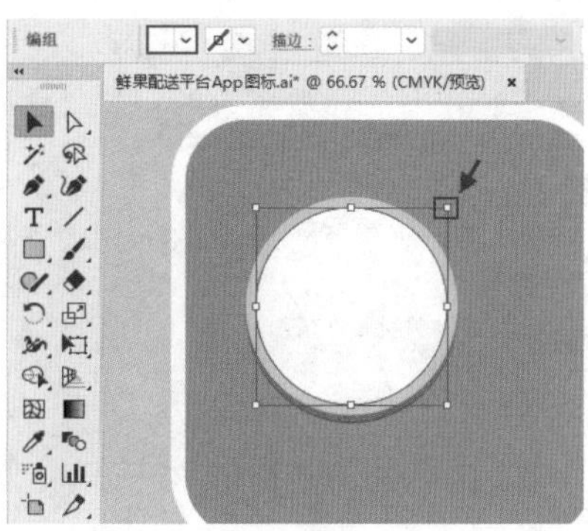

图6-22

❺ 选择工具箱中的“钢笔工具”，在刚绘制的白色正圆上绘制一个类似于橙子瓣的形状，绘制完成后在控制栏中设置“填充”为橘黄色，“描边”为无，如图6-23所示。

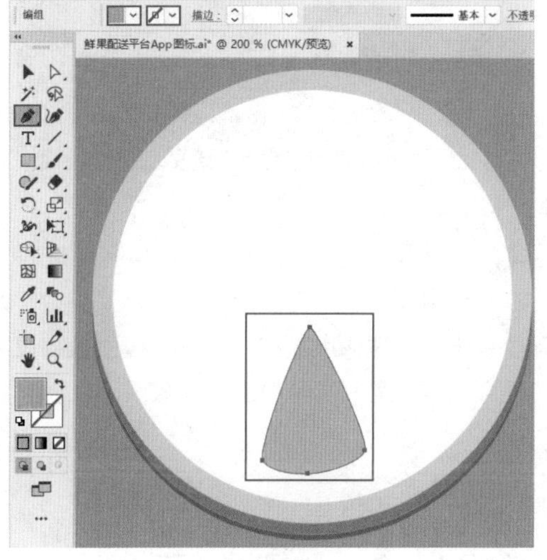

图6-23

❻ 执行“对象>变换>镜像”命令，在弹出的对话框中设置“轴”为“水平”，设置完成后单击“复制”按钮，如图6-24所示。

图6-24

❼ 设置完成后，将图形向上移动至合适位置，图形效果如图6-25所示。

图6-25

❽ 按住Shift键单击加选刚才绘制的两个图形，再按Ctrl+G组合键进行编组。选中编组图形，执行“对象>变化>旋转”命令，在弹出的对话框中设置“角度”为45°，然后单击“复制”按钮，如图6-26所示。

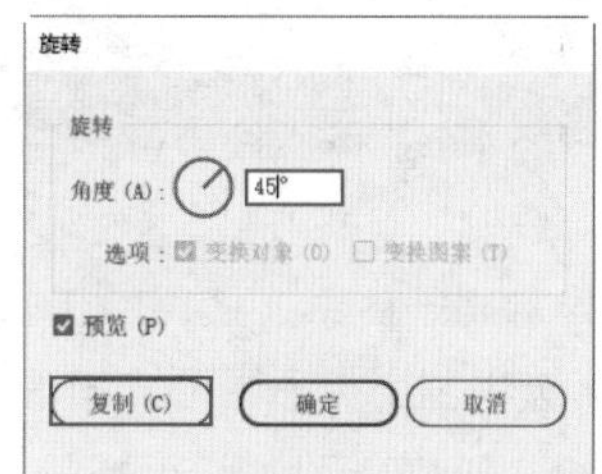

图6-26

❾ 设置完成后，图形效果如图6-27所示。

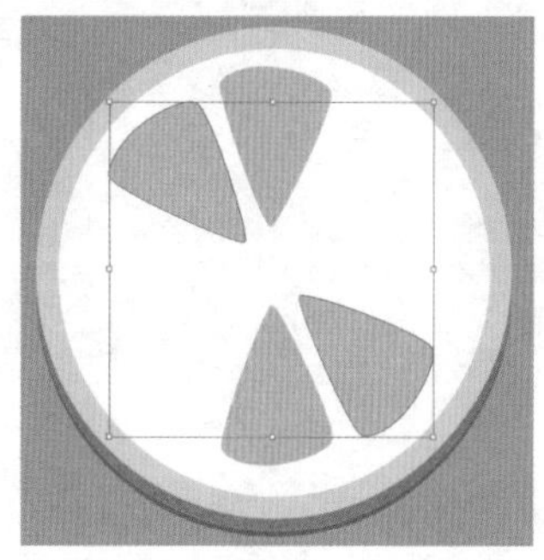

图6-27

❿ 选中新复制的图形组，多次按Ctrl+D组合键进行复制，最终可以得到橙子的果肉，如图6-28所示。

⓫ 按住Shift键单击加选果肉图形，使用Ctrl+G组合键进行编组，接着使用“选择工具”，对图形进行适当的旋转，如图6-29所示。

图6-28

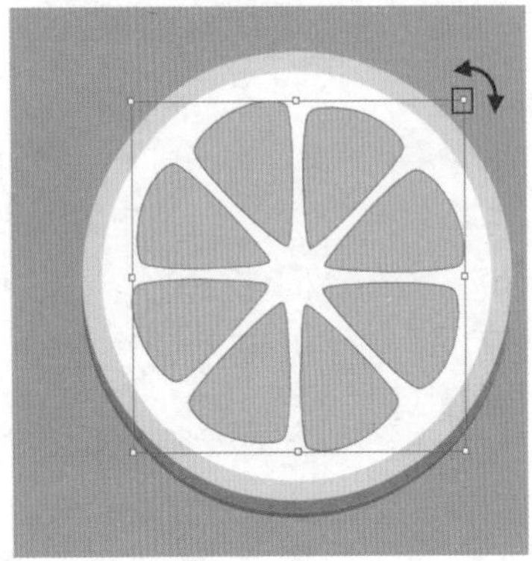

图6-29

⑫ 框选制作的橙子图形，使用Ctrl+G组合键进行编组。再选中整个橙子图形，按住Alt键的同时按住鼠标左键向右拖动，进行移动并复制，如图6-30所示。

图6-30

⑬ 选择工具箱中的“矩形工具”，在复制的图形上绘制一个矩形，覆盖住图形的下方，如图6-31所示。

⑭ 按住Shift键单击加选这两个图形，然后按Ctrl+7组合键创建剪切蒙版，如图6-32所示。

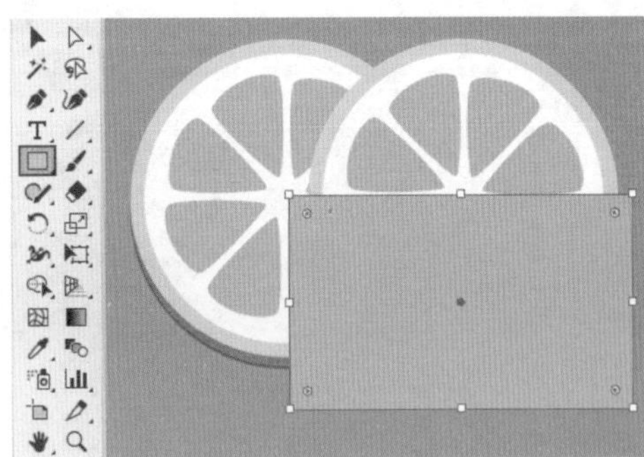

图6-31

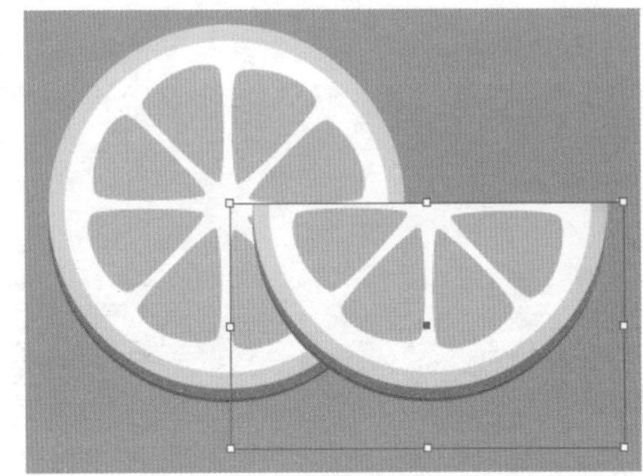

图6-32

⑮ 使用“钢笔工具”绘制阴影，绘制完成后，在控制栏中设置“填充”为深灰色，“描边”为无。单击“不透明度”按钮，在下拉面板中设置“混合模式”为“正片叠底”，如图6-33所示。

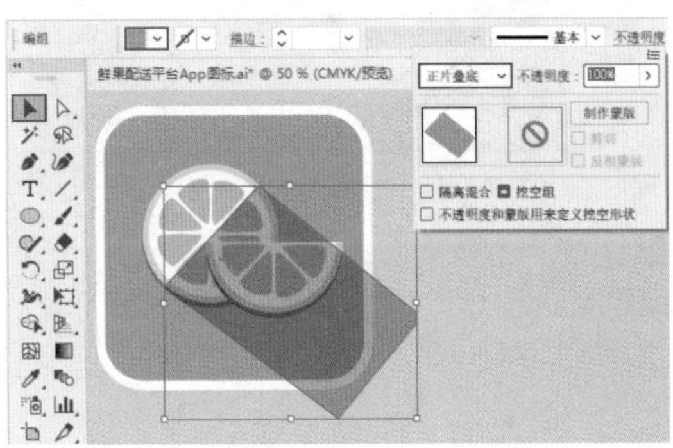

图6-33

⑯ 选择绘制的阴影，多次执行“对象>排列>后移一层”命令，将阴影移动至橙子的后方，如图6-34所示。

⑰ 选中后方的圆角矩形，使用Ctrl+C组合键进行复制，然后在绘制的阴影图形上单击将其选中，接着使用Ctrl+F组合键将复制的对象粘贴到所选对象的前方，如图6-35所示。

图6-34

图6-35

⑱ 按住Shift键单击加选复制的圆角矩形以及阴影图形，然后按Ctrl+7组合键创建剪切蒙版，如图6-36所示。

图6-36

⑲ 使用同样的方法制作另外一个阴影。至此，本案例制作完成，效果如图6-37所示。

图6-37

6.2.2 实例：文章页面UI设计

设计思路

案例类型：

本案例为图文创作分享App的文章页面的UI设计项目，如图6-38所示。

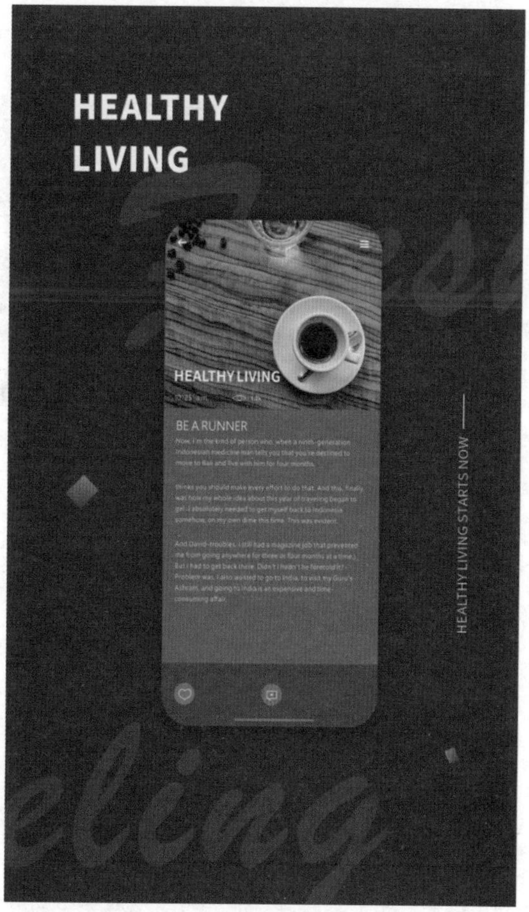

图6-38

项目诉求：

作为一个图文创作分享类App，其核心是用户生成的内容。因此，UI设计需要鼓励和促进用户创作和分享，让用户能够方便地发布和分享自己的创意作品。本案例需要为App中的文章阅读页面设计界面，要求界面简洁大方、图文结合，整齐、稳重且符合用户的阅读习惯。

设计定位：

在这款App的文章页面设计中，为了使观者获得较好的阅读体验，版面的布局非常注重页面的平衡感。上半部分由吸引眼球的图片和标题文字构成，中间部分为精心排版的正文，下半部分留白。通过一定面积留白的设计，让阅读变得轻松愉悦，减轻了用户的阅读压力。

配色方案

在该页面中，顶部的图片会随用户发布的内容而产生变化，为了适应不同图片的色彩，当前界面中大面积使用的颜色就不宜过于“抢眼”。当前界面选择以深浅不同的两种橄榄绿为主色。这是一种明度比较低的，且略带暖意的绿色，给人沉稳、雅致的感觉。以小面积的洋红色为点缀色，洋红的按钮在整个界面中显得非常突出，能够活跃画面的气氛，让整个画面的色彩更加饱满、丰富，如图6-39所示。

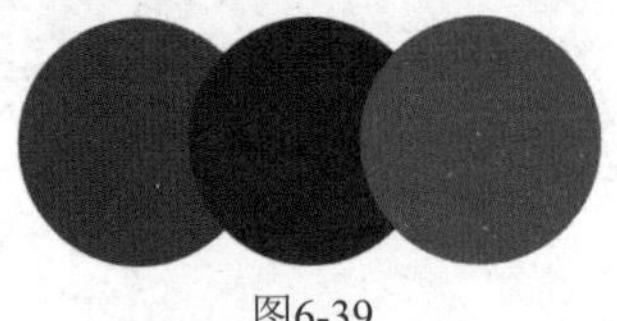

图6-39

版面构图

为了创造舒适的阅读体验，当前界面利用颜色和明度的差异进行版面划分，有助于读者快速分辨主次关系。界面上方的图片能够快速吸引用户的注意力，并引起对下方文字的阅读兴趣。文字排版简洁整齐，同时要注意文字之间要保留适当的间距，这样可以为读者提供更好的阅读体验，如图6-40所示。

本案例制作流程如图6-41所示。

图6-40

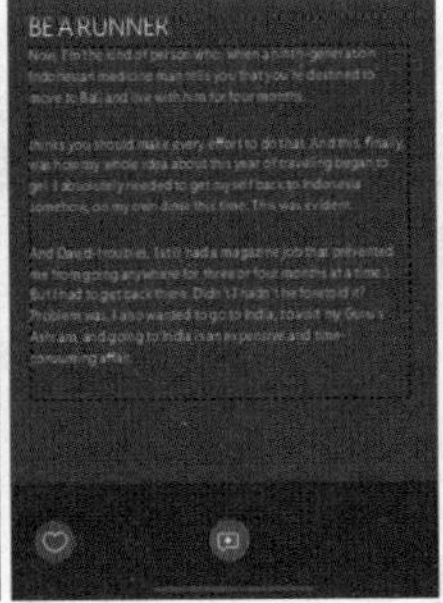

图6-41

技术要点

- 使用“文字工具”添加点文字和段落文字。
- 使用“剪切蒙版”限定图像的显示范围。
- 使用“路径查找器”制作图标。

操作步骤

1.制作界面平面图

❶ 执行“文件>新建”命令，创建一个新文档。选择工具箱中的“矩形工具”，按住鼠标左键拖动绘制一个矩形。绘制完成后设置“填充”为橄榄绿色，“描边”为无，如图6-42所示。

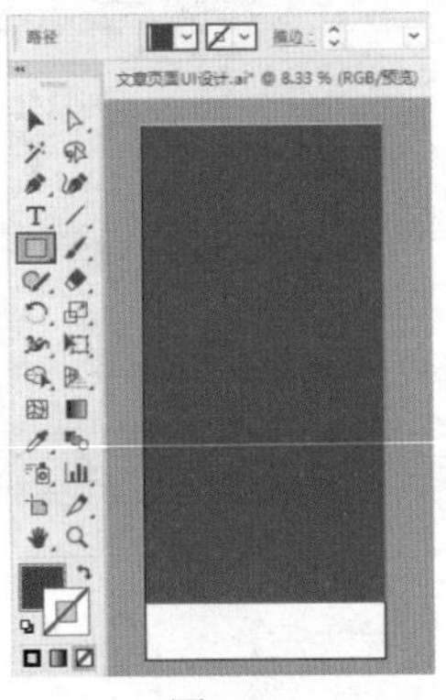

图6-42

❷ 再次选择工具箱中的“矩形工具”，在画面底部位置绘制一个矩形，设置“填充”为深橄榄绿色，“描边”为无，如图6-43所示。

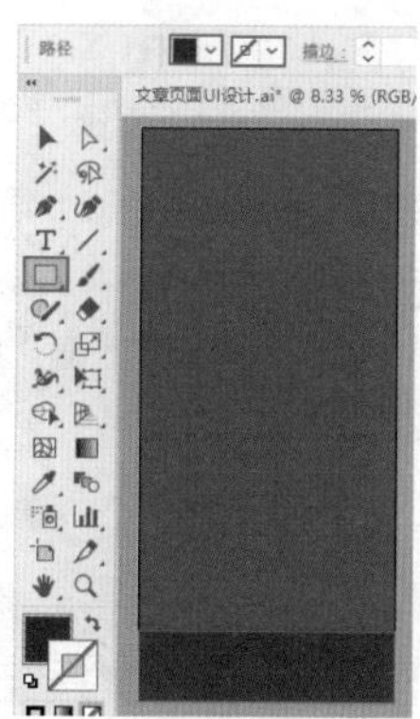

图6-43

❸ 执行“文件>置入”命令，在弹出的对话框中选择需要的素材。选择完成后单击“置入”按钮，如图6-44所示。

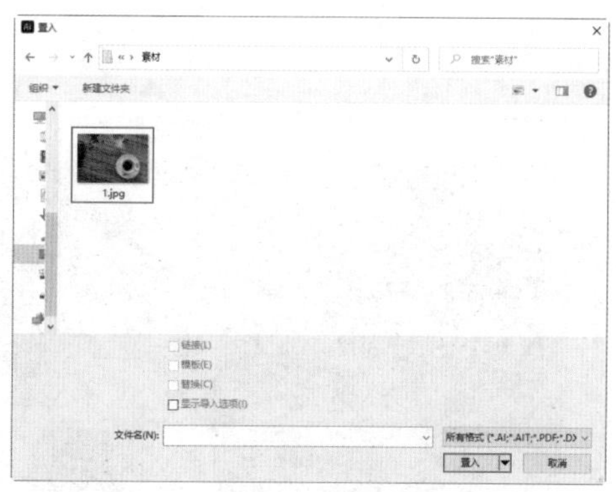

图6-44

❹ 按住鼠标左键在画板中拖动，控制置入对象的大小，在控制栏中单击“嵌入”按钮，如图6-45所示。

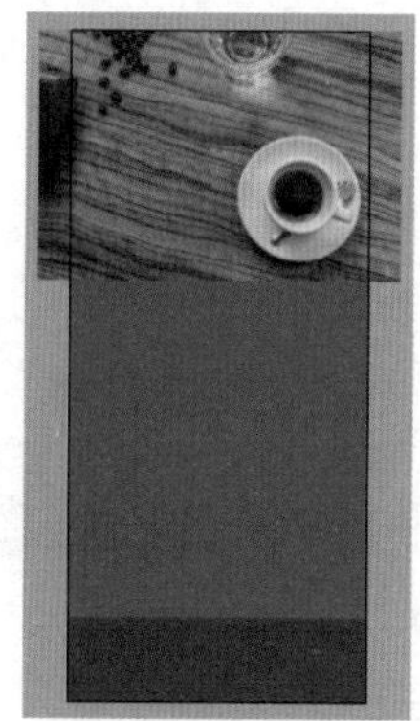

图6-45

❺ 继续使用“矩形工具”绘制一个矩形，把需要保留的部分覆盖住，如图6-46所示。

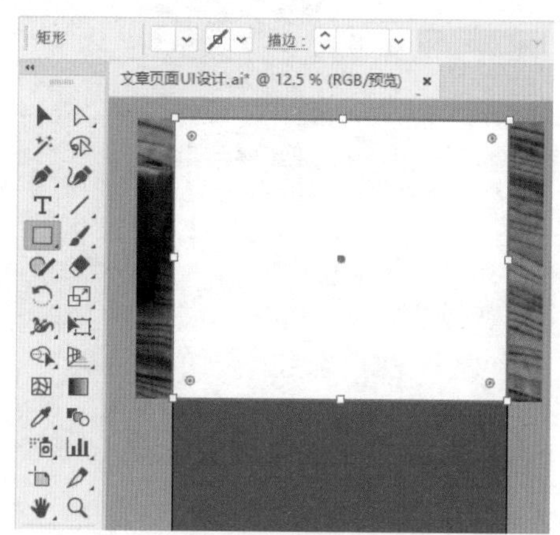

图6-46

❻ 选中刚绘制的矩形和下面的素材，使用Ctrl+7组合键创建剪切蒙版，如图6-47所示。

图6-47

❼ 选择工具箱中的“矩形工具”，在画面的左上方绘制一个小长方形，绘制完成后在控制栏中设置“填充”为白色，“描边”为无，如图6-48所示。

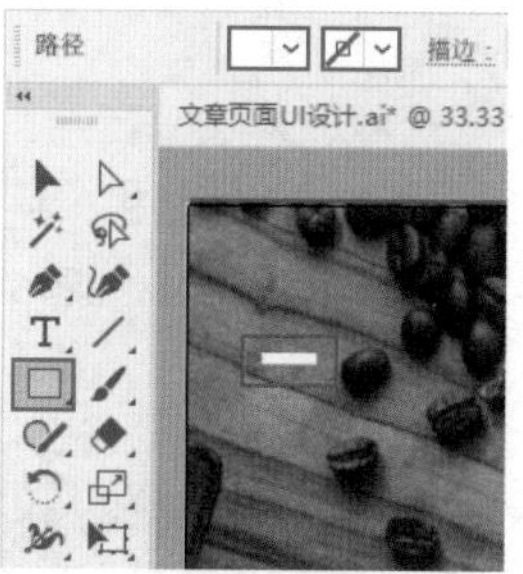

图6-48

❽ 继续使用“矩形工具”，绘制一个较小的矩形，将该矩形进行旋转并移动到合适的位置，如图6-49所示。

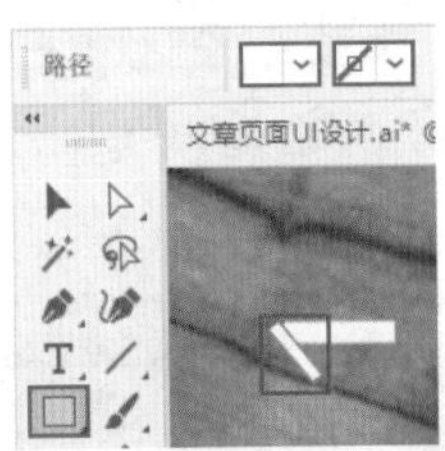

图6-49

⑨ 选择绘制的矩形，执行“对象>变换>镜像”命令，在弹出的对话框中设置“轴”为“垂直”，单击“复制”按钮，如图6-50所示。

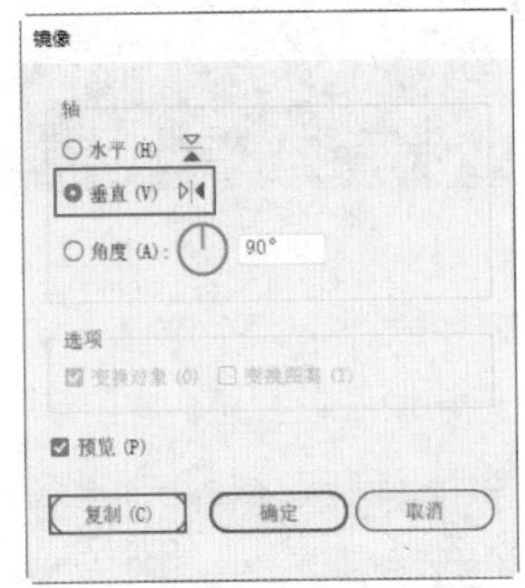

图6-50

⑩ 使用“选择工具”将复制的矩形移动到相应的位置上，加选如图6-51所示的图形，使用Ctrl+G组合键进行编组，并将编组后的图形调整合适的大小以及位置。

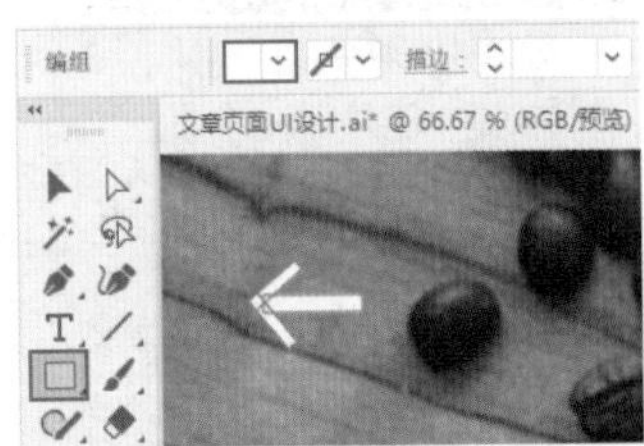

图6-51

⑪ 继续使用“矩形工具”，在画面的右上角绘制一个小矩形，绘制完成后在控制栏中设置“填充”为白色，“描边”为无，如图6-52所示。

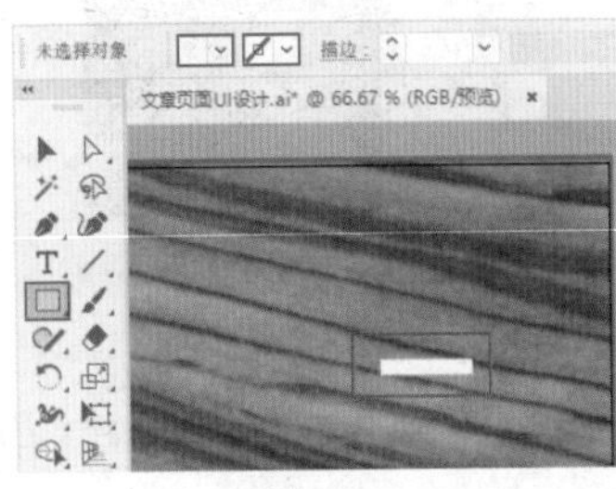

图6-52

⑫ 按住Alt+Shift组合键的同时按住鼠标左键向下拖动进行垂直方向的移动和复制操作，如图6-53所示。

⑬ 选择第二个矩形，使用Ctrl+D组合键进行复制，此时按住Shift键加选这三个图形并使用Ctrl+G组合键进行编组，如图6-54所示。

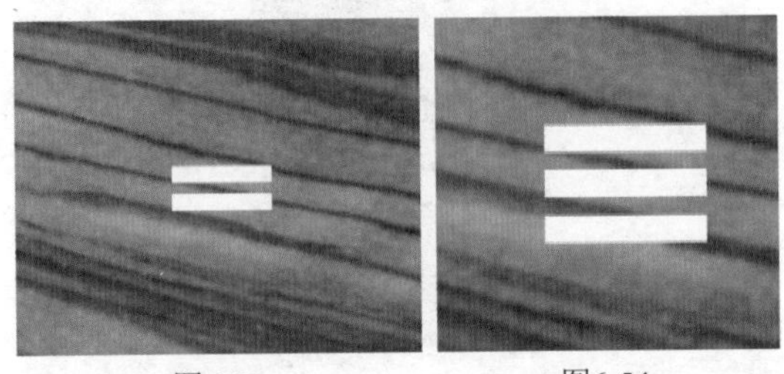

图6-53　　图6-54

⑭ 选择工具箱中的“文字工具”，在画面中单击插入光标，然后输入文字。文字输入完成后在控制栏中设置合适的字体、字号及颜色，如图6-55所示。

图6-55

⑮ 继续使用“文字工具”在下方添加文字，如图6-56所示。

图6-56

⑯ 选择工具箱中的“钢笔工具”，绘制图形，

绘制完成后在控制栏中设置“填充”为无，“描边”为白色，描边“粗细”为2pt，如图6-57所示。

图6-57

⑰ 选择工具箱中的“椭圆工具”，在刚绘制的图形中央绘制一个正圆，绘制完成后在控制栏中设置“填充”为无，“描边”为白色，描边“粗细”为2pt，如图6-58所示。

图6-58

⑱ 继续使用“文字工具”，在画面中单击插入光标，输入文字。文字输入完成后在控制栏中设置合适的字体、字号及颜色，如图6-59所示。

图6-59

⑲ 再次选择“文字工具”，按住鼠标左键在画面中拖动绘制一个文本框，并在文本框中输入文字。文字输入完成后，在控制栏中设置合适的字体、字号以及颜色，将“对齐方式”设置为“左对齐”，如图6-60所示。

⑳ 使用“椭圆工具”在下方模块的左侧绘制一个正圆，绘制完成后在控制栏中设置“填充”为橄榄绿色，“描边”为无，如图6-61所示。

㉑ 选择工具箱中的“钢笔工具”，在正圆上绘制一个心形，绘制完成后在控制栏中设置“填充”为无，“描边”为白色，描边“粗细”为0.75pt，如图6-62所示。

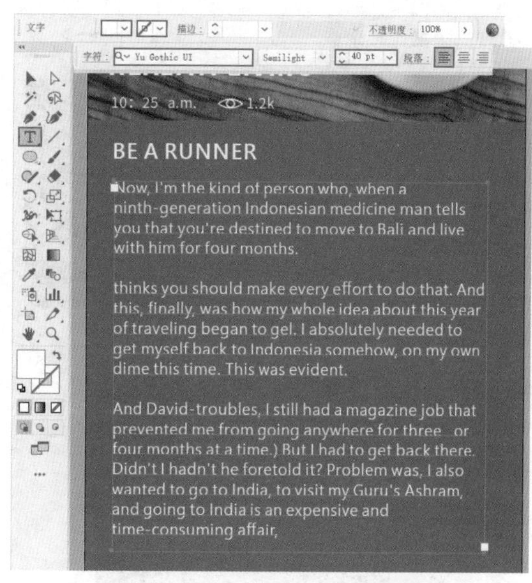

图6-60

图6-61

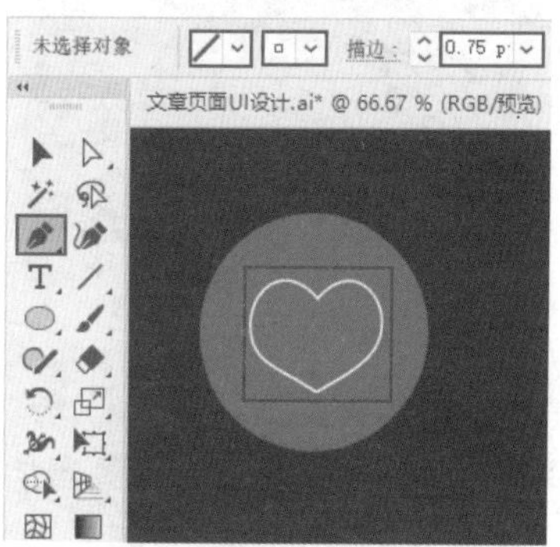

图6-62

22 继续使用“椭圆工具”在下方模块的中央绘制一个正圆，绘制完成后设置“填充”为洋红色，“描边”为无，如图6-63所示。

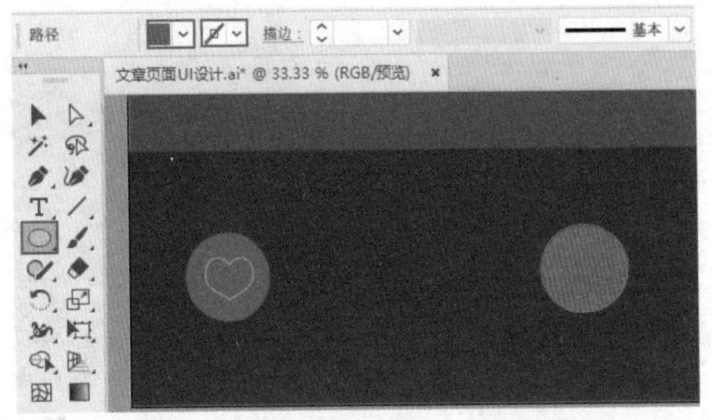

图6-63

23 使用“矩形工具”在洋红色正圆上绘制一个矩形。在控制栏中设置“填充”为白色，“描边”为无，如图6-64所示。

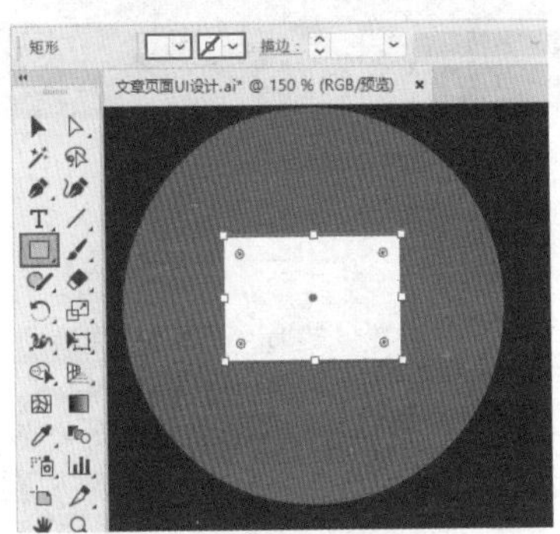

图6-64

24 使用“钢笔工具”在矩形的左下方以单击的方式绘制一个三角形，在控制栏中设置“填充”为白色，“描边”为无，如图6-65所示。

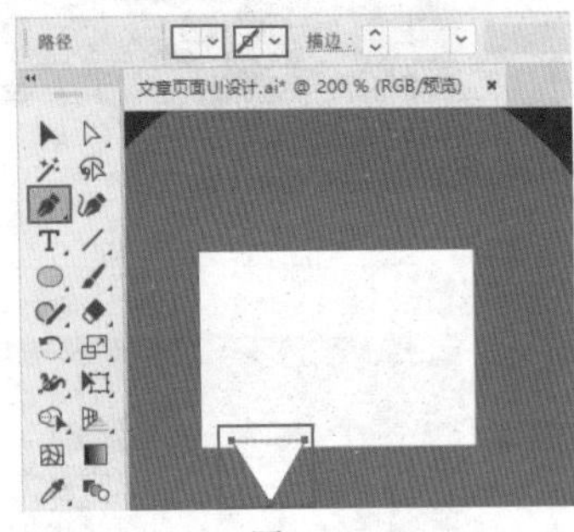

图6-65

25 按住Shift键单击加选矩形和三角形，执行“窗口>路径查找器”命令，在弹出的“路径查找器”面板中单击“联集”按钮，如图6-66所示。

26 操作完成后，选择新的图形，在控制栏中设置“填充”为无，“描边”为白色，描边“粗细”为0.75pt，如图6-67所示。

图6-66

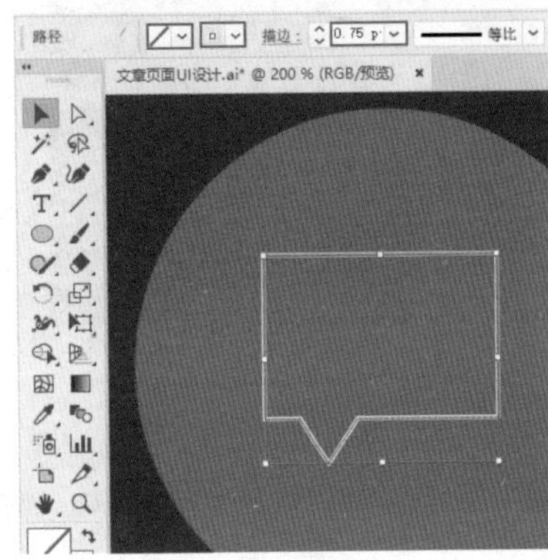

图6-67

27 使用“矩形工具”在图形中绘制一个矩形，在控制栏中设置“填充”为白色，“描边”为无，如图6-68所示。

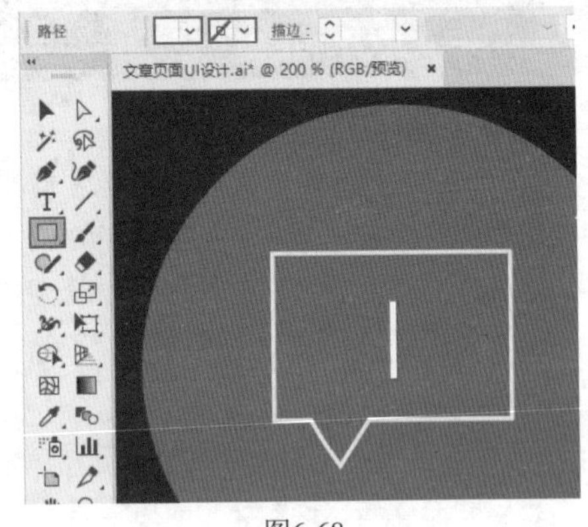

图6-68

28 使用“矩形工具”再次绘制一个长方形，如图6-69所示。

㉙ 使用“圆角矩形工具”在底部绘制一个圆角矩形，绘制完成后在控制栏中设置“填充”为橄榄绿色，“描边”为无，如图6-70所示。

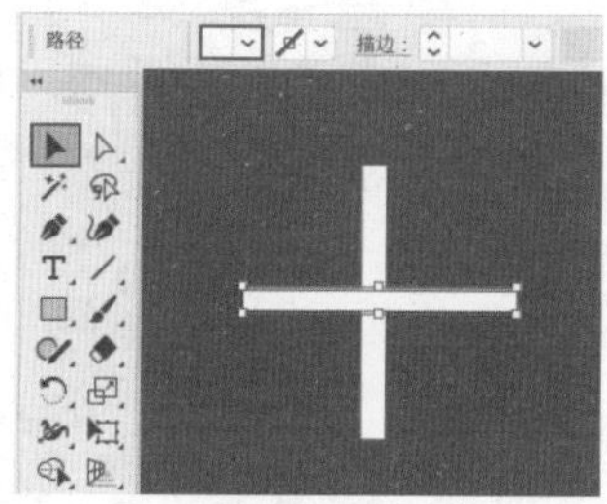

图6-69

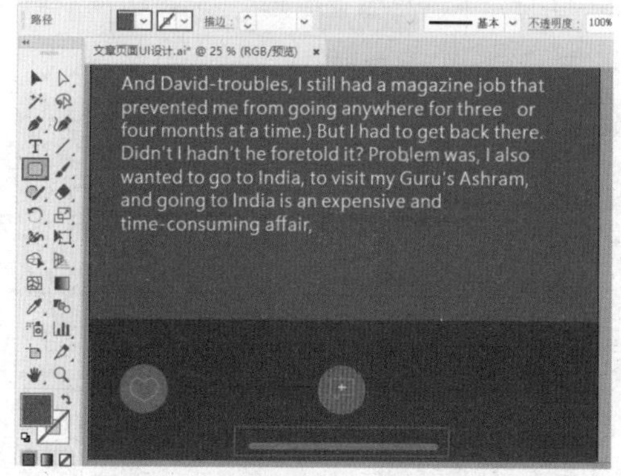

图6-70

2. 制作界面展示效果

❶ 选择工具箱中的“画板工具”，按住鼠标左键拖动绘制一个新画板，如图6-71所示。

图6-71

❷ 选择工具箱中的“矩形工具”，按住鼠标左键拖动绘制一个与画板等大的矩形，在控制栏中设置该矩形的“填充”为深绿色，“描边”为无，如图6-72所示。

❸ 选择工具箱中的“文字工具”，单击鼠标左键插入光标，输入文字。输入完成后在控制栏中选择合适的字体、字号及颜色，如图6-73所示。

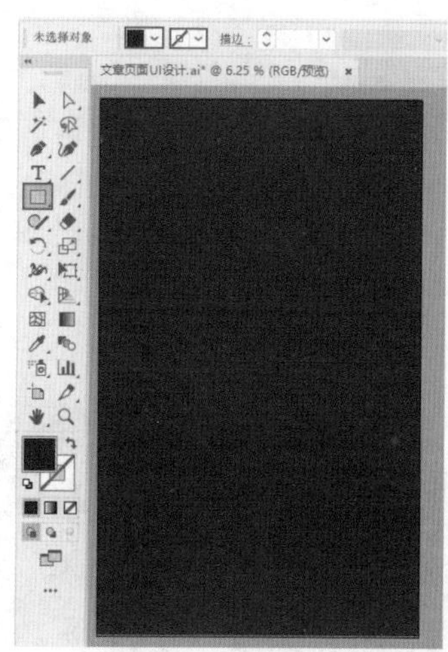

图6-72

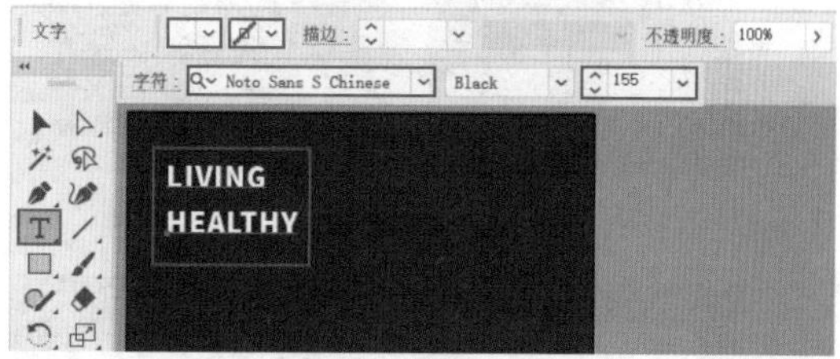

图6-73

❹ 继续使用“文字工具”在画面中依次添加文字，如图6-74所示。

图6-74

❺ 使用“矩形工具”在右侧的文字上方绘制一个长方形，绘制完成后在控制栏中设置“填充”为白色，“描边”为无，如图6-75所示。

6 框选刚才制作好的平面图，使用Ctrl+C组合键进行复制，使用Ctrl+V组合键进行粘贴，使用“选择工具”将平面图移动到画面中，如图6-76所示。

7 选择工具箱中的“圆角矩形工具”，在画面中绘制一个圆角矩形，使用“直接选择工具”拖动圆形控制点，调整圆角半径，如图6-77所示。

8 选择工具箱中的“选择工具”，按住Shift键单击加选平面图和刚绘制的圆角矩形，使用Ctrl+7组合键创建剪切蒙版，如图6-78所示。

图6-75

图6-76

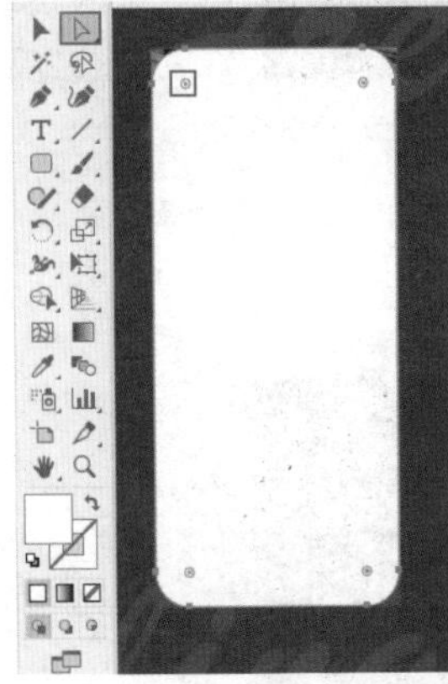
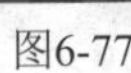
图6-77

图6-78

9 选择制作好的界面，执行“效果>风格化>投影”命令，在弹出的对话框中设置“模式”为“正片叠底”，“不透明度”为75%，“X位移”为7px，“Y位移”7px，“模糊”为50px，“颜色”为黑色，然后单击“确定”按钮，如图6-79所示。

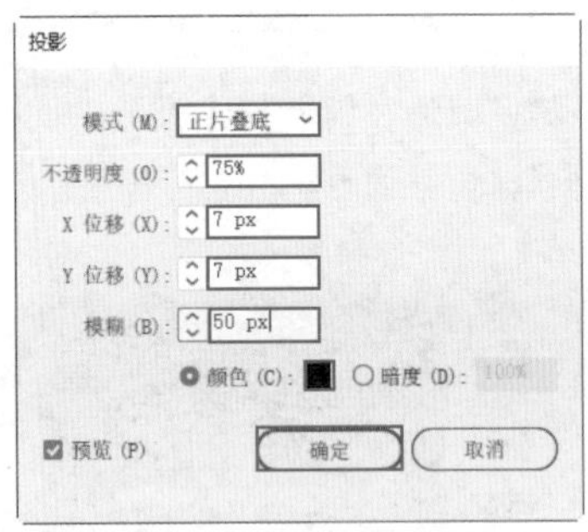

图6-79

10 设置完成后的效果如图6-80所示。

11 选择作为背景的绿色矩形，使用Ctrl+C组合键进行复制，单击界面空白处，使用Ctrl+F组合键将矩形复制到画面最前方，如图6-81所示。

图6-80

图6-81

12 框选画板中的全部内容，再使用Ctrl+7组合键创建剪切蒙版。本案例制作完成，效果如图6-82所示。

图6-82

第7章

包装设计

本章概述

包装设计是立体设计领域的项目。与标志设计、海报设计等依附于平面的设计项目不同，包装设计需要创造出的是有材质、体感、重量的“外壳”。产品包装必须根据商品的外形、特性采用相应的材料进行设计。本章主要从认识包装、了解包装的常见形式、熟悉包装设计的常用材料等几个方面来学习产品包装设计。

7.1 包装设计概述

7.1.1 认识包装

产品包装设计就是对产品的包装造型、所用材料、印刷工艺等方面内容进行的设计，是针对产品整体构造形成的创造性构思过程。产品包装设计是产品、流通和塑造良好企业形象的重要媒介。现代产品包装不仅仅是一个承载产品的容器，更是合理生活方式的一种体现。因此，对于产品包装设计不仅仅局限于外观和形式，更注重两者的结合及其个性化的设计营造出的良好感官体验，以促进产品的销售，增加产品的附加价值，如图7-1所示。

图7-1

产品包装就是用来盛放产品的器物。包装即为包裹、装饰。它不仅仅承载了产品本身，而且更多的是保护产品、传达产品信息、促进消费等内在意义。它主要是以保护产品、方便消费者使用、促进销售为主要目的。产品包装按形状分类有小包装、中包装、大包装，如图7-2所示。

小包装也叫个体包装或内包装。

中包装是为了方便技术而对商品进行组装或套装。

大包装是最外层的包装，也称外包装、运输包等。

图7-2

7.1.2 包装的常见形式

产品包装形式多种多样，其常见形式有盒类、袋类、瓶类、罐类、坛类、管类、包装筐和其他类型的包装。

盒类包装：盒类包装包括木盒、纸盒、皮盒等多种类型，应用范围广，如图7-3所示。

图7-3

袋类包装：袋类包装包括塑料袋、纸袋、布袋等各种类型，应用范围广。袋包装重量轻，强度高，耐腐蚀，如图7-4所示。

图7-4

瓶类包装：瓶类包装包括玻璃瓶、塑料瓶、普通瓶等多种类型，较多地应用于液体产品，如图7-5所示。

图7-5

罐类包装： 包括铁罐、玻璃罐、铝罐等多种类型。罐类包装刚性好、不易破损，如图7-6所示。

图7-6

坛类包装： 坛类包装多用于酒类、腌制品类，如图7-7所示。

图7-7

管类包装： 包括软管、复合软管、塑料软管等类型，常用于盛放凝胶状液体，如图7-8所示。

图7-8

包装筐： 多用于盛放数量较多的产品，如瓶酒、饮料类，如图7-9所示。

图7-9

其他包装：包括托盘、纸标签、瓶封、材料等多种类型，如图7-10所示。

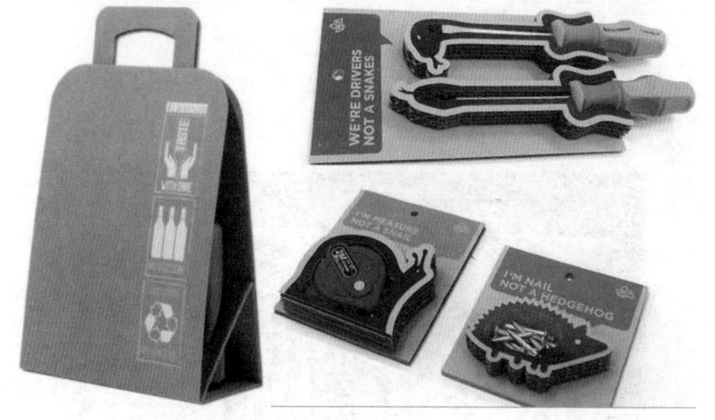

图7-10

7.1.3 包装设计的常用材料

用于包装的材料种类繁多，不同的商品考虑其运输过程与展示效果，所用材料也不一样。在进行包装设计的过程中必须从整体出发，了解产品的属性而采用适合的包装材料及容器形态等。用于产品包装的常见材料有纸、塑料、金属、玻璃和陶瓷。

纸包装：纸包装是一种轻薄、环保的包装。常见的纸类包装有牛皮纸、玻璃纸、蜡纸、有光纸、过滤纸、白板纸、胶版纸、铜版纸、瓦楞纸等多种类型。纸包装应用广泛，具有成本低、便于印刷和批量生产的优势，如图7-11所示。

图7-11

塑料包装： 塑料包装是用各种塑料加工制作的包装材料，有塑料薄膜、塑料容器等类型。塑料包装具有强度高、防滑性能好、防腐性强等优点，如图7-12所示。

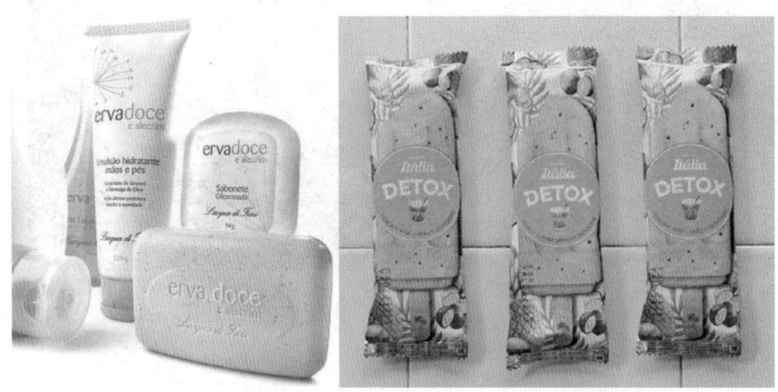

图7-12

金属包装： 常见的金属包装有马口铁皮、铝、铝箔、镀铬无锡铁皮等类型。金属包装具有耐蚀性、防菌、防霉、防潮、牢固、抗压等特点，如图7-13所示。

图7-13

玻璃包装： 玻璃包装具有无毒、无味、清澈等特点。但其最大的缺点是易碎，且重量相对过重。玻璃包装包括食品用瓶、化妆品瓶、药品瓶、碳酸饮料瓶等多种类型，如图7-14所示。

图7-14

陶瓷包装： 陶瓷包装是一个极富艺术性的包装容器。瓷器釉瓷有高级釉瓷和普通釉瓷两种。陶瓷包装具有耐火、耐热、坚固等优点。但其与玻璃包装一样，易碎且有一定的重量，如图7-15所示。

图7-15

7.2 包装设计实战

设计思路

案例类型：

本案例为鼠标的外包装盒设计项目，如图7-16所示。

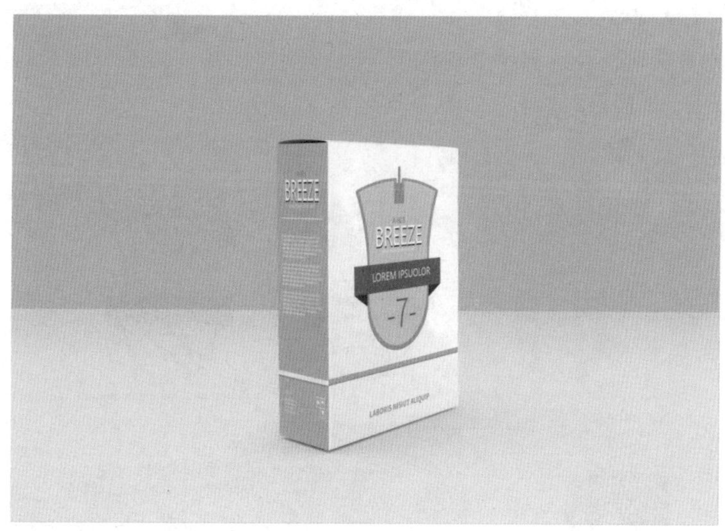

图7-16

项目诉求：

这款鼠标主要针对对产品性能有一定要求的用户群体，具有在同类产品市场中独特的优势。为了吸引目标受众的注意力并激发他们的购买欲望，在包装设计时需要突出产品的性能优势和特殊外观。

设计定位：

根据产品的特性，本案例的包装风格要倾向于科技感、简洁感。由于该产品的外形具有一定的特殊性，所以可以尝试将特殊的形态展现在包装上。这里将鼠标独特的形态以简单图形的形式呈现出来，作为产品标志及信息的承载图形。除此之外，使用了由线条组成的图案，这部分图案虽然简单，但是呈现效果却可以产生三维空间的错觉。

配色方案

青色、蓝色等冷色调的色彩是科技类产品包装中常用的颜色，将其作为主色调可以营造出智慧感、科技感的视觉氛围。本案例的选色就集中在这几种冷色调的颜色中。

以纯度稍低一些的、比较接近蓝色的青色作为主色，这种颜色既具有蓝色的智慧感，又具有青色的自由感。除青色外，在主体图形上还使用了一种饱和度接近，但明度稍低一些的蓝色，这种蓝色极具理性感。将其以“绶带”状图形摆放在鼠标图形上，并配以产品信息文字，以展示产品的优势。有色彩与无色彩的搭配是一种非常和谐的颜色搭配方式，本案例选择了非常亮的浅灰色作为背景色，并选择中度灰色作为点缀色，使用在底部的简单图形中，如图7-17所示。

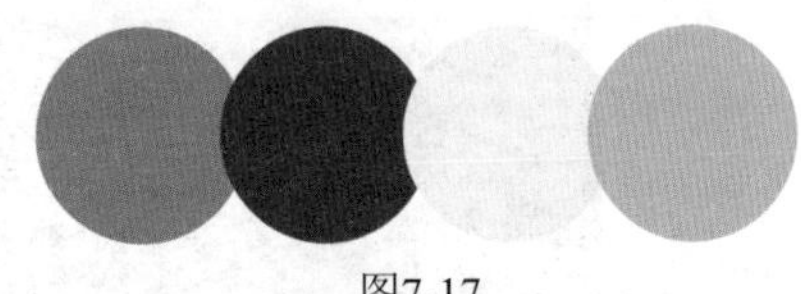

图7-17

版面构图

本案例采用了中轴型版式设计，将版面主体图形以中轴线为基准排布元素，版面整齐且清晰。由于本案例将产品的外形抽象成了简单的图形，如果小尺寸展示可能无法起到“夺人眼球”的作用。所以将该图形放大，并且作为产品名称及信息的承载背景，也就自然成为了版面的视觉中心，如图7-18所示。

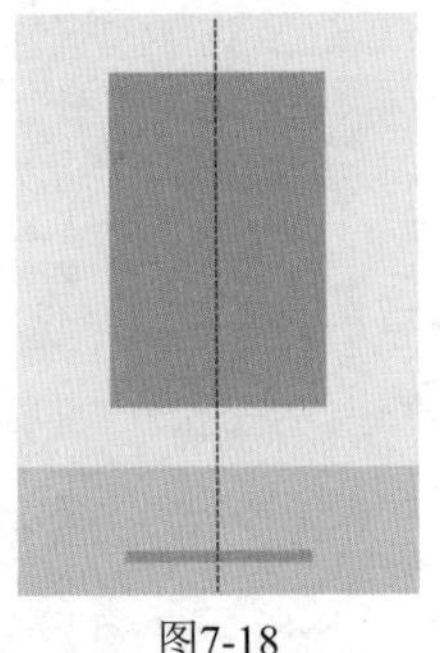

图7-18

本案例制作流程如图7-19所示。

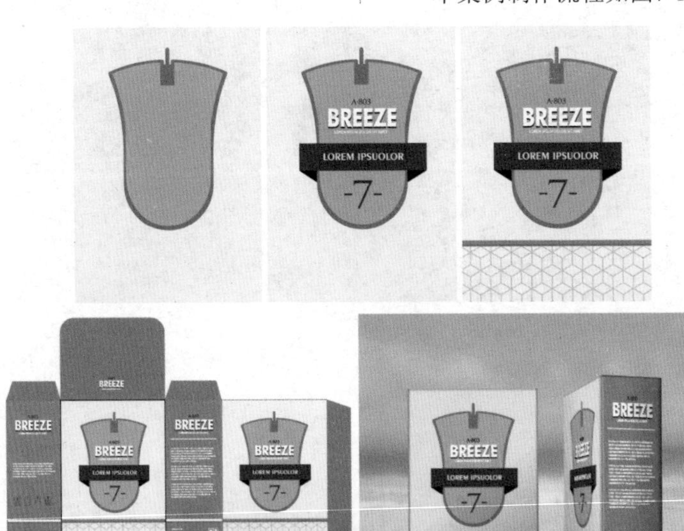

图7-19

技术要点

- 使用“画板工具”创建多个画板。
- 使用“混合模式”使包装效果更加立体。
- 使用“钢笔工具”和“形状工具”绘制图形。

操作步骤

1. 制作平面图正面

❶ 执行“文件>新建”命令，新建一个宽度为150mm、高度为210mm的文档，作为包装正面的画板，如图7-20所示。

图7-20

❷ 选择工具箱中的“画板工具”，在已有画板的左侧绘制一个高度相等，宽度为80mm的画板，作为包装侧面，如图7-21所示。

图7-21

❸ 将正面和侧面画板选中，复制一份放在右侧，作为包装的另外一个正面和侧面，如图7-22所示。

❹ 制作包装正面的平面图。选择工具箱中的“矩形工具”，在控制栏中设置“填充”为浅灰色，“描边”为无，设置完成后在正面画板中绘制矩形，如图7-23所示。

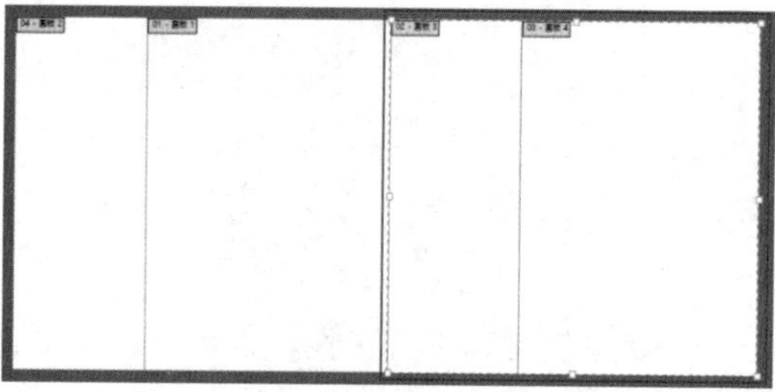

图7-22

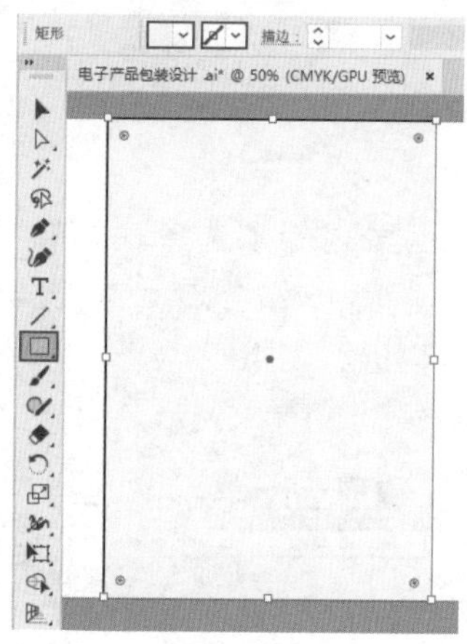

图7-23

❺ 由于本案例售卖的产品是鼠标，因此需要将鼠标图形在包装中进行呈现。选择工具箱中的“钢笔工具”，在控制栏中设置“填充”为青色，“描边”为无，设置完成后在正面画板中绘制鼠标外轮廓图形，如图7-24所示。

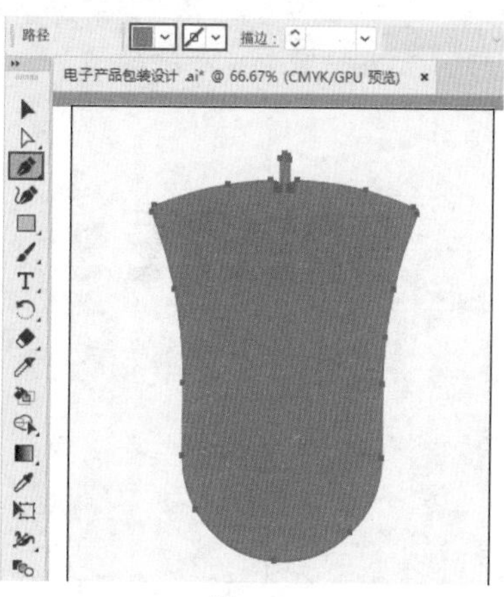

图7-24

6 继续使用“钢笔工具”，在控制栏中设置“填充”为浅青色，“描边”为无，设置完成后在已有图形的上方继续绘制图形，如图7-25所示。

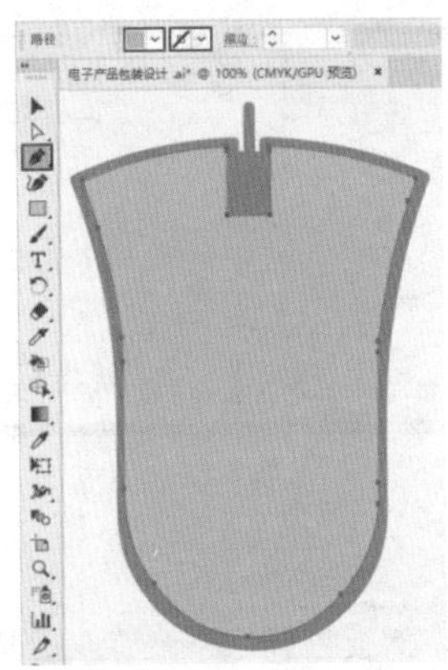

图7-25

7 在鼠标上添加文字。选择工具箱中的“文字工具”，在版面中输入文字。在控制栏中设置“填充”为黑色，“描边”为无，同时设置合适的字体、字号，如图7-26所示。

图7-26

8 调整文字形态。将输入的文字选中，在打开的“字符”面板中设置“水平缩放”为78%，“行间距”为-20，如图7-27所示。

图7-27

9 在黑色文字选中状态下，使用Ctrl+C组合键进行复制，接着使用Ctrl+F组合键将文字进行原位粘贴。将复制得到的文字颜色更改为白色，并将其向上移动，将底部文字显示出来，制作出立体的效果，如图7-28所示。

图7-28

10 继续使用“文字工具”，在主标题文字上方和下方输入文字，在控制栏中设置合适的填充颜色、字体、字号，如图7-29所示。

图7-29

11 选择工具箱中的“矩形工具”，在控制栏中设置“填充”为深青色，“描边”为无，设置完成后在文字的下方绘制矩形，如图7-30所示。

图7-30

12 选择工具箱中的“钢笔工具”，在控制栏中设置“填充”为深青色，“描边”为无，设置完成后在深青色矩形的左侧绘制三角形，如图7-31所示。

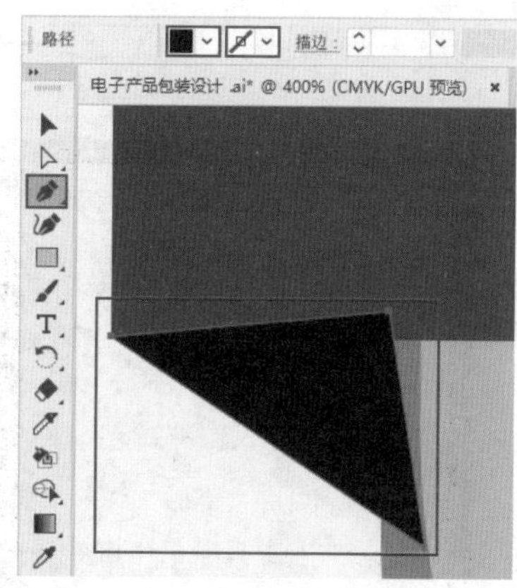

图7-31

⑬ 调整图层顺序，将该图形放在鼠标外轮廓图形后方位置，如图7-32所示。

图7-32

⑭ 将该图形选中，单击鼠标右键，在弹出的快捷菜单中选择“变换>镜像”命令，在弹出的“镜像”对话框中选中“垂直”单选按钮，单击“复制”按钮，将图形翻转的同时复制一份，如图7-33所示。

图7-33

⑮ 将复制得到的图形放在相对应的右侧位置，如图7-34所示。

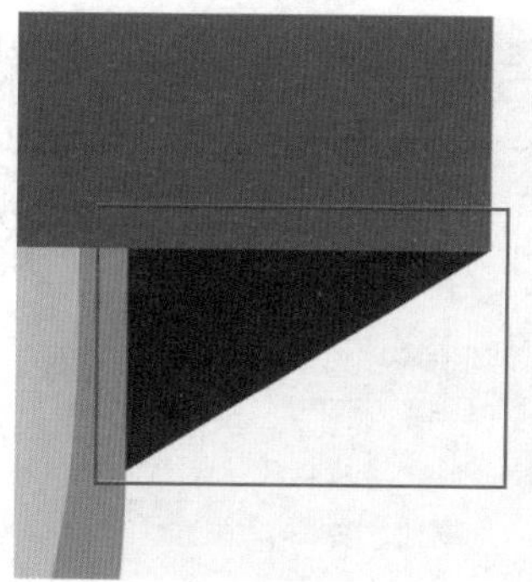

图7-34

⑯ 选择工具箱中的“文字工具”，在深青色矩形上输入文字，在控制栏中设置“填充”为浅灰色，“描边”为无，同时设置合适的字体、字号，如图7-35所示。

图7-35

⑰ 调整文字字间距。将文字选中，在打开的“字符”面板中设置“字间距”为20，将文字之间的间距适当加大，如图7-36所示。

图7-36

⑱ 继续使用“文字工具”，在鼠标图形底部输入文字，在控制栏中设置合适的填充颜色、字体、字号，如图7-37所示。

图7-37

⑲ 选择工具箱中的“矩形工具”，在控制栏中设置“填充”为青色，“描边”为无，设置完成后在鼠标图形下方绘制一个长条矩形作为分割线，如图7-38所示。

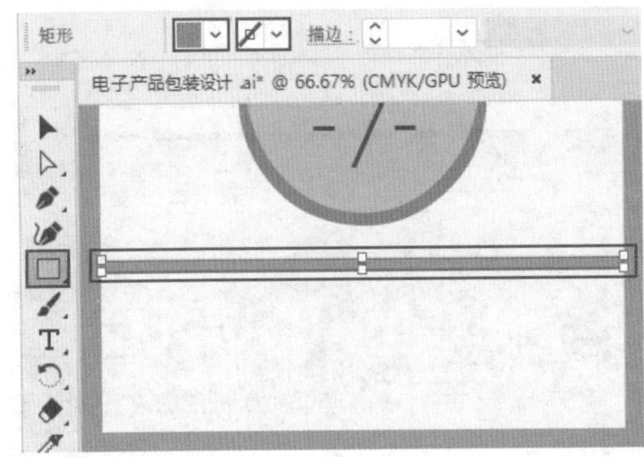

图7-38

⑳ 继续使用“矩形工具”，在已有长条矩形下方再次绘制一个深青色矩形，如图7-39所示。

图7-39

㉑ 制作正面平面图底部的几何装饰图案。从案例效果中可以看出，该图案以六边形作为基本元素，通过不断地复制粘贴得到连续图案。因此，可以首先制作六边形。选择工具箱中的“矩形工具”，在控制栏中设置“填充”为无，“描边”为黑色，描边“粗细”为1pt，设置完成后在文档中的空白位置绘制矩形，如图7-40所示。

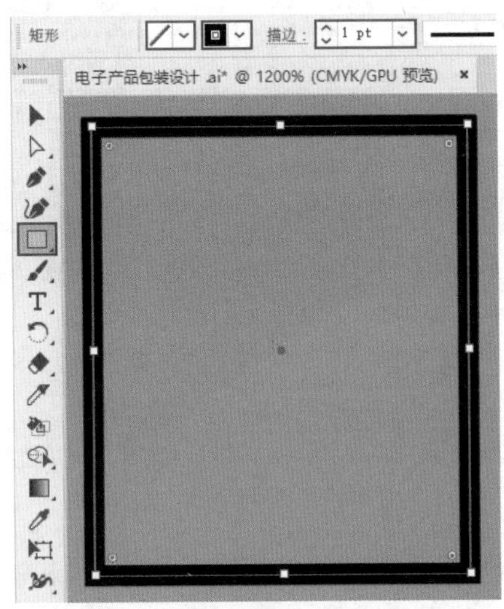

图7-40

㉒ 调整矩形形态。在矩形选中状态下，选择工具箱中的“自由变换工具”，接着单击“自由变换”按钮。将光标放在图形右侧边框的中间控制点上，按住Shift键的同时按住鼠标左键向下拖动，这样可以保证图形在垂直线上变形，至合适位置时释放鼠标，即可将矩形调整为平行四边形，如图7-41所示。

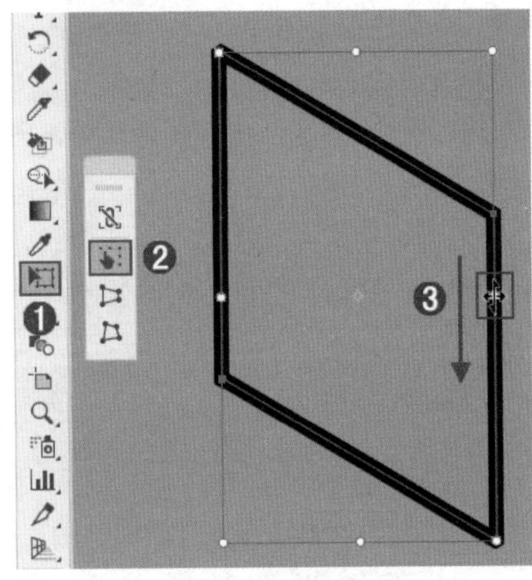

图7-41

㉓ 在平行四边形选中状态下，单击鼠标右键，在弹出的快捷菜单中选择“变换>镜像”命令，在弹出的“镜像”对话框中选中“垂直”单选按钮，设置完成后单击“复制”按钮，如图7-42所示。

㉔ 将图形进行翻转的同时复制一份，将复制得到的图形移动至已有图形的左侧位置，如图7-43所示。

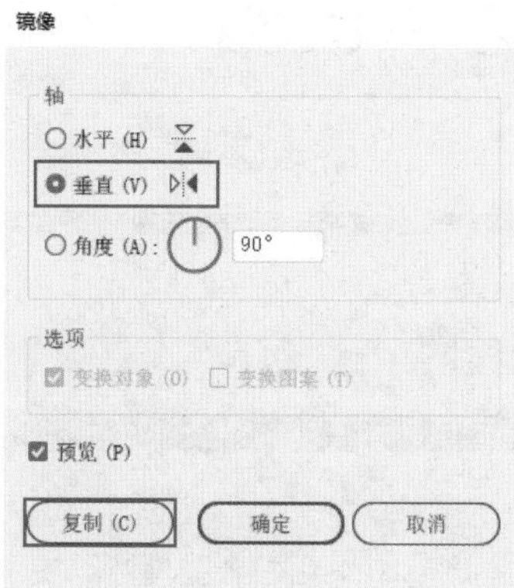

图7-42

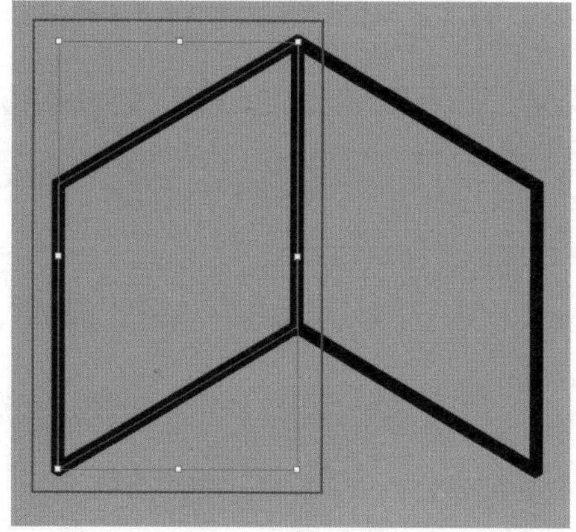

图7-43

25 将左侧的平行四边形选中，单击鼠标右键，在弹出的快捷菜单中选择“变换>旋转”命令，在弹出的“旋转”对话框中设置“角度”为120°，设置完成后单击“复制”按钮，如图7-44所示。

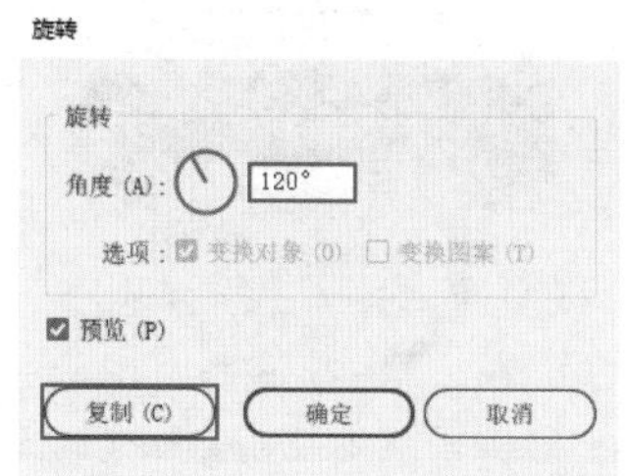

图7-44

26 将图形旋转的同时复制一份，将复制得到的图形移动至已有平行四边形的底部位置，此时一个完整的六边形制作完成。将构成六边形的3个图形选中，使用Ctrl+G组合键进行编组，如图7-45所示。

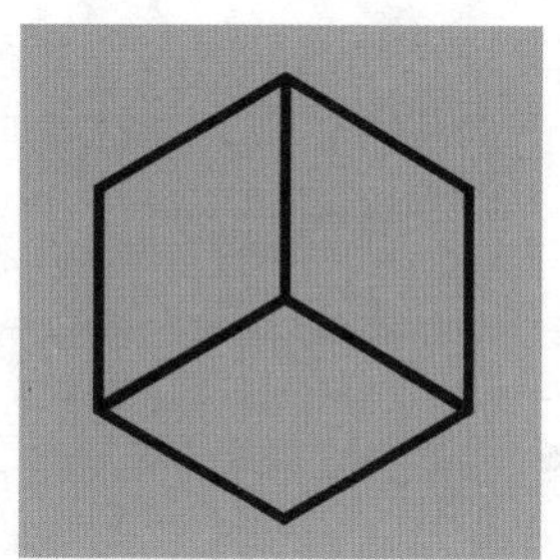

图7-45

27 将编组图形选中，按住Alt+Shift组合键的同时按住鼠标左键向右拖动，这样可以保证图形在水平方向上移动，至右侧合适位置时释放鼠标，即可将六边形复制一份，如图7-46所示。

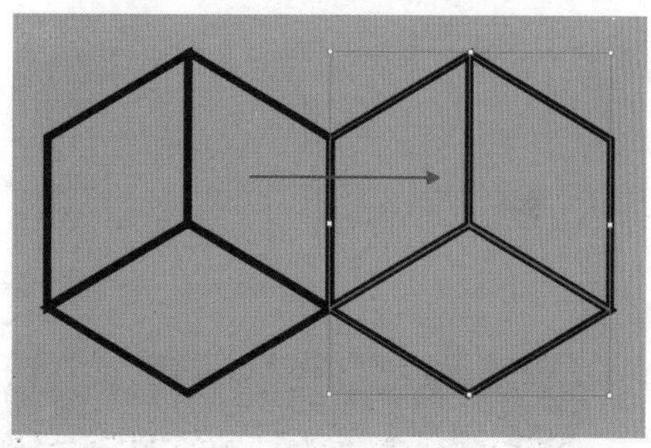

图7-46

28 在当前复制状态下，多次使用Ctrl+D组合键，将六边形进行相同移动距离与相同移动方向的复制，如图7-47所示。

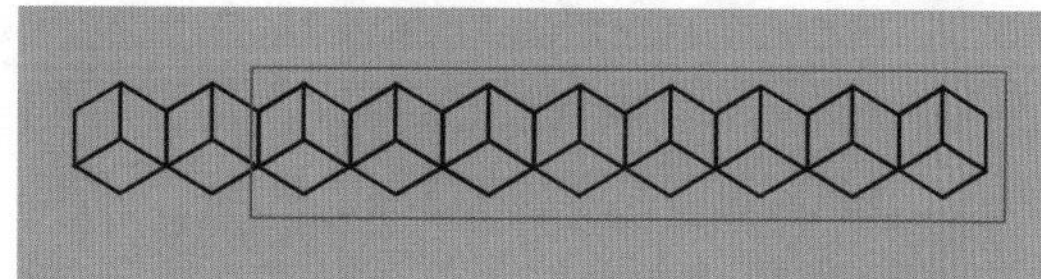

图7-47

29 使用同样的方法继续绘制图形，并将六边形拼贴图案所有图形选中，使用Ctrl+G组合键进行编组，如图7-48所示。

图7-48

30 将制作完成的拼贴图案移动至正面画板中，放在矩形下方空白位置上，如图7-49所示。

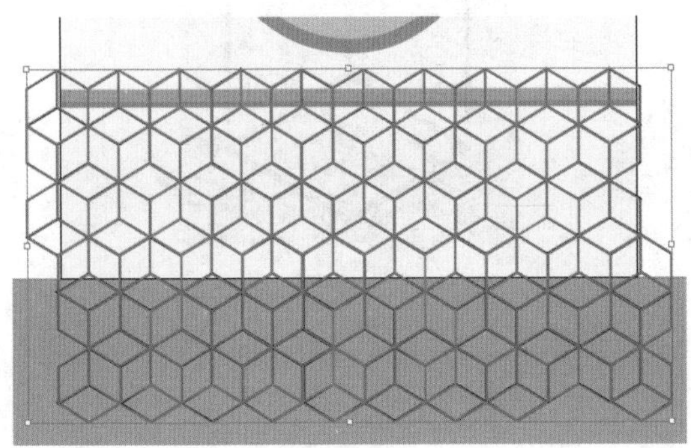

图7-49

31 选择工具箱中的“矩形工具”，在拼贴图案上绘制一个矩形，将图案要保留区域覆盖住，如图7-50所示。

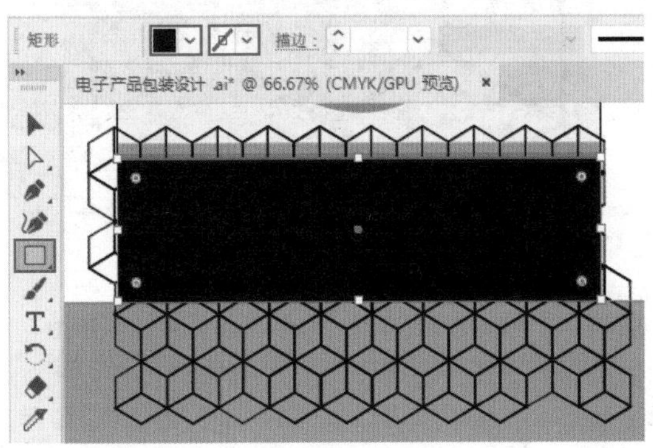

图7-50

32 将顶部矩形以及编组图案选中，使用Ctrl+7组合键创建剪切蒙版，将图案不需要的区域进行隐藏处理，如图7-51所示。

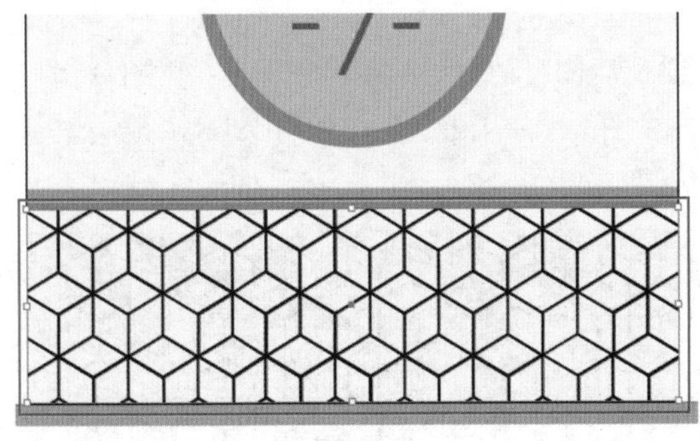

图7-51

33 降低拼贴图案的不透明度。将拼贴图案选中，在控制栏中设置“不透明度”为20%，如图7-52所示。

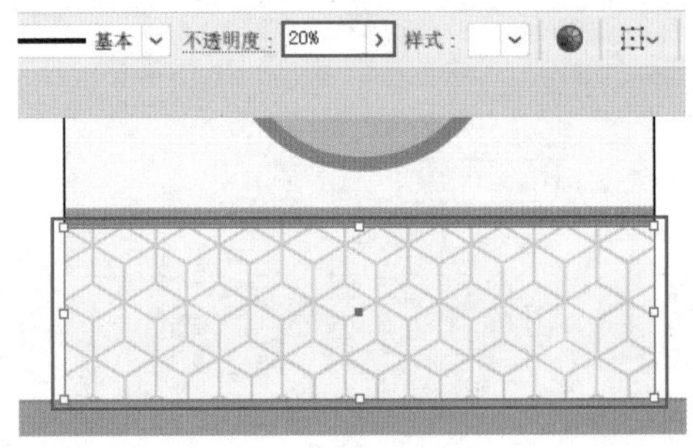

图7-52

34 选择工具箱中的“文字工具”，在拼贴图案上方添加文字，如图7-53所示。

图7-53

35 此时包装的正面平面图制作完成，如图7-54所示。

图7-54

36 选择工具箱中的“矩形工具”，在控制栏中设置“填充”为青色，“描边”为无，设置完成后在正面顶部绘制矩形，如图7-55所示。

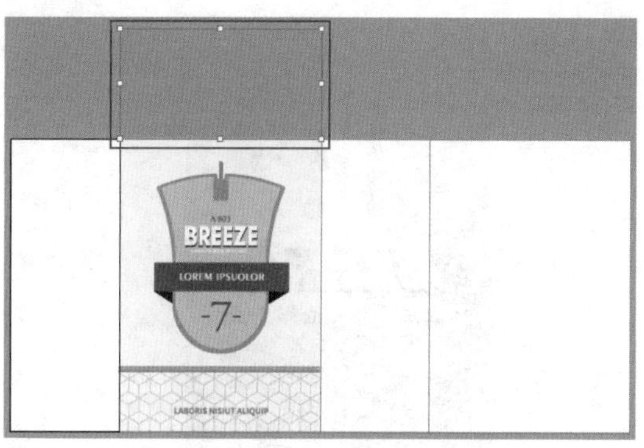

图7-55

37 继续使用“矩形工具”，在已有矩形上方绘制一个相同颜色的矩形，如图7-56所示。

图7-56

38 由于包装摇盖中的插舌外边缘一侧是圆角的，因此需要将矩形的尖角调整为圆角。将矩形选中，在“选择工具”使用状态下，将顶部两个角内部的圆点选中，按住鼠标左键向里拖动，如图7-57所示。

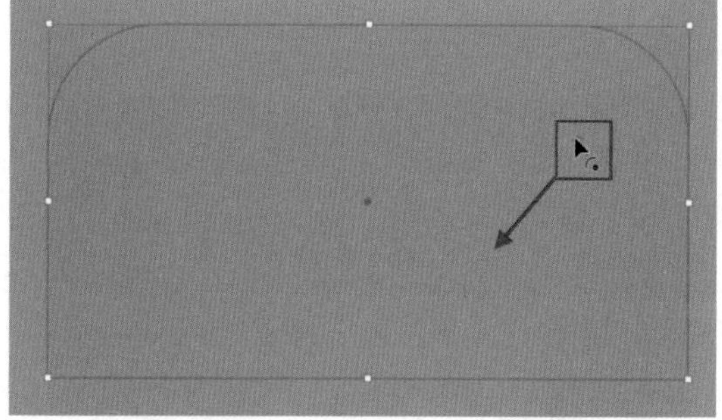

图7-57

39 至合适位置时释放鼠标，即可将矩形由尖角调整为圆角，如图7-58所示。

图7-58

40 将正面的标志文字复制一份，适当缩小后放在摇盖上，如图7-59所示。

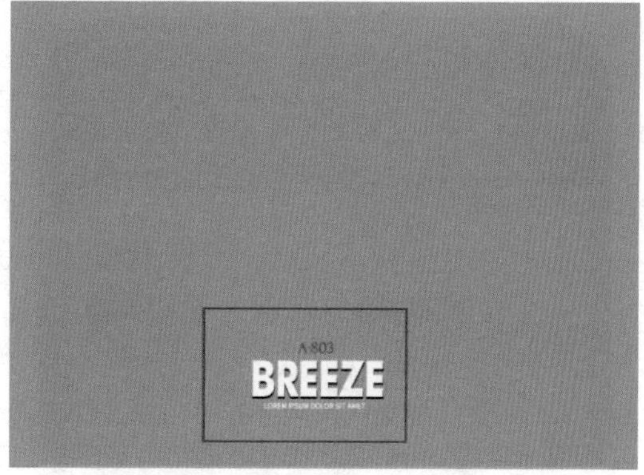

图7-59

41 将平面图正面所有图形以及文字选中复制一份，放在另外一个正面画板上，如图7-60所示。

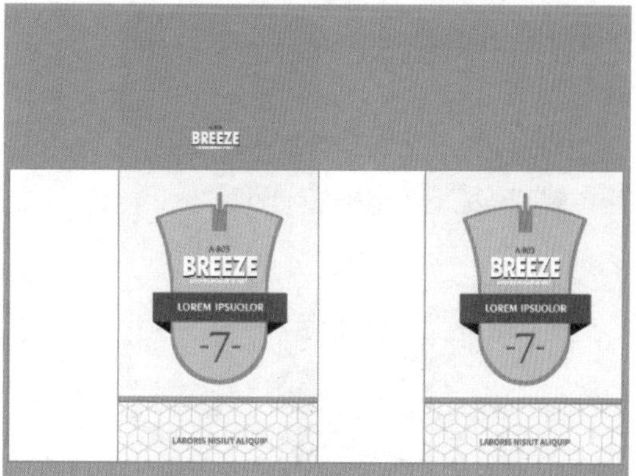

图7-60

42 将包装正面顶部的摇盖图形选中，单击鼠标右键，在弹出的快捷菜单中选择“变换>镜像”命令，在弹出的“镜像”对话框中选中“水平”单选按钮，设置完成后单击“复制”按钮，如图7-61所示。

图7-61

43 将图形进行水平翻转的同时复制一份，将复制得到的摇盖图形移动至另外一个正面平面图下方，如图7-62所示。

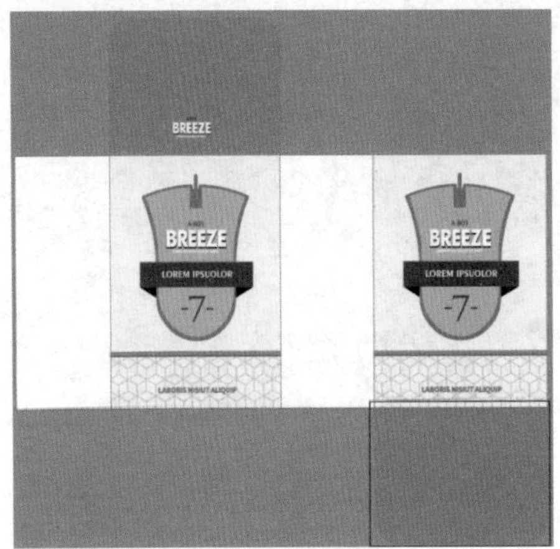

图7-62

2. 制作平面图侧面

1 选择工具箱中的“矩形工具”，在控制栏中设置“填充”为青色，“描边”为无，设置完成后在侧面画板上绘制矩形，如图7-63所示。

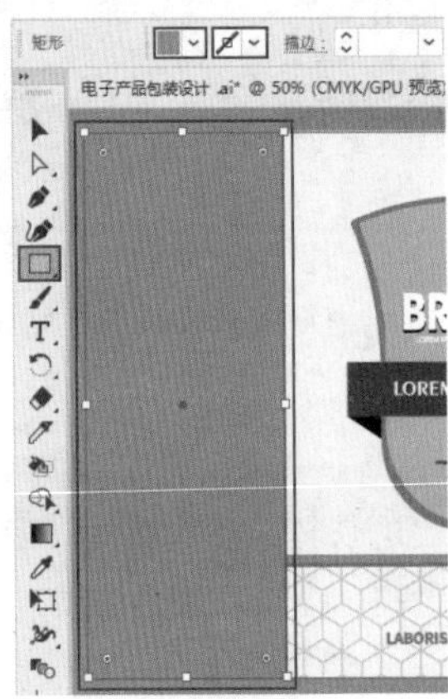

图7-63

2 将标志复制一份，放在侧面画板上半部分，如图7-64所示。

图7-64

3 选择工具箱中的“文字工具”，在标志下方按住鼠标左键拖动绘制文本框，并在文本框中输入合适的文字。在控制栏中设置“填充”为白色，“描边”为无，同时设置合适的字体、字号，如图7-65所示。

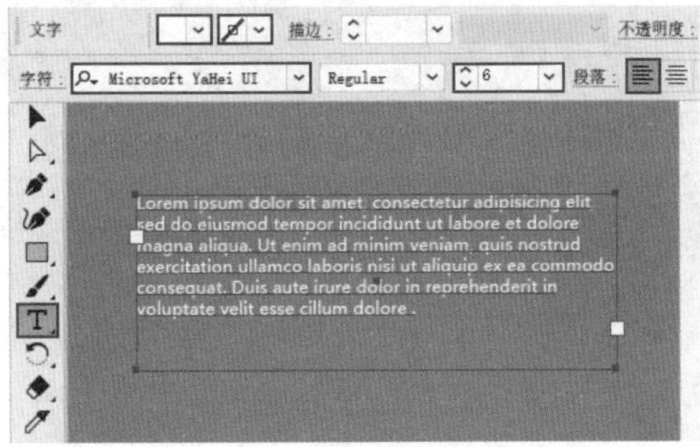

图7-65

4 调整段落文字的行间距。将段落文字选中，在打开的“字符”面板中设置“行间距”为10pt，此时文字之间的行距被拉大，如图7-66所示。

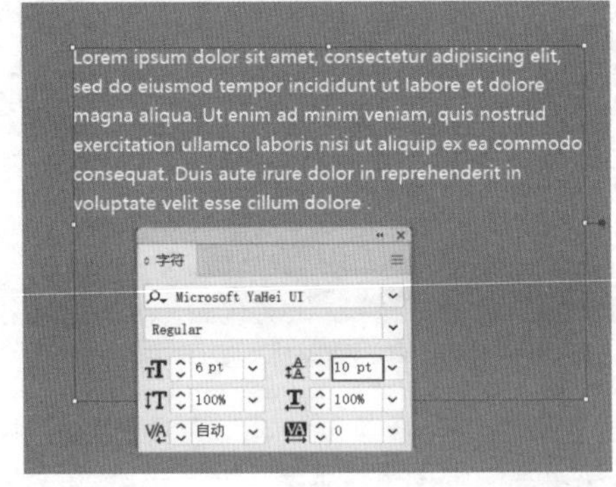

图7-66

5 执行“文件>置入”命令，将鼠标素材“1.jpg”置入，适当缩小后放在段落文字下方位置，如图7-67所示。

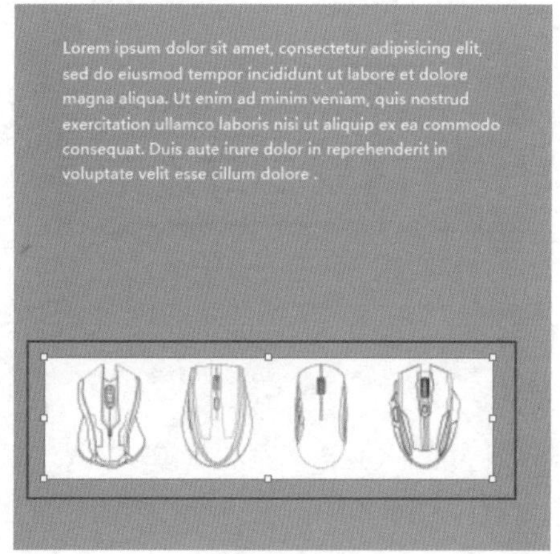

图7-67

6 由于置入的素材带有白色背景，需要对其混合模式进行调整，使其与包装融为一体。将素材选中，在打开的“透明度”面板中设置“混合模式”为“正片叠底”，如图7-68所示。

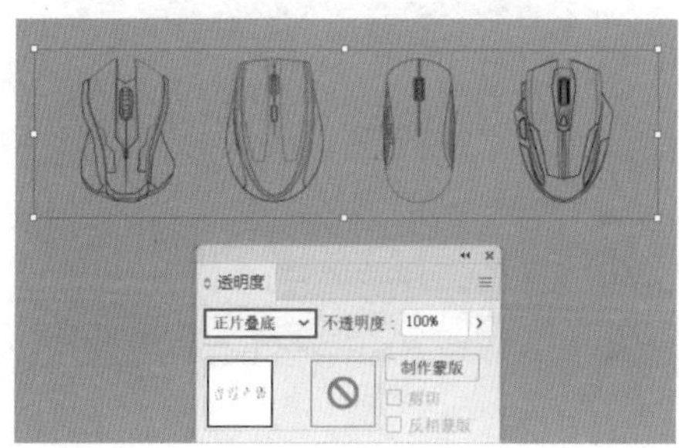

图7-68

7 将正面平面图中的长条矩形复制一份，放在侧面画板上，并对复制得到的图形长短以及填充颜色进行更改，如图7-69所示。

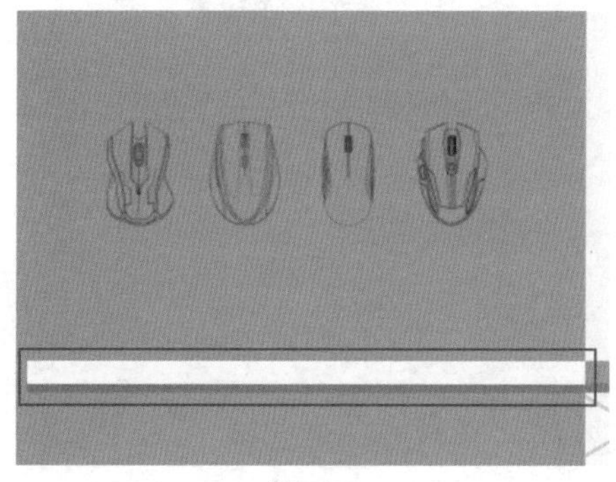
图7-69

8 将条形码素材“2.png”置入，放在侧面平面图底部位置，如图7-70所示。

图7-70

9 选择工具箱中的“钢笔工具”，在控制栏中设置“填充”为青色，“描边”为无，设置完成后在侧面画板顶部位置绘制图形，如图7-71所示。

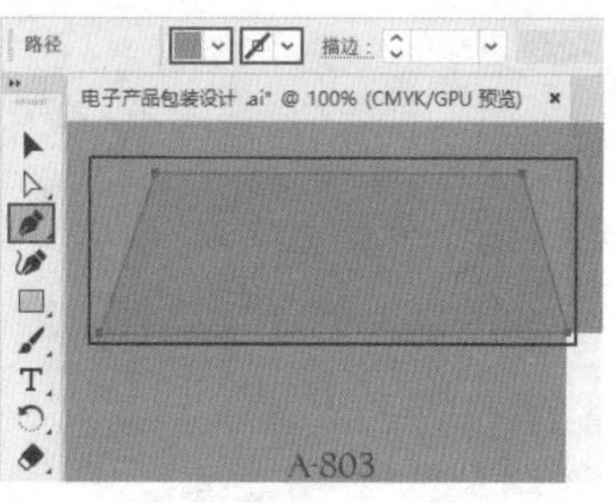

图7-71

10 将侧面摇盖选中，单击鼠标右键，在弹出的快捷菜单中选择“变换>镜像”命令，在弹出的“镜像”对话框中选中“水平”单选按钮。设置完成后单击“复制”按钮，如图7-72所示。

图7-72

11 将图形进行水平翻转的同时复制一份，将复制得到的图形放在侧面画板底部位置，此时包装的一个侧面平面图制作完成，如图7-73所示。

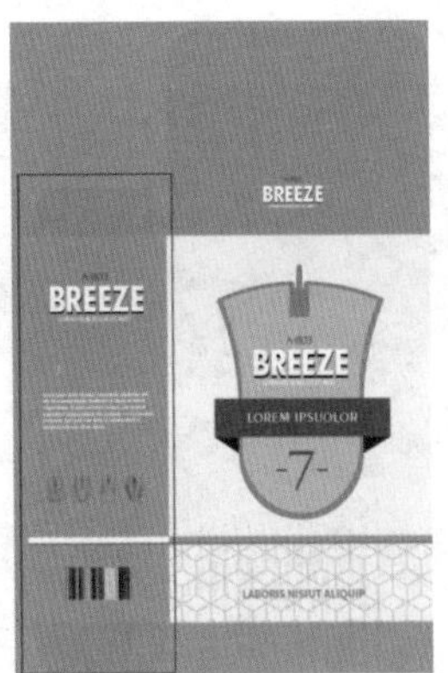

图7-73

⑫ 将侧面平面图中的背景矩形、标志、上下两端摇盖、长条矩形选中，复制一份，放在另外一个侧面画板上，如图7-74所示。

图7-74

⑬ 在侧面画板中添加文字。选择工具箱中的"文字工具"，在侧面画板中输入文字，在控制栏中设置合适的填充颜色、字体、字号，如图7-75所示。

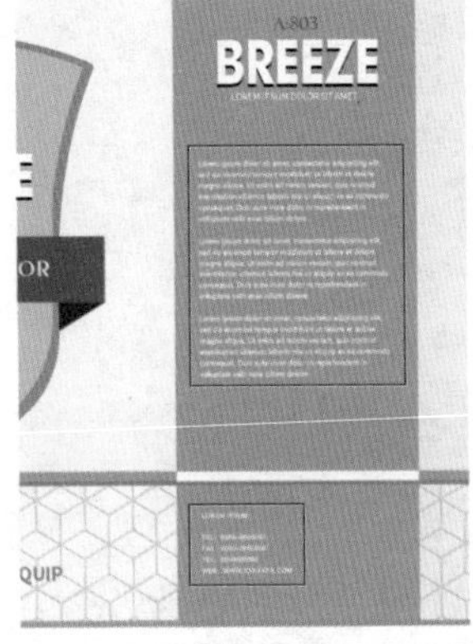

图7-75

⑭ 在标志和段落文字之间添加分割线。选择工具箱中的"矩形工具"，在控制栏中设置"填充"为白色，"描边"为无，设置完成后在标志下方绘制一个长条矩形，如图7-76所示。

图7-76

⑮ 在侧面画板的右下角添加警示标识图案。选择工具箱中的"矩形工具"，在控制栏中设置"填充"为无，"描边"为白色，描边"粗细"为1pt，设置完成后在长条矩形的下方绘制描边矩形，如图7-77所示。

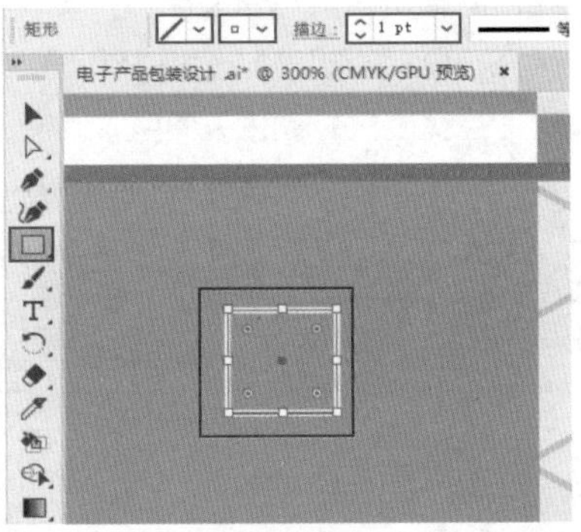

图7-77

⑯ 将描边矩形复制两份，放在已有图形的右侧以及右下角位置，如图7-78所示。

图7-78

⑰ 在描边矩形内部添加标识图案。将"3.ai"素材文件打开，把标识图案选中，使用Ctrl+C组合键进行复制。回到当前操作文档，使用Ctrl+V组

合键进行粘贴。在“选择工具”使用状态下，将标识图案适当缩小，将其填充更改为白色并将标识图案放在白色描边矩形内部，如图7-79所示。

图7-79

⑱ 此时包装的另外一个侧面平面图制作完成，如图7-80所示。

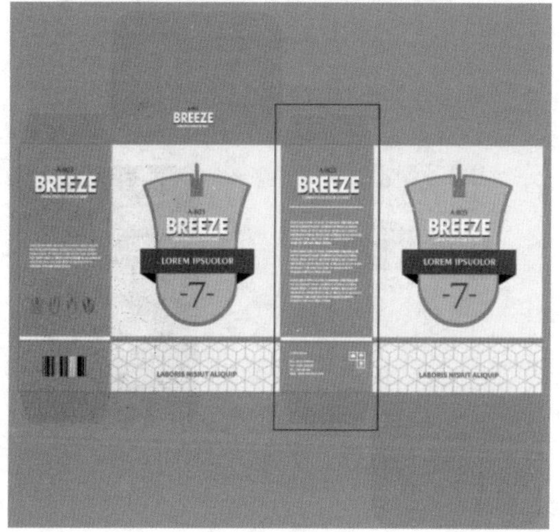

图7-80

⑲ 选择工具箱中的“钢笔工具”，在控制栏中设置“填充”为青色，“描边”为无，设置完成后在正面画板右侧绘制梯形，如图7-81所示。

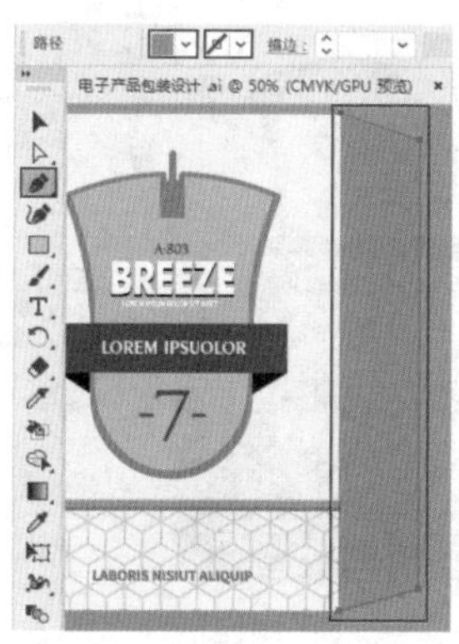

图7-81

⑳ 此时包装的平面展开图制作完成，如图7-82所示。

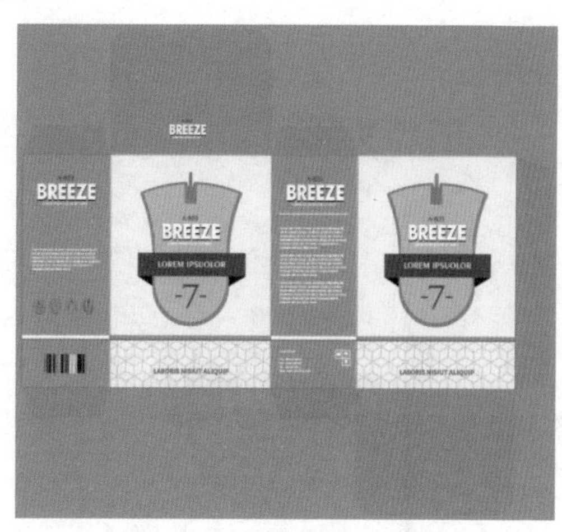

图7-82

3. 制作立体展示效果

❶ 将背景素材“4.jpg”置入，调整大小放在文档右侧位置，如图7-83所示。

图7-83

❷ 制作包装的立体展示效果。将包装正面图形全部选中，复制一份放在背景素材左侧位置，并将其适当缩小，如图7-84所示。

图7-84

3 选择工具箱中的“矩形工具”，在控制栏中设置“填充”为黑色，“描边”为无，设置完成后在平面图左侧边缘位置绘制一个长条矩形，如图7-85所示。

图7-85

4 为长条矩形填充渐变色。将矩形选中，在打开的“渐变”面板中设置“类型”为线性渐变，“角度”为180°，设置完成后编辑一个由黑色到透明的渐变，如图7-86所示。

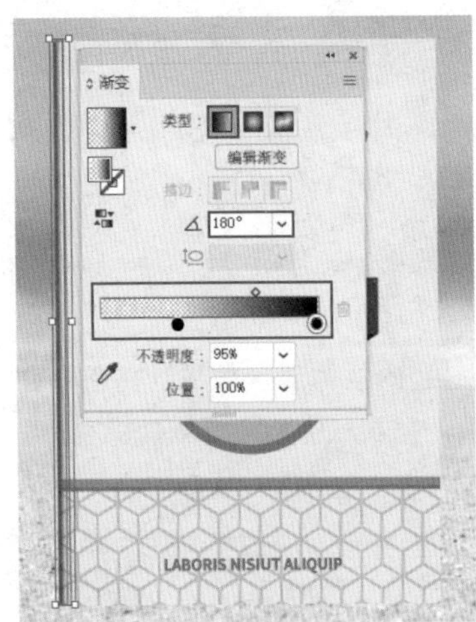

图7-86

5 在渐变矩形选中状态下，在打开的“透明度”面板中设置“不透明度”为40%，如图7-87所示。

6 使用同样的方法，在正面平面图顶部、右侧以及底部添加相同的渐变矩形边框，使其呈现出一定的层次立体感，如图7-88所示。

7 为正面添加阴影，使其呈现出真实的光影效果。选择工具箱中的“矩形工具”，在控制栏中设置“描边”为无。设置完成后绘制一个与正面等大的矩形，如图7-89所示。

图7-87

图7-88

图7-89

8 将矩形选中，在打开的“渐变”面板中设置“类型”为线性渐变，“角度”为-53°，设置完成后编辑一个由透明到黑色的渐变，制作出光从左上角照射的效果，如图7-90所示。

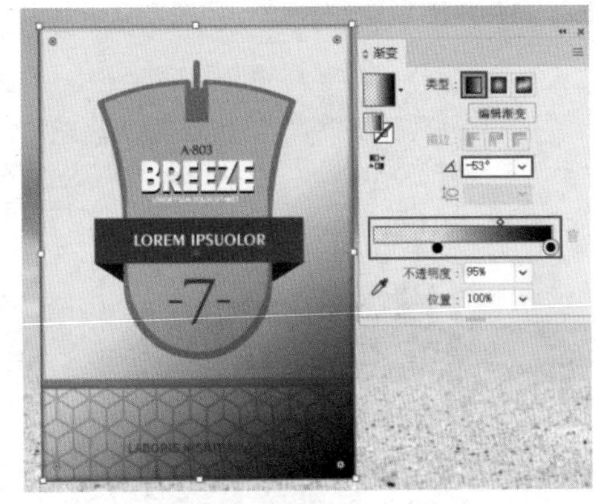

图7-90

9 将渐变图形选中，在打开的“透明度”面板中设置“混合模式”为“正片叠底”，“不透明度”为30%，如图7-91所示。

图7-91

10 制作包装底部的投影效果。选择工具箱中的“钢笔工具”，在控制栏中设置“填充”为黑色，“描边”为无，设置完成后在正面平面图底部绘制一个不规则图形，作为投影外轮廓，如图7-92所示。

图7-92

11 为投影图形添加渐变色。将不规则图形选中，在打开的“渐变”面板中设置“类型”为线性渐变，“角度”为-171°，设置完成后编辑一个由黑色到透明的渐变，如图7-93所示。

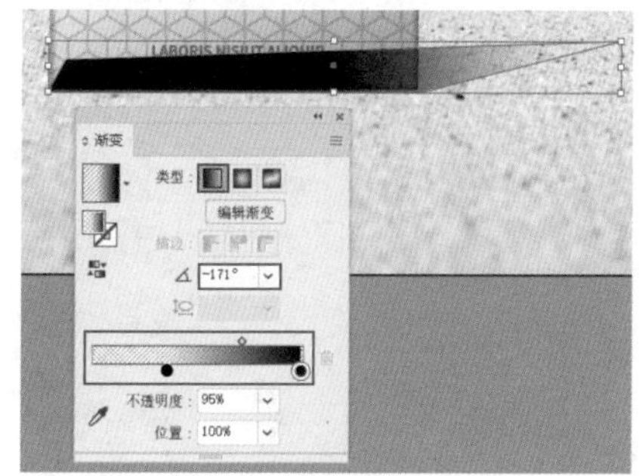

图7-93

12 对投影图形进行适当的模糊处理，增强效果真实性。将投影图形选中，执行“效果>模糊>高斯模糊”命令，在弹出的“高斯模糊”对话框中设置“半径”为10像素。设置完成后单击“确定”按钮，如图7-94所示。

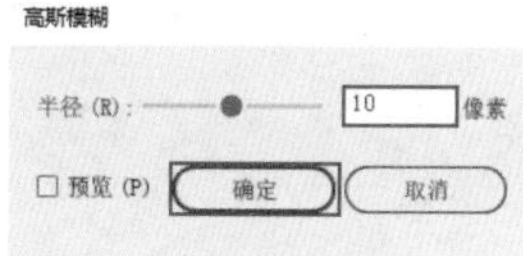

图7-94

13 效果如图7-95所示。

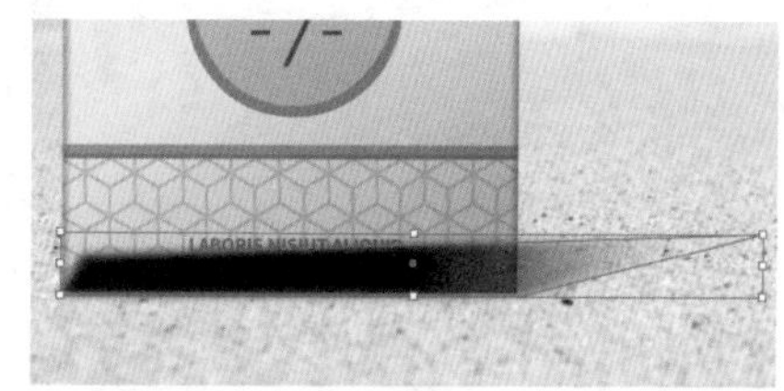

图7-95

14 调整图层顺序，将投影图形摆放在正面平面图后方位置，此时包装的正面立体效果制作完成，如图7-96所示。

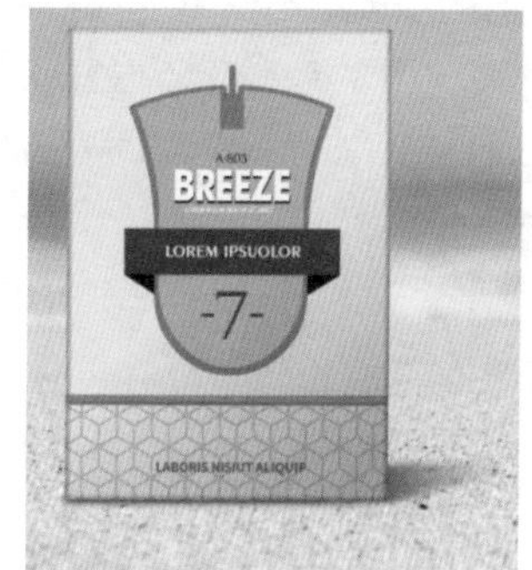

图7-96

15 使用同样的方法，制作包装的侧面展示效果，最终效果如图7-97所示。

图7-97

第8章

书籍设计

本章概述

随着社会的不断发展，书籍的形式多种多样，现代书籍设计进入了多元化的发展时代。但无论社会怎样发展，对于书籍设计的基本知识还是需要掌握的。本章主要从认识书籍、熟悉书籍设计的构成元素、了解书籍的常见装订形式等方面来学习书籍杂志设计。

8.1 书籍设计概述

8.1.1 认识书籍

书籍是一种将图形、文字、符号集合成册，用以传达著作人的思想、经验或某些技能的物体，是存储和传播知识的重要工具。随着科学技术的发展，传播知识信息的方式越来越多，但书籍的作用仍然是无可替代的。一本好的书籍设计不仅仅是用来传播信息，还具有一定的收藏价值，如图8-1所示。

图8-1

杂志是以期、卷、号或年月为序定期或不定期出版的发行物，其内容涉及广泛，类似于报纸，但相比于报纸杂志更具有审美性和丰富性，如图8-2所示。

图8-2

虽然书籍设计与杂志设计都是通过记录来进行信息传播的，但二者还是有明显的区别，下面来了解一下书籍与杂志的异同。

相同点在于：书籍与杂志都是用来记录和传播知识信息的载体。在装订形式上有很大的共同点，通常都会使用平装、精装、活页装、蝴蝶装等方式。且内容版式上也很相似，都是图形、文字、色彩的编排，风格依据主题而定。

不同点在于：杂志属于书籍的一种，杂志有固定的刊名，是定期或不定期连续出版的。其内容是将众多作者的作品汇集成册，涉及面较广，但使用周期较短。而书籍的内容更具专一性、详尽性，其发行间隔周期较长，且使用价值和收藏价值更高。

8.1.2 书籍设计的构成元素

书籍的构成部分很多，主要由封面、腰封、护封、函套、环衬、扉页、版权页、序言、目录、章节页、页码、页眉、页脚等部分组成。精装书的构成元素比平装书多一些，杂志的构成元素则相对要少一些。

封面：是包裹住书刊最外面的一层，在书籍设计中占有重要的地位，封面的设计在很大程度上决定了消费者是否会拿起该本书籍。封面主要包括书名、作者、出版社名称等内容，如图8-3所示。

图8-3

书脊：是指书刊封面、封底连接的部分，相当于书芯厚度，如图8-4所示。

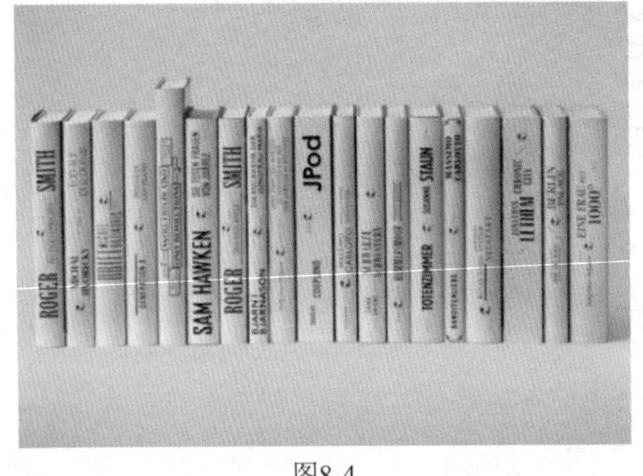

图8-4

腰封：是包裹在书籍封面上的一条腰带纸，不仅可用来装饰和补充书籍的不足之处，还起到一定的引导作用，能够使消费者快速了解该书的内容和特点，如图8-5所示。

图8-5

护封：护封又称书套，是包在书籍封皮外的印刷品，广泛应用于图书设计。它是用来避免书籍在运输、翻阅、光线和日光照射过程中受损和帮助书籍的销售，如图8-6所示。

图8-6

函套：是用来保护书籍的一种形式，利用不同的材料、工艺等手法，保护和美化书籍，提升书籍设计整体的形式美感，是形式和功能相结合的典型表现，如图8-7所示。

图8-7

环衬：是封面到扉页和正文到封底的一个过渡。它分为前环衬和后环衬，即连接封面和封底，是封面前、后的空白页。它不仅仅起到一定的过渡作用，还有装饰作用，如图8-8所示。

图8-8

扉页：是书籍封面或衬页、正文之前的一页。一般印有书名、出版者名、作者名等。它主要是用来装饰图书和补充书名、著作、出版社等内容，如图8-9所示。

图8-9

版权页：是指写有版权说明内容、版本的记录页，包括书名、作者、编者、评者的姓名、出版者、发行者和印刷者的名称及地点、开本、印张、字数、出版年月、版次和印数等内容的单张页。版权页是每本书必不可少的一部分，如图8-10所示。

序言：是放在正文之前的文章。“序言”又称为“前言”“引言”，它分为“自序”和“代序”两种。主要用来说明创作原因、理念、过程或介绍和评论该书内容，如图8-11所示。

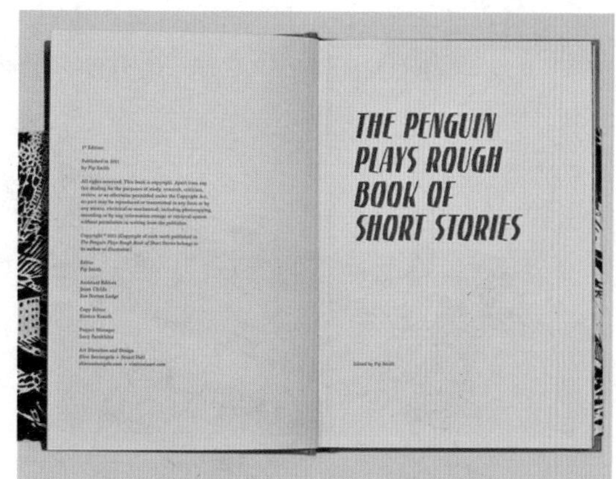

图8-10

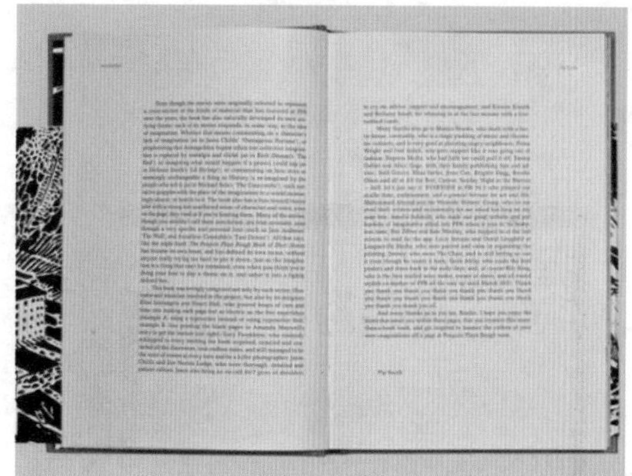

图8-11

目录：是将整本书文章或内容以及所在页数以列表的形式呈现出来，具有检索、报道、导读的功能，如图8-12所示。

图8-12

章节页：是对每个章节进行总结性的概括的页面。既总结了章节的内容又统一了整个书籍的风格，如图8-13所示。

页码：是用来表明书籍次序的号码或数字，每一页面都有，且呈一定的次序递增，所在位置不固定。能够统计书籍的页数，方便读者翻阅，如图8-14所示。

图8-13

图8-14

页眉、页脚：页眉一般置于书籍页面的上部，有文字、数字、图形等多种类型，主要起装饰作用。页脚是文档中每个页面底部的区域。常用于显示文档的附加信息，可以在页脚中插入文本或图形，例如，页码、日期、公司徽标、文档标题、文件名或作者名等信息，如图8-15所示。

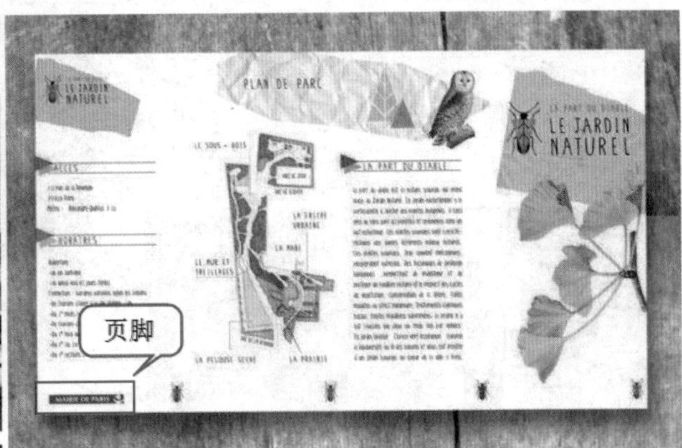

图8-15

8.1.3 书籍的常见装订形式

自古以来，书籍的装订方式就随着材料使用和技术的更迭而产生了不同的装订形式。从成书的形式上看，主要分为平装、精装和特殊装订方式。

平装书：是近现代书籍普遍采用的一种书籍形态，它沿用并保留了传统书的主要特征。装订方式采用平订、骑马订、无线胶订、锁线胶装。

平订即将印好的书页折页或配贴成册，在订口用铁丝钉牢，再包上封面。制作简单，双数、单数页都可以装订，如图8-16所示。

图8-16

骑马订是将印好的书页和封面，在折页中间用铁丝钉牢。制作简便、速度快，但牢固性弱，适合双数和少数量的书籍装订，如图8-17所示。

图8-17

无线胶订是指不用线而用胶将书芯粘在一起，再包上封面，如图8-18所示。

图8-18

精装书：是一种印制精美、不易折损、易于长期保存的精致华丽的装帧形态。主要应用于经典、专著、工具书、画册等。其结构与平装书的主要区别是硬质的封面或外层加护封、函套等。精装书的书籍类型有圆脊、平脊和软脊。

圆脊是书脊呈月牙状，略带一点弧线。有一定的厚度感，更加饱满，如图8-19所示。

图8-19

平脊是用硬纸板做书籍的里衬，整个形态更加平整，如图8-20所示。

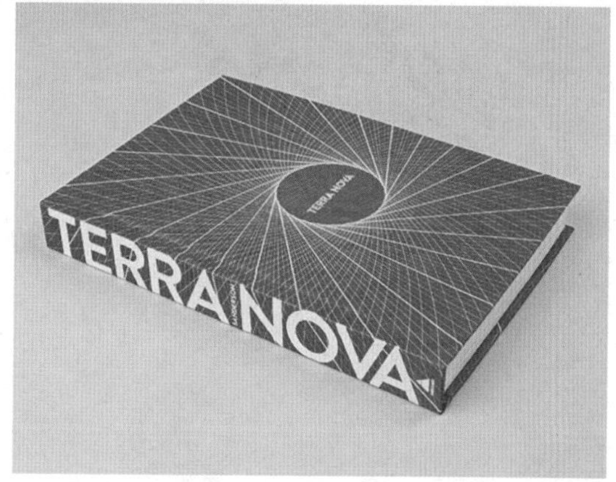

图8-20

软脊是指书脊是软的，随着书的开合，书脊也可以随之折弯。相对来说阅读时翻书比较方便，但是书脊容易受损，如图8-21所示。

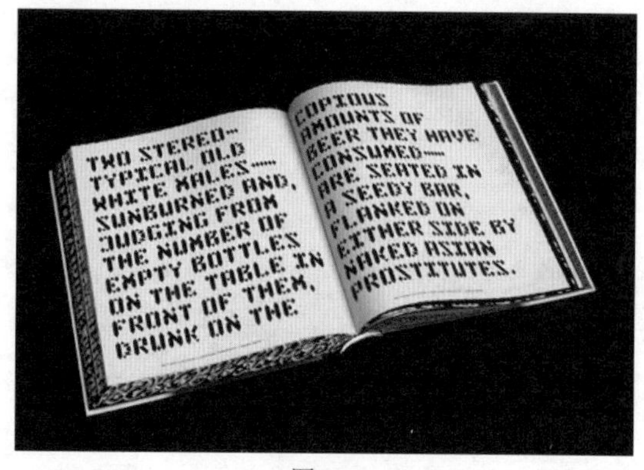

图8-21

特殊装订方式：特殊装订方式与普通的书籍装订方式带给人的视觉效果完全不一样。想要采用特殊的装订方式，需要针对书籍的整体内容加以把握，然后挑选合适的方式。它给人更为活跃、独特的视觉享受。特殊的装订方式有活页订、折页装、线装等。

活页订即在书的订口处打孔，再用弹簧金属圈或蝶纹圈等穿扣，如图8-22所示。

折页装即将纸张的长幅度折叠起来，一反一正，翻阅起来十分方便，如图8-23所示。

线装即用线在书脊一侧装订而成，传统书籍多用此类装订方式，如图8-24所示。

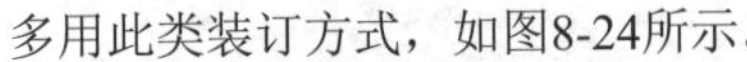

图8-22

图8-23

图8-24

8.2 书籍设计实战

8.2.1 实例：生活类杂志内页排版

设计思路

案例类型：

本案例为生活类杂志内页版式设计项目，如图8-25所示。

项目诉求：

这是一本以健康生活为核心的生活类杂志，当前页面内容为倡导健康饮食。要求图文结合，内页排版易于阅读和理解，有明确的页面层次结构，使读者能够轻松地找到自己感兴趣的内容。

设计定位：

根据版面主题及内容，页面采用图文结合的排版方式，并运用图表的形式展示数据类信息。使用清晰易读的字体，合适的行间距和段落间距，以及适当的版面布局来帮助读者阅读和理解内容。同时使用明亮而清新的颜色来呈现健康生活的主题。

图8-25

配色方案

为了让读者获得愉悦的阅读体验，版面选用了清晰、高质量的图片来帮助理解内容。其中，两张色彩鲜艳的水果和果汁图片引人注目。这两张图片中有许多鲜艳的颜色，为了协调和呼应主题，版面中其他区域的颜色也可以从中选择，比如黄绿色、橙色和淡红色，这些都是水果中常见的颜色，如图8-26所示。

图8-26

版面构图

当前两个版面均采用分割的形式将图文分别展示。左侧页面采用大面积的图像吸引读者的注意力，而小面积的文字则放置在页面底部，使读者的视线自然地移到下方的文字。右页的饼图在画面中是一个重点，因为图表可以使读者快速、直观地理解数据。底部的文字采用了与左页相同的构成方式，但更换了不同的底色以带给读者新鲜感，如图8-27所示。

图8-27

本案例制作流程如图8-28所示。

图8-28

技术要点

- 使用“饼图工具”绘制图标。
- 使用“形状工具”和“文字工具”增加画面中的信息。

操作步骤

1. 制作左侧页面

1 执行“文件>新建”命令，创建一个新文档。选择工具箱中的“矩形工具”，按住鼠标左键拖动绘制一个与画板等大的矩形作为背景。绘制完成后，在控制栏中设置“填充”为浅灰色，“描边”为无，如图8-29所示。

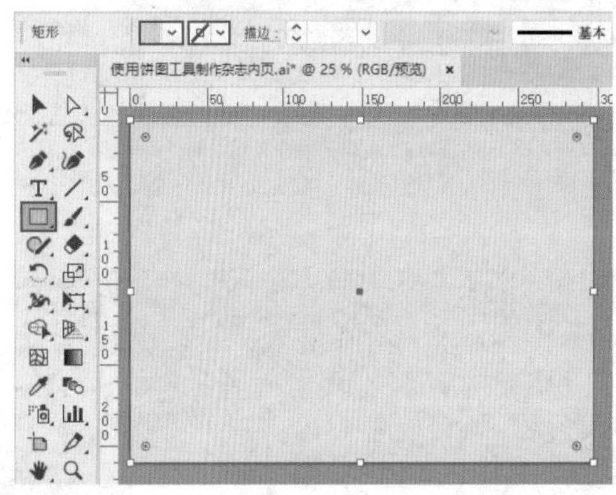

图8-29

2 继续使用“矩形工具”，拖动鼠标左键绘制一个比画板稍小一点的矩形，绘制完成后在控制栏中设置“填充”为白色，“描边”为无，如图8-30所示。

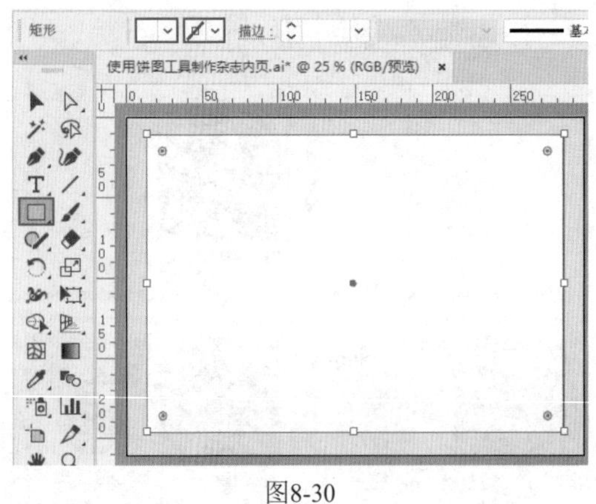

图8-30

3 执行“效果>风格化>投影”命令，在弹出的对话框中设置“模式”为“正片叠底”，“不透明度”为30%，“X位移”为3mm，“Y位移”为3mm，“模糊”为3mm，“颜色”为黑色，设置完成后单击“确定”按钮，如图8-31所示。

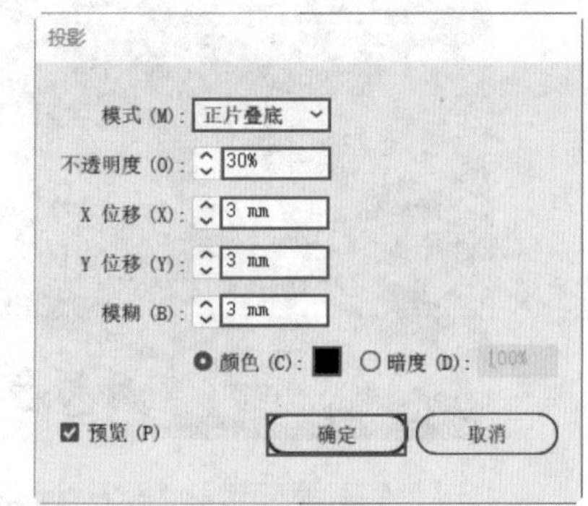

图8-31

4 设置完成后，图形效果如图8-32所示。

图8-32

5 执行“文件>置入”命令，在弹出的对话框中选择“1.jpg”素材文件，选择完成后单击“置入”按钮，如图8-33所示。

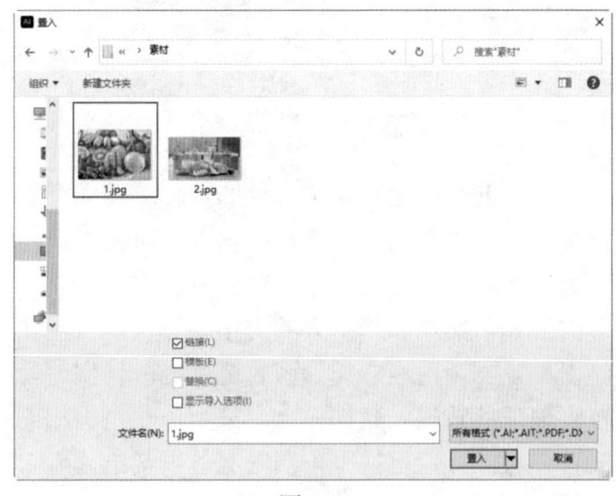

图8-33

⑥ 在画面中单击鼠标左键完成置入操作。选择工具箱中的“选择工具”，选中素材，将素材放置到合适的位置，并且适当更改大小，单击“嵌入”按钮进行嵌入，如图8-34所示。

图8-34

⑦ 选择工具箱中的“矩形工具”，按住鼠标左键绘制一个矩形，将矩形覆盖住需要的部分，如图8-35所示。

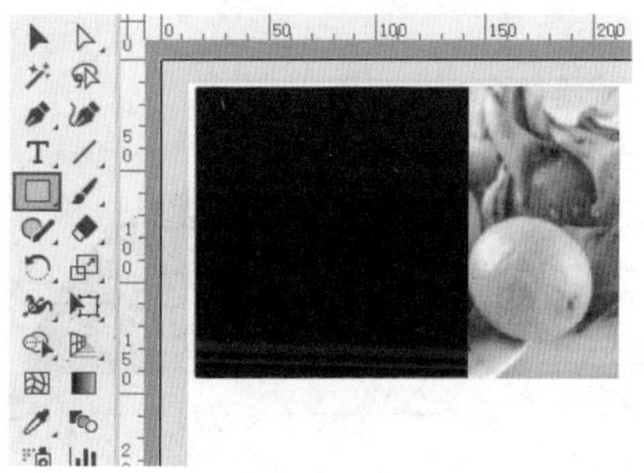

图8-35

⑧ 按住Shift键单击加选绘制的矩形和置入的素材，使用Ctrl+7组合键创建剪切蒙版，如图8-36所示。

图8-36

⑨ 继续使用“矩形工具”，按住鼠标左键拖动在素材下方绘制一个矩形，绘制完成后在控制栏中设置“填充”为灰色，“描边”为无，如图8-37所示。

图8-37

⑩ 选择工具箱中的“文字工具”，在画面中输入文字，文字输入完成后在控制栏中设置合适的字体、字号及颜色，如图8-38所示。

⑪ 继续使用“文字工具”，在画面中按住鼠标左键拖动绘制一个文本框，在文本框中输入文字，文字输入完成后在控制栏中设置合适的字体、字号及颜色，如图8-39所示。

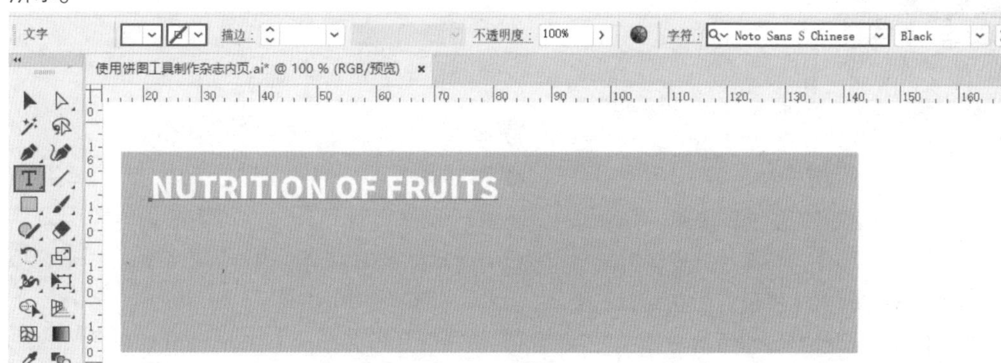

图8-38

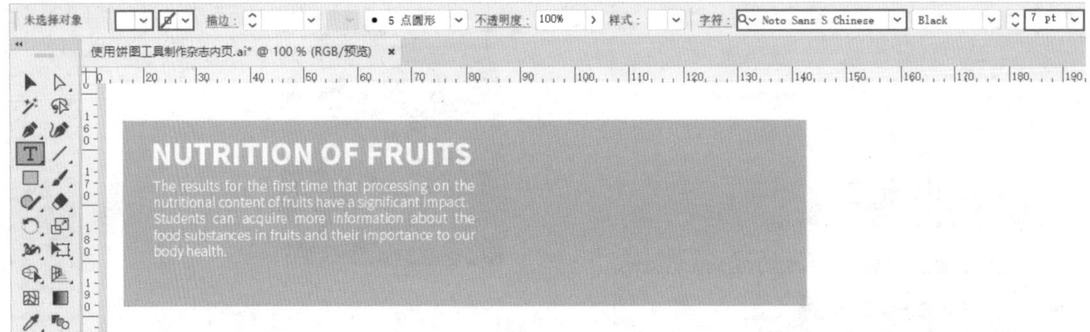

图8-39

⑫ 使用同样的方法再次绘制一个文本框，然后输入文字，如图8-40所示。

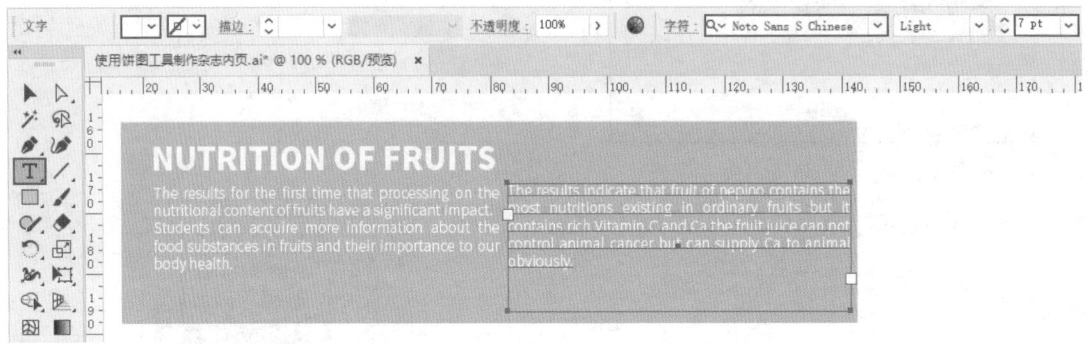

图8-40

2. 制作右侧页面

❶ 使用同样的方法，在右侧版面中置入素材以及添加文字，如图8-41所示。

图8-41

❷ 在画面右侧中间空白位置创建饼图。选择工具箱中的“饼图工具”，在画面中按住鼠标左键拖动绘制出图表的范围，释放鼠标后在弹出的图表数据窗口中依次输入数据，然后单击“应用”按钮，如图8-42所示。

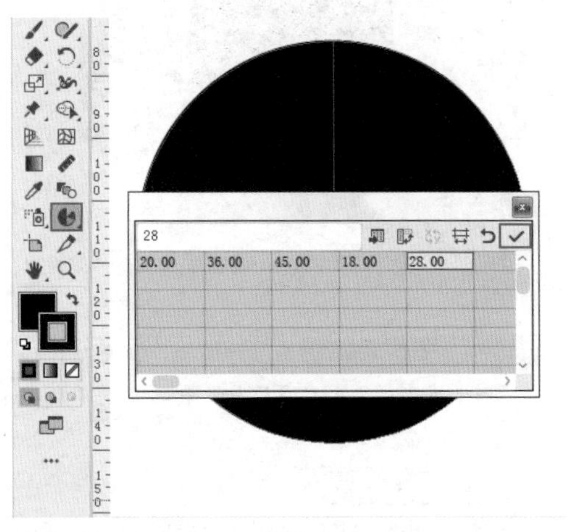

图8-42

❸ 此时饼图效果如图8-43所示。

❹ 对饼图各部分的颜色进行更改。选择工具箱中的“直接选择工具”，将饼图的一个部分选中，在控制栏中设置“填充”为黄色，“描边”为无，如图8-44所示。

❺ 使用同样的方法，对其他部分的颜色进行更改，如图8-45所示。

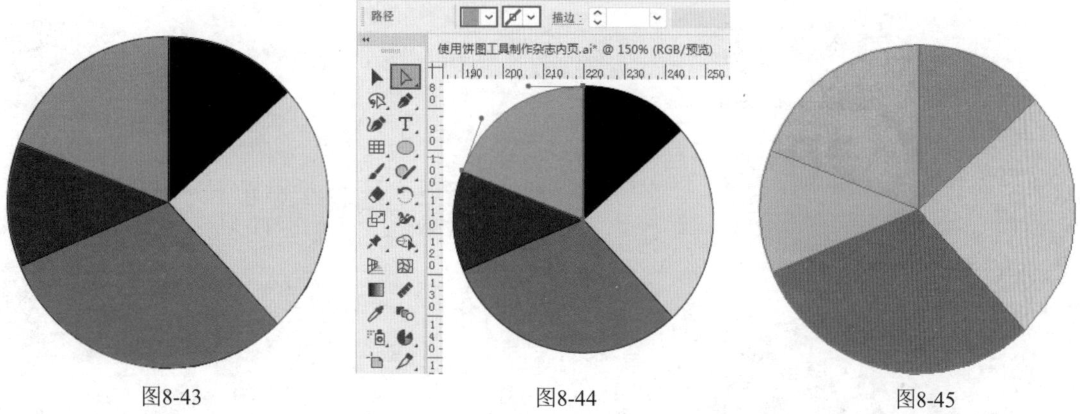

图8-43　图8-44　图8-45

6 在饼图周围添加说明性文字。选择工具箱中的"钢笔工具"，在控制栏中设置"填充"为无，"描边"为绿色，描边"粗细"为2pt。设置完成后在饼图的绿色部位绘制图形，如图8-46所示。

7 选择工具箱中的"文字工具"，在控制栏中设置合适的字体、字号及颜色，设置完成后在绘制的形状上方单击输入文字，如图8-47所示。

8 继续使用"文字工具"在已有文字下方单击输入文字，如图8-48所示。

9 继续使用"钢笔工具"在饼图的相应位置绘制折线段，然后使用"文字工具"添加文字，如图8-49所示。

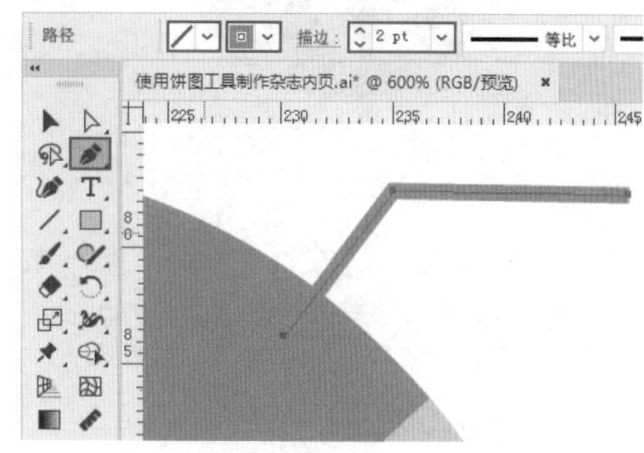

图8-46

图8-47

图8-48

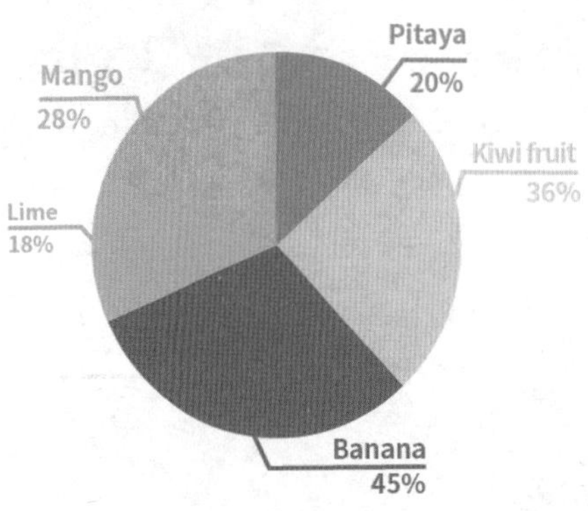

图8-49

⑩ 选择工具箱中的“矩形工具”，在左侧版面中按住鼠标左键拖动绘制一个矩形，如图8-50所示。

图8-50

⑪ 双击工具箱中的“渐变工具”按钮，打开“渐变”面板，设置“类型”为线性渐变，编辑一个由白色到灰色的渐变，如图8-51所示。

⑫ 选中该矩形，单击控制栏中的“不透明度”按钮，在下拉面板中设置“混合模式”为“正片叠底”，如图8-52所示。

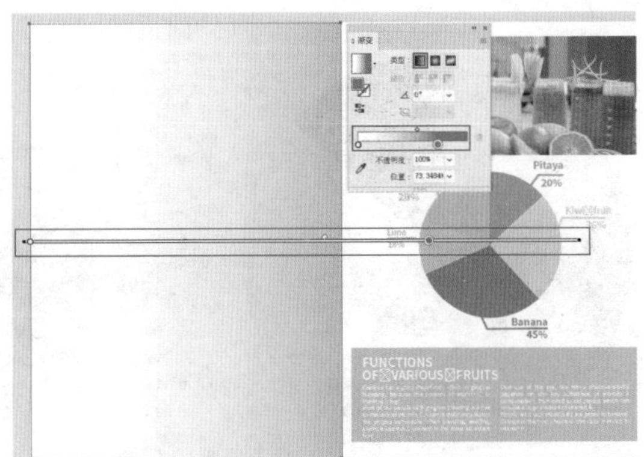

图8-51

图8-52

⑬ 本案例制作完成，效果如图8-53所示。

图8-53

8.2.2 实例：教辅类图书封面设计

设计思路

案例类型：

本案例为教辅类图书的封面设计项目，如图8-54所示。

图8-54

项目诉求：

这是面向高中生的课程同步辅导系列教材的其中一本，封面要求符合高中学生的审美和认知，突出高中课程同步辅导的特点，设计风格应简洁、大方、现代化，以吸引目标读者。

设计定位：

作为教辅类图书的封面，简洁、明快的设计风格就非常适合。排除了花哨的装饰元素，简单的几何图形拼叠出书籍封面，醒目的书名文字突出该教辅为同步辅导的特点。

配色方案

封面以青绿色作为主色，以中黄色作为辅助色。青绿色象征着智慧，黄色代表着希望和活力，两种颜色搭配起来给人一种清新、生机和青春的感觉。书名文字采用蓝紫色，该颜色在整个画面中明度最低，将其应用在书名文字上，使版面的重点格外醒目，如图8-55所示。

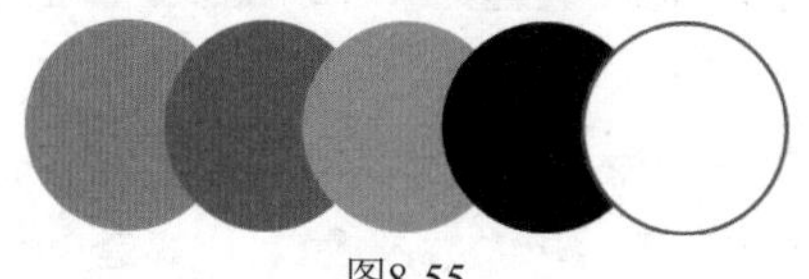

图8-55

版面构图

封面和封底都将书名作为视觉中心，将主体图形置于书名下方，形成旋涡状的矩形，增强书名的视觉吸引力。封面底部的三角形向上托举，使视觉重心停留在画面中央。封底的元素大多取自封面，形成连贯的视觉效果，如图8-56所示。

图8-56

本案例制作流程如图8-57所示。

图8-57

技术要点

- 使用“投影效果”增加图形立体感。
- 使用“自由变换工具”制作带有透视感的效果。

操作步骤

1. 制作封面平面图

❶ 执行“文件>新建”命令，在弹出的“新建文档”对话框中设置“单位”为“毫米”，“宽度”为130mm，“高度”为184mm，“方向”为竖向，“颜色模式”为“CMYK颜色”，设置完成后单击“创建”按钮，如图8-58所示。

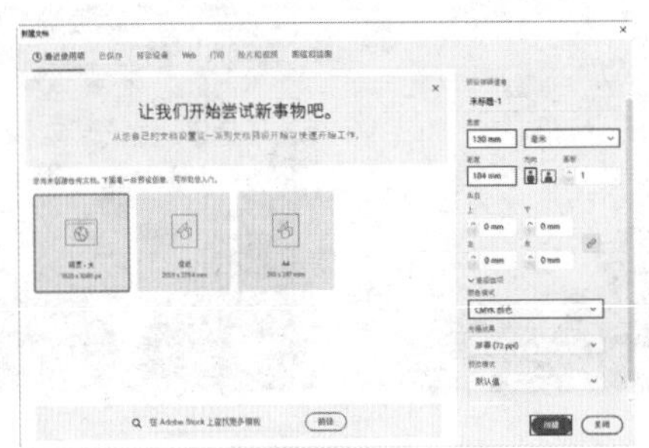

图8-58

❷ 选择工具箱中的“画板工具”，在“画板1”的左侧按住鼠标左键拖动绘制一个画板，在控制栏中设置其“宽”为20mm、“高”为184mm，如图8-59所示。

图8-59

❸ 新建一个作为封面的画板。在使用“画板工具”的状态下，单击“画板1”将其选中，然后

单击控制栏中的“新建画板”按钮，将其移动到“画板2”的左侧位置，如图8-60所示。

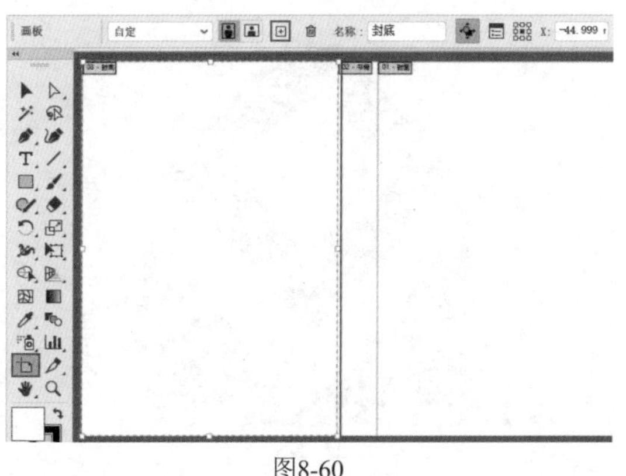
图8-60

4 在“画板1”中制作封面。选择工具箱中的“矩形工具”，在控制栏中设置“填色”为白色，“描边”为无。设置完成后在使用“矩形工具”的状态下，在画面的左上角按住鼠标左键拖动至右下角，绘制一个与画板等大的矩形。绘制完成后，选择矩形，使用Ctrl+2组合键将其进行锁定，如图8-61所示。

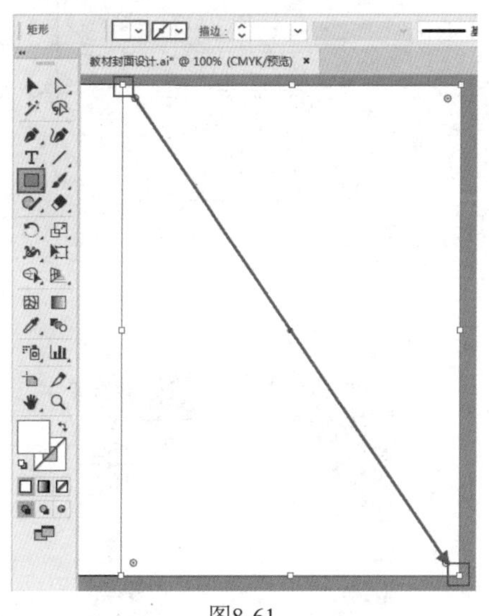
图8-61

5 选择工具箱中的“钢笔工具”，双击“填色”按钮，在弹出的“拾色器”对话框中设置颜色为青绿色，设置完成后单击“确定”按钮，接着设置“描边”为无，如图8-62所示。

6 在使用“钢笔工具”的状态下，在画面的右下方绘制一个三角形，如图8-63所示。

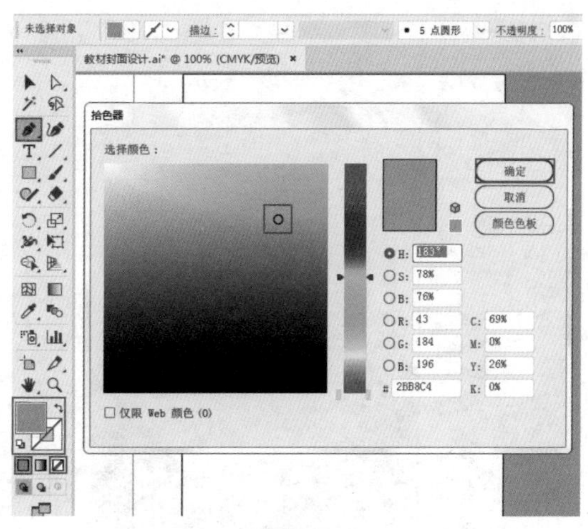
图8-62

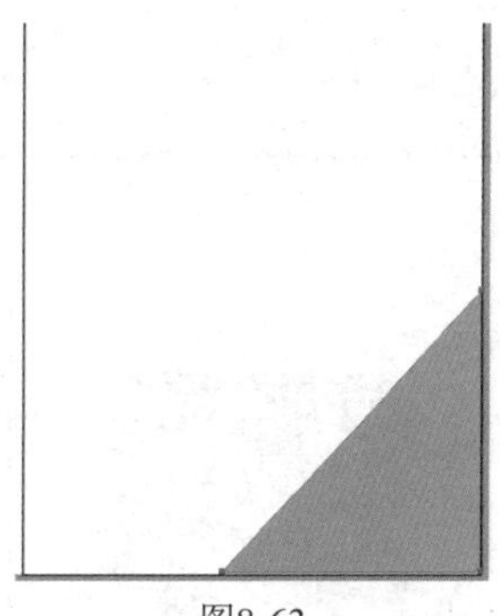
图8-63

7 使用同样的方法绘制出其他颜色的三角形，并放置在画面的下方，如图8-64所示。

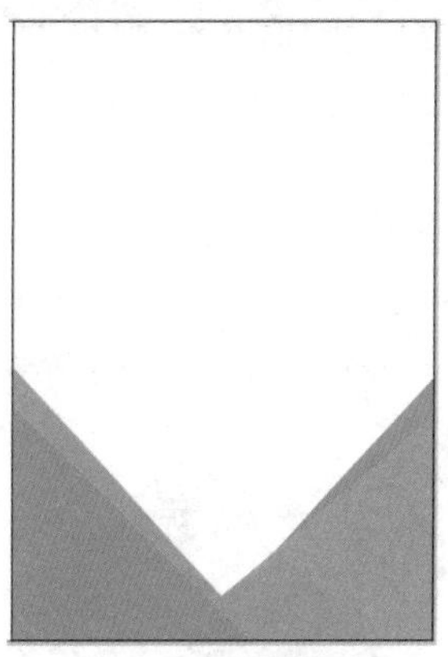
图8-64

8 绘制一个青灰色的正方形。选择工具箱中的“矩形工具”，在工具箱的底部设置“填色”为青灰色，“描边”为无。设置完成后在画面中单击鼠标左键，在弹出的“矩形”对话框中设置“宽度”和“高度”均为80mm，单击“确定”

按钮，如图8-65所示。

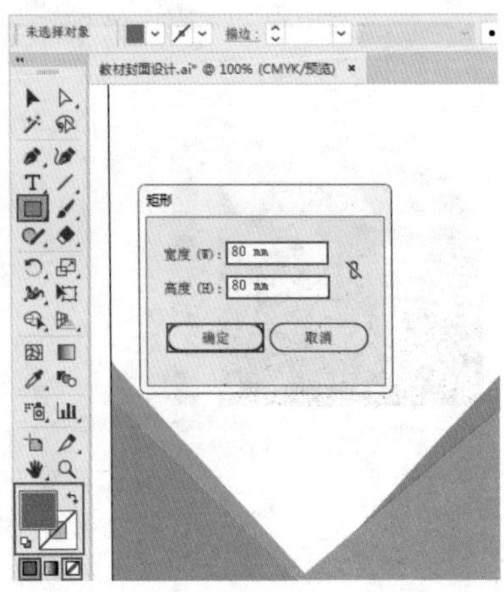

图8-65

⑨ 矩形效果如图8-66所示。

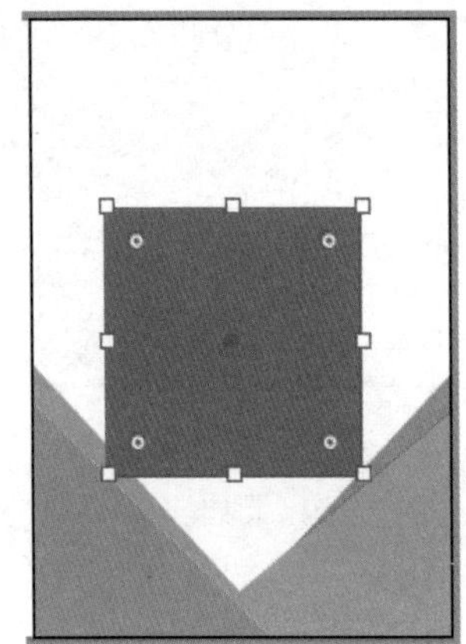

图8-66

⑩ 选中该矩形，选择工具箱中的“选择工具”，按住Shift键拖动控制点将其进行旋转，如图8-67所示。

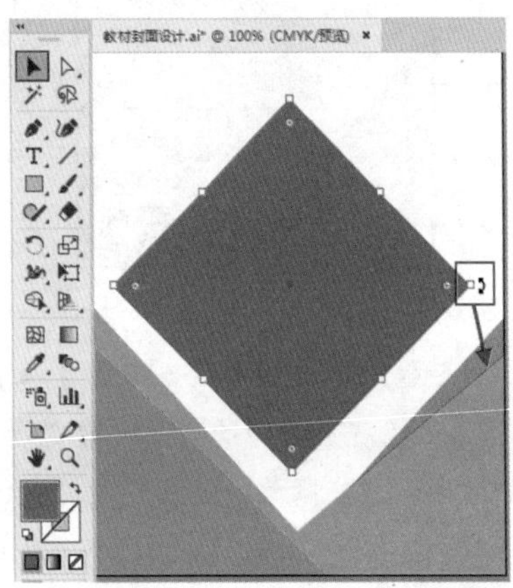

图8-67

⑪ 使用同样的方法绘制一个白色的正方形并旋转，放置在青灰色正方形的中间，如图8-68所示。

图8-68

⑫ 选中白色正方形，执行“效果>风格化>内发光”命令，在弹出的“内发光”对话框中设置“模式”为“正常”，“颜色”为灰色，“不透明度”为75%，“模糊”为1.8mm，选中“边缘”单选按钮，设置完成后单击“确定”按钮，如图8-69所示。

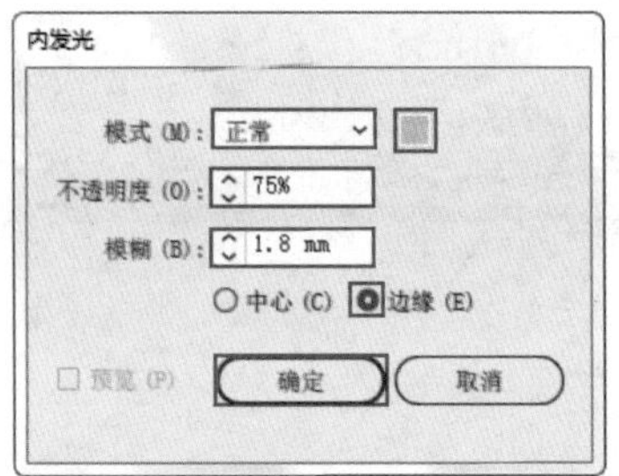

图8-69

⑬ 此时图形效果如图8-70所示。

图8-70

⑭ 为菱形添加立体效果。选择工具箱中的“钢笔工具”，在工具箱的底部设置“填色”为淡青绿色，描边为无。设置完成后按照白色菱形的外轮廓绘制一个不规则图形，如图8-71所示。

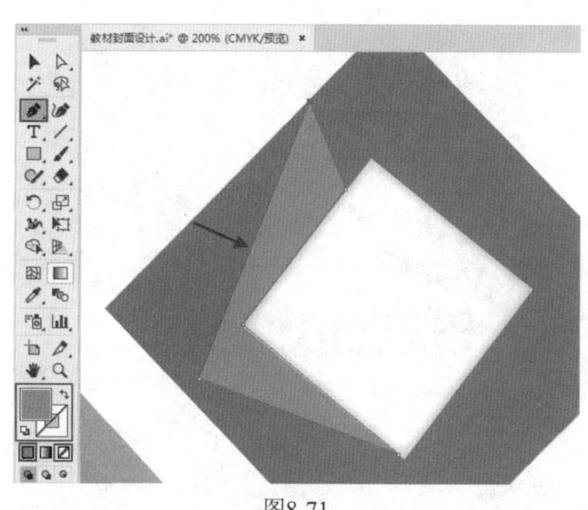

图8-71

⑮ 使用同样的方法，设置颜色为明度不同的青绿色，继续绘制3个不规则图形，如图 8-72所示。

⑯ 制作标题文字。选择工具箱中的“文字工具”，在画面中单击鼠标左键插入光标，在工具箱的底部设置“填色”为蓝色，“描边”为白色。接着在控制栏中设置描边“粗细”为2pt，选择合适的字体、字号，设置完成后输入新文字，按Ctrl+Enter组合键确认操作，如图 8-73所示。

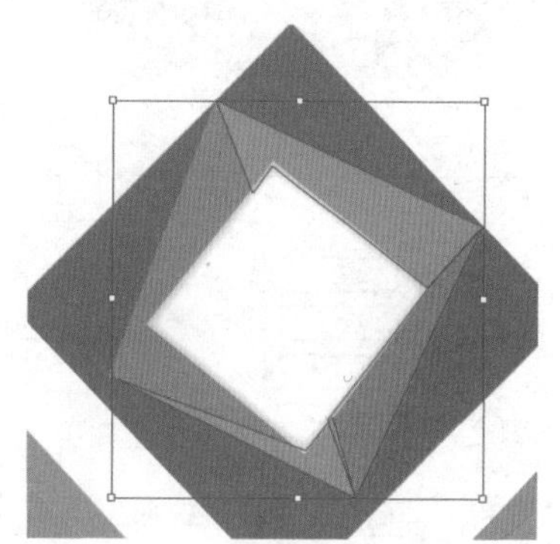

图8-72

图8-73

⑰ 选中“航”字，增大字号，使其变得更加突出，如图8-74所示。

⑱ 为文字添加“投影”效果。在文字被选中的状态下，执行“效果>风格化>投影”命令，在弹出的“投影”对话框中设置“模式”为“正片叠底”，“不透明度”为75%，“X位移”为0.2mm，“Y位移”为0.2mm，“模糊”为0.2mm，选中“颜色”单选按钮，设置颜色为黑色，设置完成后单击“确定”按钮，如图8-75所示。

图8-74

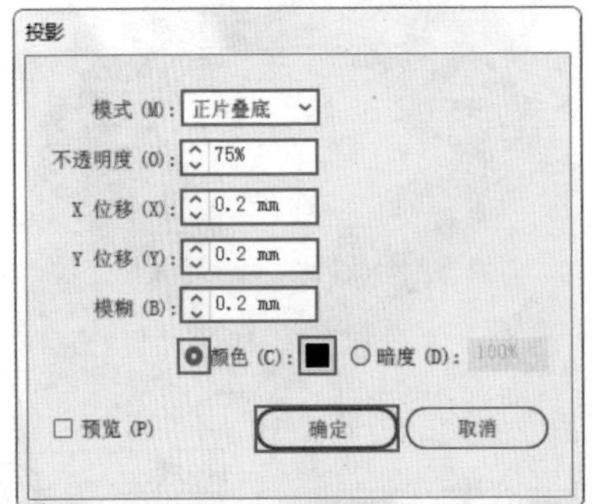

图8-75

19 此时文字效果如图8-76所示。

图8-76

20 使用同样的方法制作副标题文字，如图8-77所示。

图8-77

21 继续使用“文字工具”输入四行文字，如图8-78所示。

图8-78

22 选择工具箱中的“椭圆工具”，在工具箱的底部设置“填色”为黄色，“描边”为无，设置完成后按住Shift键的同时按住鼠标左键拖动，绘制一个正圆形，如图8-79所示。

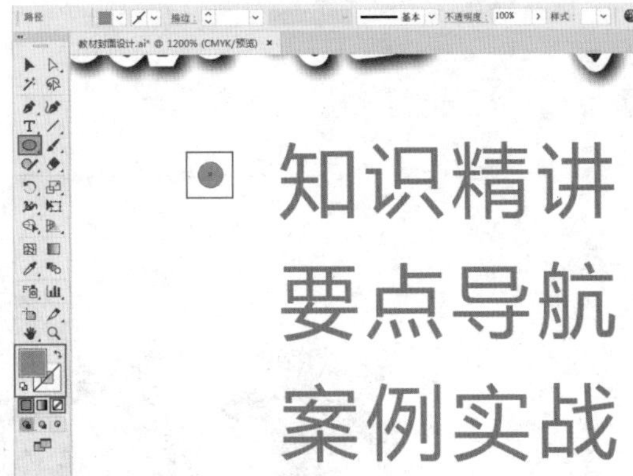

图8-79

23 选择黄色的小正圆，按住Alt键向下拖动，将其移动并复制，将正圆形再复制出三个放置在文字的前方，如图8-80所示。

图8-80

24 继续使用“文字工具”，在画面中输入一行文字，如图8-81所示。

25 将文字进行旋转，并放置在合适的位置，效果如图8-82所示。

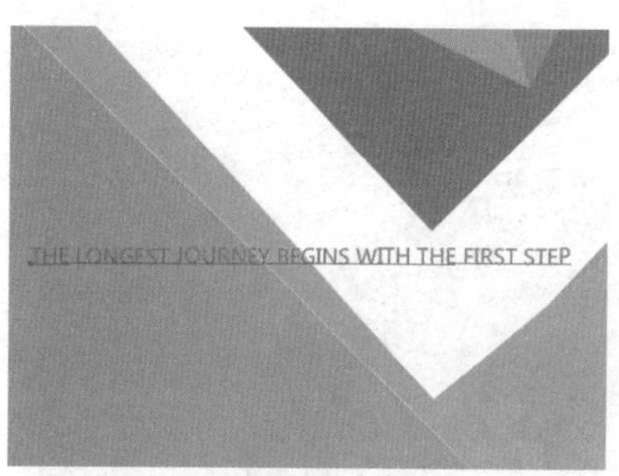

图8-81

图8-82

26 使用同样的方法，制作右侧的文字并放置在合适的位置，如图8-83所示。

图8-83

27 选择工具箱中的“星形工具”，在工具箱的底部设置“填色”为灰色，“描边”为无，设置完成后在画面中单击鼠标左键，在弹出的“星形”对话框中设置“半径1”为10mm，“半径2”为9mm，“角点数”为30，设置完成后单击“确定”按钮，如图8-84所示。

28 将图形移动到画面中的右下角处，如图8-85所示。

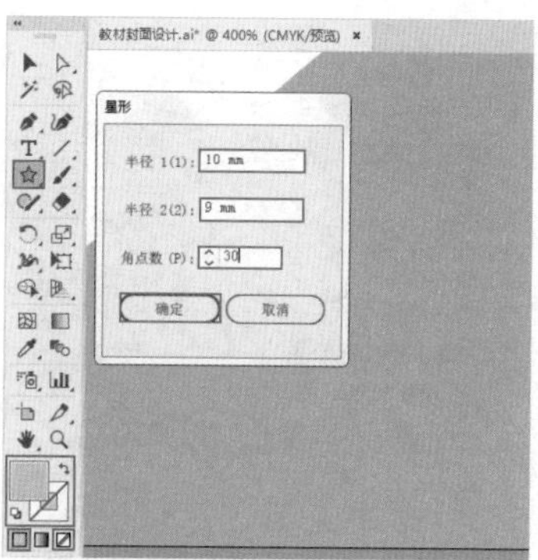

图8-84

图8-85

29 选择工具箱中的“椭圆工具”，在工具箱的底部设置“填色”为深青绿色，“描边”为白色，接着在控制栏中设置描边“粗细”为2pt。设置完成后在图形上按住Shift键的同时按住鼠标左键拖动绘制一个正圆形，如图8-86所示。

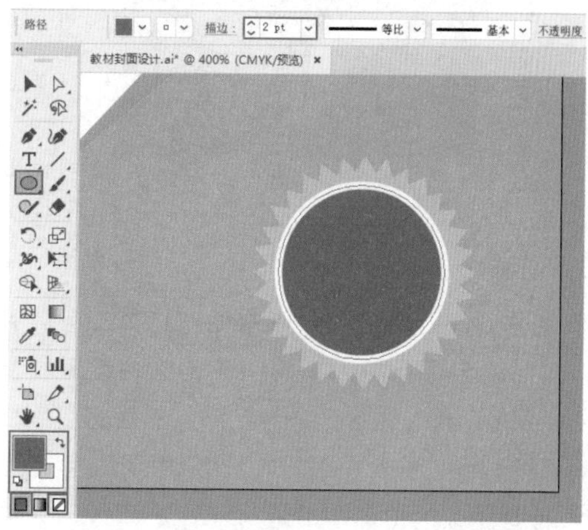

图8-86

30 选择工具箱中的“文字工具”，在正圆形上方输入文字，如图8-87所示。

图8-87

31 继续使用“文字工具”在相应位置输入文字，效果如图8-88所示。

图8-88

2. 制作封底

1 制作封底。选择工具箱中的“选择工具”，将封面的全部选中。使用Ctrl+C组合键进行复制，使用Ctrl+V组合键进行粘贴，然后将复制的对象移动到“画板3”中，如图8-89所示。

2 将封面中的主体图形进行一定的缩放，并调整图形及文字的位置。在“封底”的右下角绘制一个白色的矩形作为条形码的摆放位置，封底就制作完成了，如图8-90所示。

图8-89

图8-90

3 制作书脊。选择工具箱中的“矩形工具”，绘制一个与“画板2”等大的青绿色矩形，如图8-91所示。

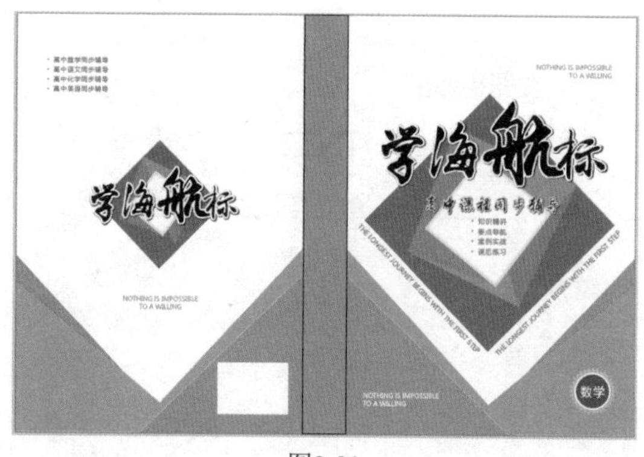
图8-91

4 继续使用“矩形工具”在封面上及书脊的下方绘制其他矩形并设置合适的颜色，如图8-92所示。

5 为书脊添加文字。选择工具箱中的“直排文字工具”，在控制栏中设置“填充”为白色，“描边”为无，选择合适的字体、字号，设置完成后输入文字，如图8-93所示。

图8-92

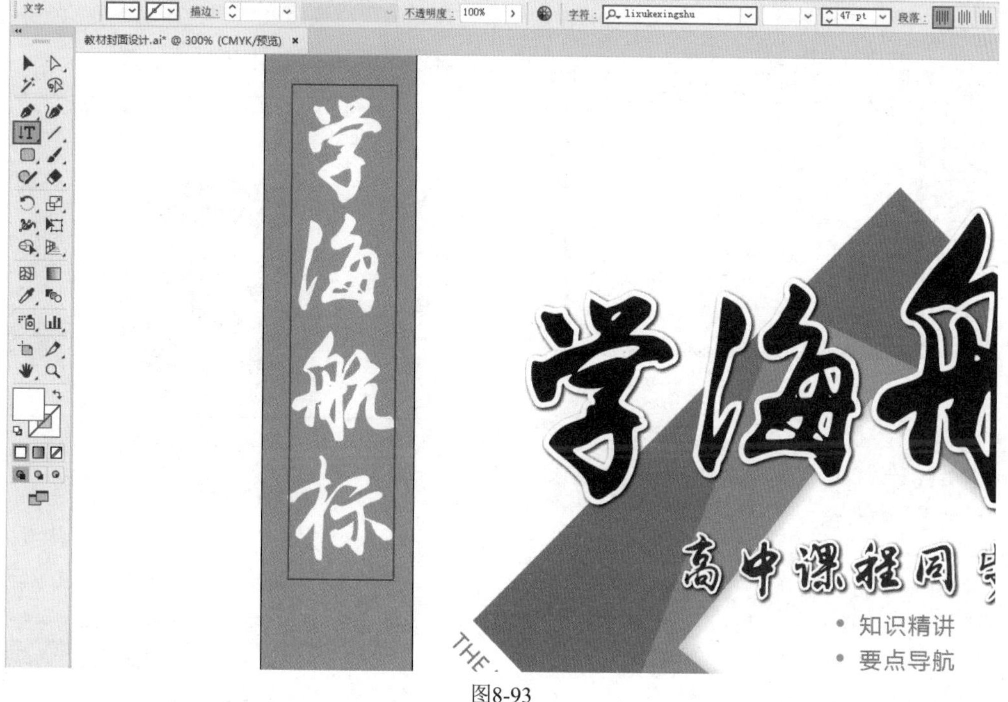

图8-93

6 使用同样的方法，继续为书脊添加其他文字信息，并摆放在合适的位置上，如图8-94所示。

7 将封面右下角的“数学”图标选中，执行“编辑>复制”命令进行复制，然后执行“编辑>粘贴”命令，将其粘贴到书脊中，最后将图标中的青绿色正圆更改为黄色，如图8-95所示。

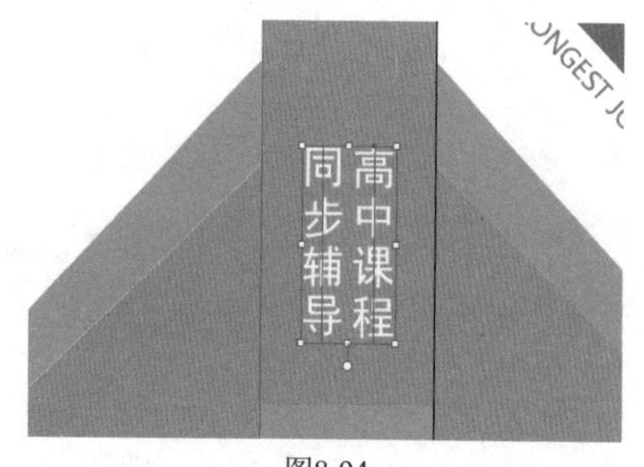

图8-94

图8-95

3. 制作书籍展示效果

❶ 新建一个画板。选择工具箱中的"画板工具"，在空白区域创建一个新的画板，在控制栏中设置"宽"为285mm、"高"为200mm，如图8-96所示。

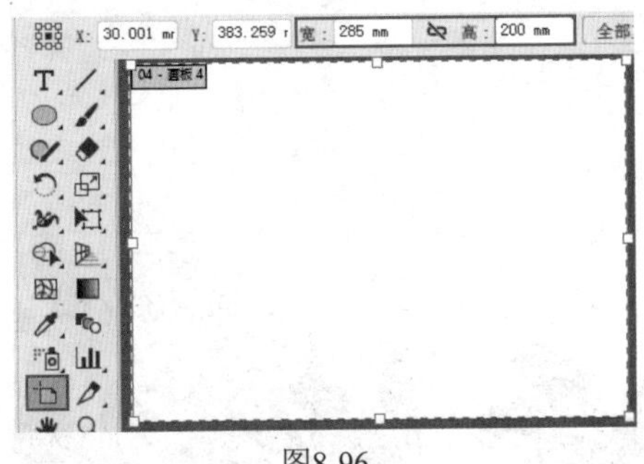
图8-96

❷ 执行"文件>置入"命令，在弹出的"置入"对话框中选择"1.jpg"素材文件，单击"置入"按钮，如图8-97所示。

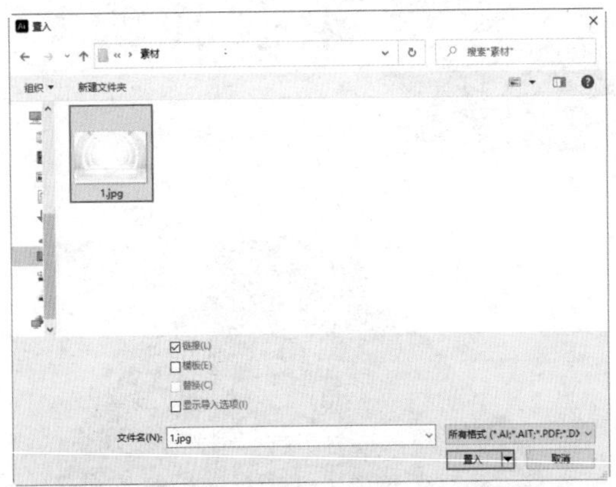
图8-97

❸ 在画面下方合适的位置按住鼠标左键拖动，控制置入对象的大小，释放鼠标完成置入操作。在控制栏中单击"嵌入"按钮，将图片嵌入到文档中，如图8-98所示。

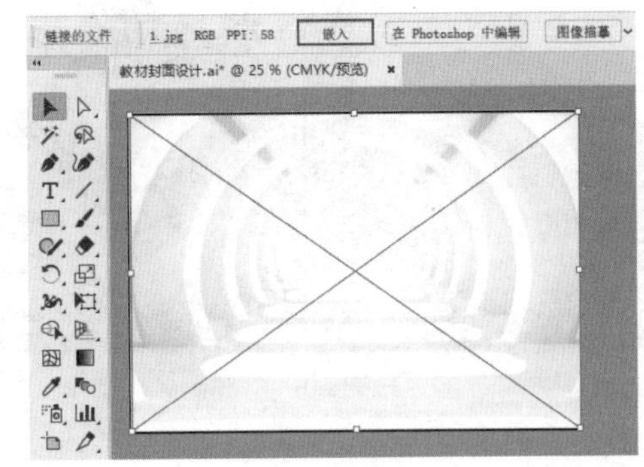
图8-98

❹ 制作书籍的立体效果。将书籍封面复制一份放置在"画板4"中。选择封面，执行"文字>创建轮廓"命令将文字创建轮廓，使用Ctrl+G组合键进行编组，如图8-99所示。

图8-99

❺ 单击工具箱中的"自由变换工具"按钮，在弹出的列表中选择"自由扭曲工具"，然后拖动控制点对封面进行透视变形，如图8-100所示。

图8-100

❻ 使用同样的方法制作书脊部分，如图8-101所示。

图8-101

7 将书脊部分压暗，作为背光面。选择工具箱中的“钢笔工具”，设置“填色”为墨绿色，“描边”为无，然后参照书脊的形状绘制图形，如图8-102所示。

图8-102

8 选中该图形，在控制栏中设置“不透明度”为30%，如图8-103所示。

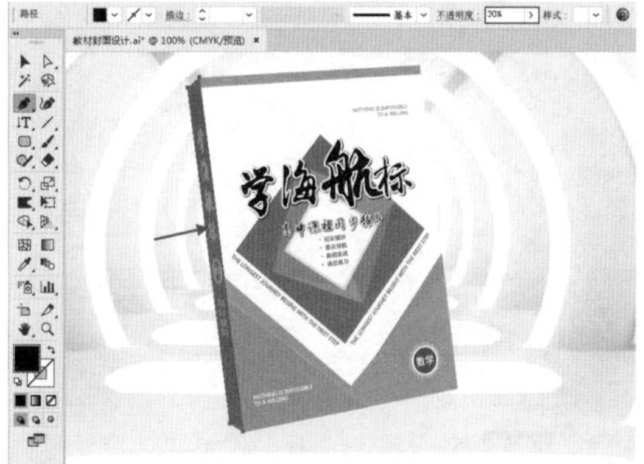

图8-103

9 将书籍立体效果编组，然后复制一份，如图8-104所示。

图8-104

10 制作书籍的投影。使用“钢笔工具”参照书籍的位置绘制图形，然后将其填充一个由透明到黑色的线性渐变，如图8-105所示。

图8-105

11 在该图形被选中的状态下，多次执行“对象>排列>后移一层”命令，将投影移动到书籍的后方，案例最终效果如图8-106所示。

图8-106

第9章

网页设计

本章概述

网页是承载各种网站应用的一个页面，用以承载、传播各种信息。网页由文字、图片、动画、音乐、程序等多种元素构成。网页设计分为形式与功能两部分设计，是两个不同领域的工作。功能上的设计是程序员、网站策划等人员的工作；形式上的设计主要就是平面设计师的职责，主要包括编排文字、图片、色彩搭配、美化整个页面，形成视觉上的美感。本章涉及的主要是网页形式上的设计，也常被称为网页美工设计。

9.1 网页设计概述

网页设计相比于传统的平面设计而言，更为复杂，所涵盖的内容更为丰富。网页设计是根据对浏览者传递信息的需要进行网站功能策划的一项工作。对于设计师而言，网页设计就是对图片、文字、色彩、样式进行美化，实现完美的视觉体验。网页设计不仅仅是将各种信息合理地摆放，还要考虑受众如何在视觉享受中更多、更有效地接受网页上的信息。

9.1.1 网页的组成

网页的基本组成部分包括网页标题、网站标志、网页页眉、网页导航、网页的主体部分、网页页脚等。

网页标题： 网页标题即是网站的名称，也就是对网页内容的高度概括。一般使用品牌名称等，以帮助搜索者快速辨认网站。网页标题要尽量简单明了，其长度一般不能超过32个汉字，如图9-1所示。

图9-1

网站标志： 网站标志即网站的Logo、商标，是互联网上各个网站用来链接其他网站的图形标志。网站的标志便于受众选择，也是网站形象的重要体现，如图9-2所示。

图9-2

网页页眉： 网页页眉位于页面顶部，常用来展示网页标志或网站标题，如图9-3所示。

图9-3

网页导航：网页导航是为用户浏览网页提供提示的系统，用户可以通过单击导航栏中的按钮，快速访问某一个网页项目，如图9-4所示。

图9-4

网页的主体部分：网页的主体部分即网页的主要内容，包括图形、文字、内容提要等，如图9-5所示。

图9-5

网页页脚：网页页脚位于页面底部，通常包括联系方式、友情链接、备案信息等，如图9-6所示。

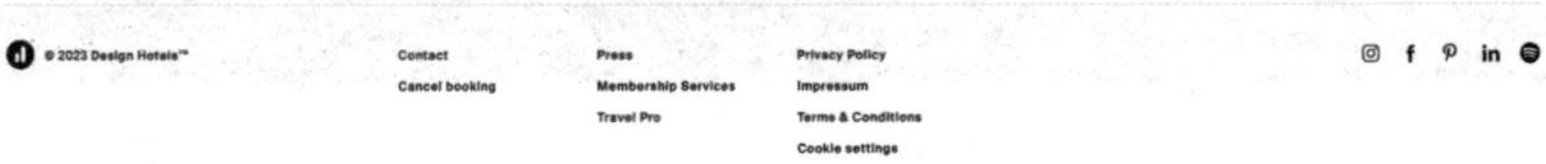

图9-6

9.1.2 网页的常见布局

网页布局在网页设计中占有重要地位。过于繁复杂乱的布局会造成视觉的混乱，一个合理舒适的网页不仅可以带来一种视觉享受，也能带来心理层面的舒适感。网页的常见布局有卡片式布局、分屏式布局、大标题布局、封面型布局、F型结构布局、倾斜型布局、中轴型布局、网格式布局等类型。下面就来逐一进行了解。

卡片式布局： 卡片式布局是由一个个像卡片一样的单元组成。卡片式布局分为两种，一种是每个卡片的尺寸都相同，排列整齐。另一种是由不同尺寸的卡片组成，卡片的排列没有固定的排序。这种布局方式常用于有大量内容需要展示的网页，如图9-7所示。

图9-7

分屏式布局： 分屏式布局将版面分为左右或上下两个部分，分别安排图片和文字。分割的面积能够体现信息的主次关系，而且分割线具有引导用户视线的作用，如图9-8所示。

大标题布局： 大标题布局是将标题字号放大、字体加粗，这样能够增加文字的可读性，还可以通过图片和色彩加以辅助增加视觉冲击力，如图9-9所示。

封面型布局： 封面型布局常见于网站首页，即利用一些精美的平面设计，结合一些小的动画，放上几个简单的链接等组成的页面。这种类型多用于企业网站和个人主页，如图9-10所示。

F型结构布局： F型结构布局即页面最上方为横条网站标志和广告条，左下方为主菜单，右侧显示内容。此结构符合人们从左到右、从上到下的阅读习惯，如图9-11所示。

倾斜型布局： 倾斜型布局可以为版面营造出强烈的动感和不稳定因素，使画面具有更强的律动性，如图9-12所示。

图9-8

图9-9

图9-10

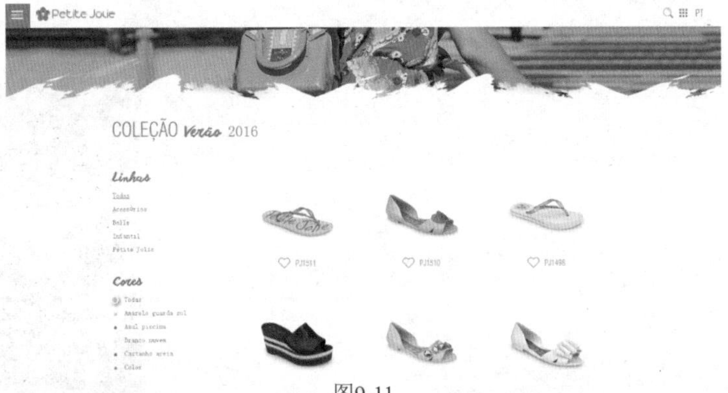

图9-11

图9-12

中轴型布局：中轴型布局是将图片摆放在画面中轴的位置，在页面滚动的过程中，视线始终保持停留在中轴的位置，这种构图方式能够始终突出主体，还能够增加视觉冲击力，如图9-13所示。

图9-13

网格式布局：当网站中图片多、内容杂的时候，可以选择网格式布局。网格式布局通过使用大小不同的网格来表达内容，这样不仅条理清晰，保持内容的有序，还能够提升用户体验，更方便用户操作、使用，如图9-14所示。

图9-14

9.2 网页设计实战

9.2.1 实例：柔和色调网页设计

设计思路

案例类型：

本案例为一款影音播放与管理系统的官网首页设计项目，如图9-15所示。

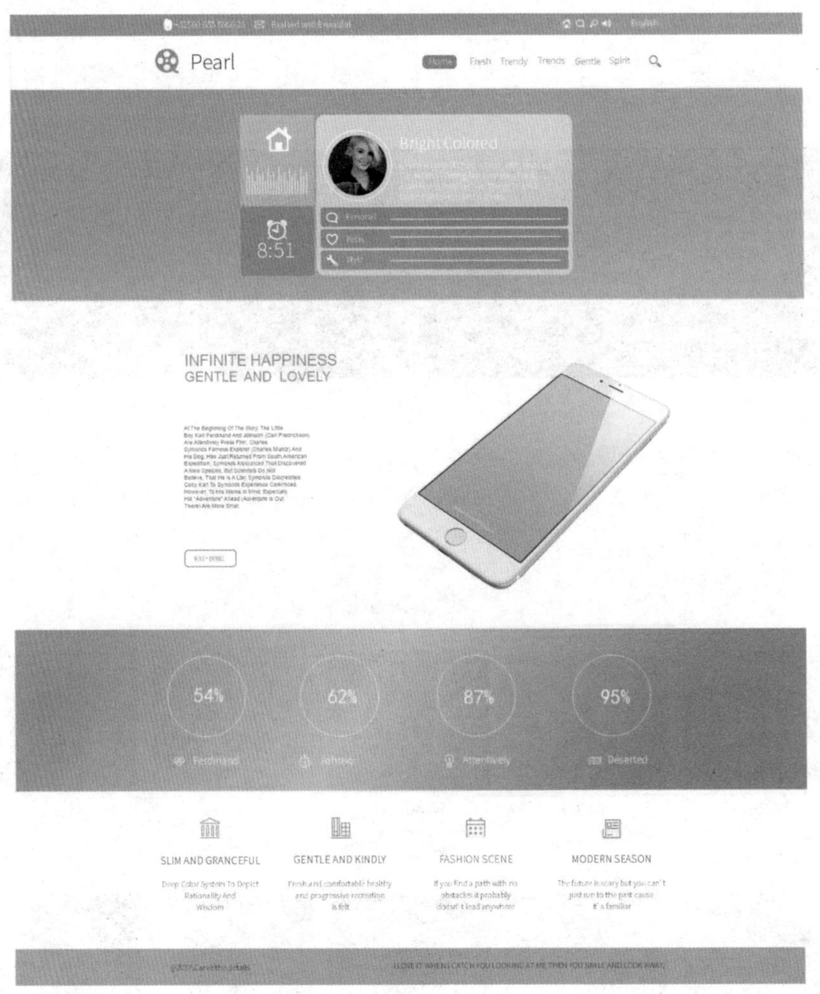

图9-15

项目诉求：

产品本身为PC端和手机端均可使用的免费影音播放与管理系统。无广告、无弹窗，给人方便快捷的影音文件管理以及纯粹专注的视听体验。在官网首页的设计中，要求整体简洁清晰、突出软件的功能特点、页面布局合理，能够迅速吸引用户的注意力，让用户一目了然地了解软件的主要功能和特点。

设计定位：

该设计旨在为观者提供一种简约清新的浏览体验。通过采用柔和的色调和简约的排版，使该网页能够为用户带来一种耳目一新的感受，同时也能够使用户更加专注于产品本身。此外，为了适应移动端用户的需求，在设计中特别加入了手机元素，旨在让用户了解到该产品不仅可以在PC端使用，还可以在移动端下载使用。

配色方案

本作品采用高明度的配色方案，整体色调明亮轻快，以淡紫色系的渐变色为主色调。这种颜色温柔、浪漫，与白色的衬托相得益彰，整个画面给人干净、清爽的感觉。画面中还使用了少量的浅粉色，这种颜色同样让人联想到柔和和浪漫，与整个画面的氛围相符，如图9-16所示。

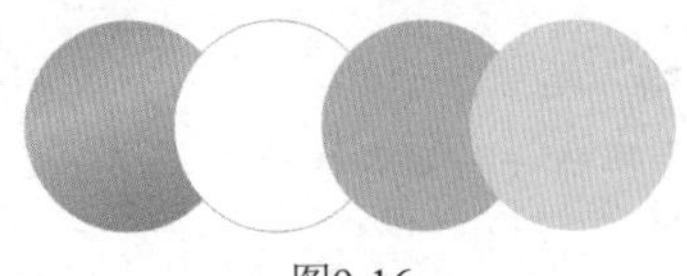

图9-16

版面构图

为了让访客能够快速了解产品信息，本网页采用简洁明了的模块化布局，并通过背景颜色的运用将不同主题内容区分开来。通过图文结合的方式展示产品，包括功能描述和数据对比，让信息更加直观且不枯燥，如图9-17所示。

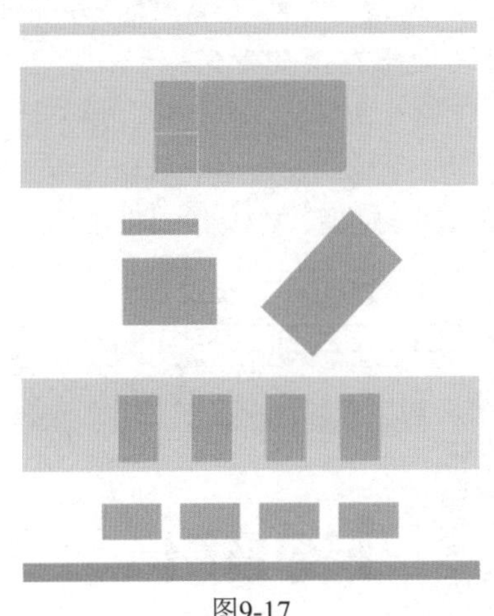

图9-17

本案例制作流程如图9-18所示。

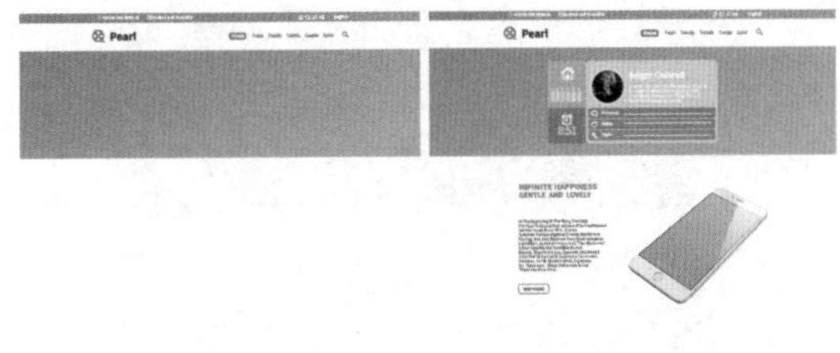

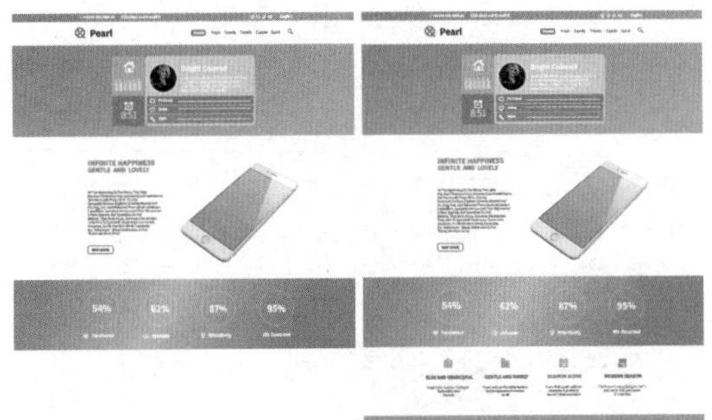

图9-18

技术要点

- 运用“符号库”向画面中添加元素。
- 使用“剪切蒙版”控制对象显示范围。

操作步骤

1. 制作网页顶栏

1 执行“文件>新建”命令，创建一个“宽度”为1280px、“高度”为1520px的新文档。选择工具箱中的“矩形工具”，在控制栏中设置“描边”为无，然后在画板顶部绘制一个矩形，如图9-19所示。

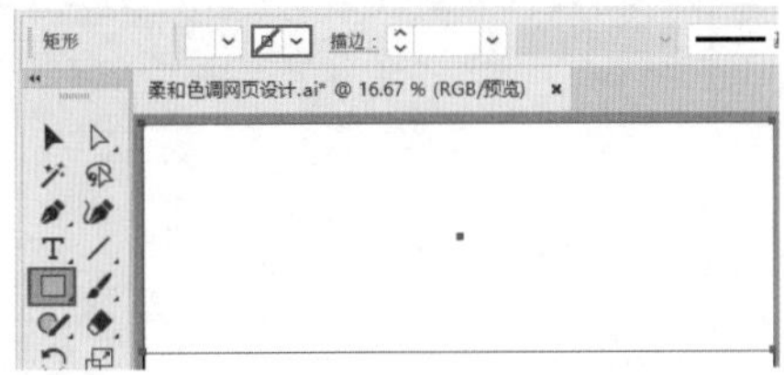

图9-19

2 选中矩形，双击工具箱中的“渐变工具”按钮，在弹出的“渐变”面板中设置“类型”为线性渐变，在面板底部编辑一个紫色系的渐变，并通过“渐变工具”在矩形上方拖动调整渐变角度，如图9-20所示。

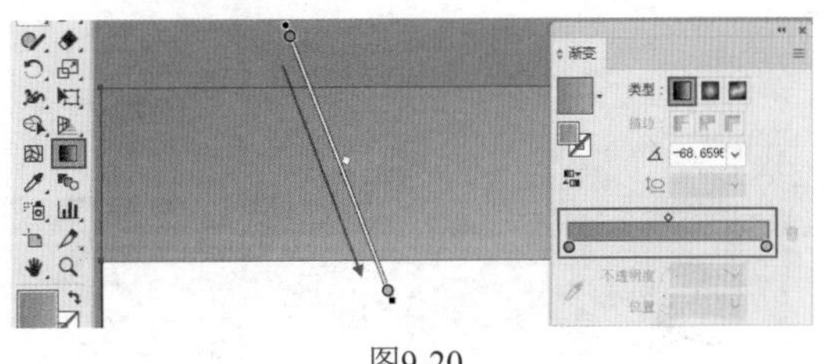

图9-20

3 继续使用“矩形工具”，在控制栏中设置“填充”为白色，“描边”为无，设置完成后在渐变矩形的上方绘制一个白色的矩形，如图9-21所示。

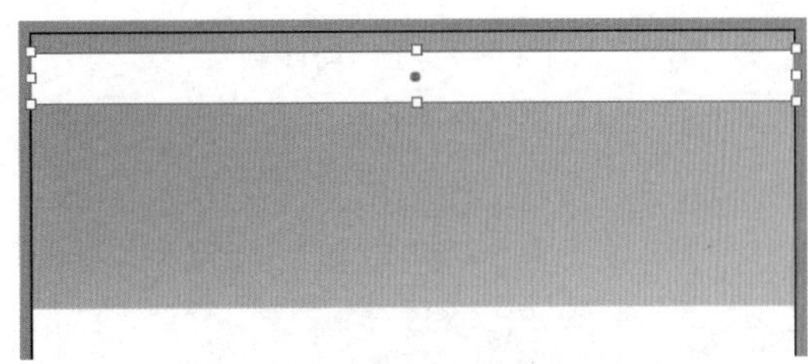

图9-21

4 选择工具箱中的“文字工具”，在画面的左上方单击鼠标左键插入光标，在控制栏中设置“填充”为白色，“描边”为无，选择合适的字体、字号，设置“段落”为“左对齐”，设置完成后在画面中输入新文字，按Ctrl+Enter组合键提交操作，如图9-22所示。

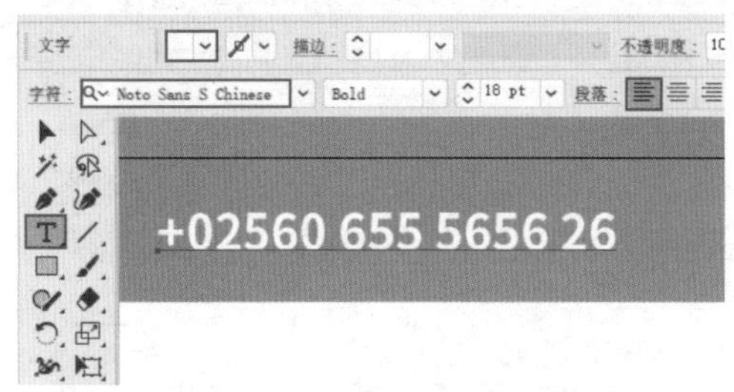

图9-22

5 使用同样的方法，在画面的上方输入文字，效果如图9-23所示。

图9-23

6 执行“窗口>符号库>网页图标”命令，在弹出的“网页图标”面板中单击“电话”按钮，然后按住鼠标左键将其拖动到画面的左上方。最后单击控制栏中的“断开链接”按钮，如图9-24所示。

图9-24

7 在符号被选中的状态下，将光标定位到定界框的四角处，当光标变为双箭头时按住Shift键的同时按住鼠标左键向内拖动，将其等比例缩小，然后在控制栏中设置“填充”为无，“描边”为白色，描边“粗细”为1pt，如图9-25所示。

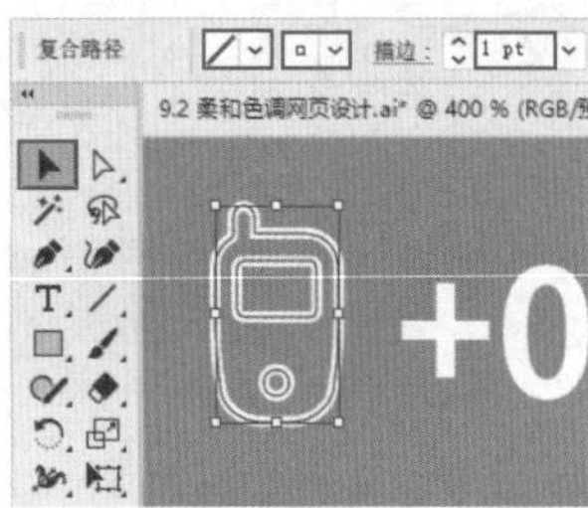

图9-25

8 使用同样的方法在画面中添加其他符号，如图9-26所示。

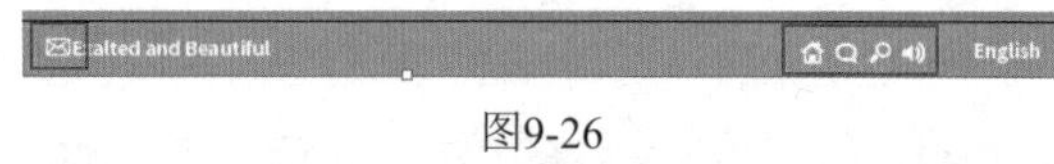

图9-26

2. 制作导航栏

1 选择工具箱中的“文字工具”，在白色矩形上单击鼠标左键插入光标，在控制栏中设置“填充”为深灰色，“描边”为无，设置合适的字体、字号。设置完成后输入新文字，按Ctrl+Enter组合键确认操作，如图9-27所示。

图9-27

2 使用同样的方法在白色矩形的右侧输入文字，效果如图9-28所示。

图9-28

3 选择工具箱中的“圆角矩形工具”，在控制栏中设置“填充”为蓝灰色，“描边”为无，设置完成后在白色矩形中按住鼠标左键拖动，绘制一个圆角矩形，如图9-29所示。

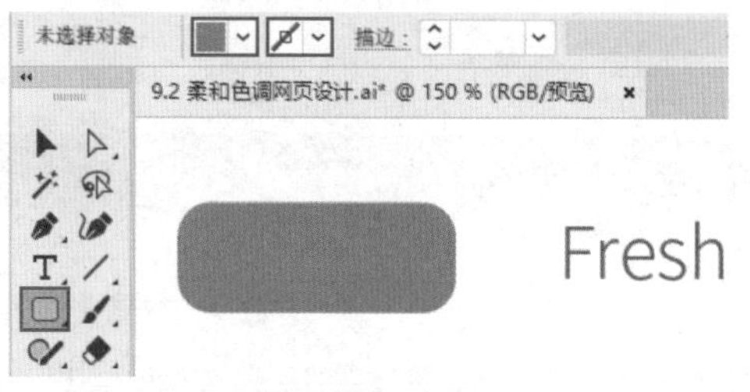

图9-29

4 再次使用“文字工具”，在圆角矩形的上方输入白色文字，如图9-30所示。

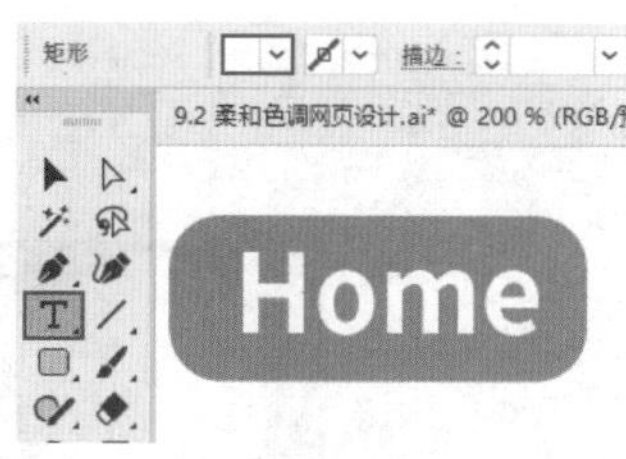
图9-30

❺ 继续使用“网页图标”面板，在白色矩形的两侧添加合适的符号，并更改大小、位置及颜色，如图9-31所示。

图9-31

3. 制作用户信息模块

❶ 选择工具箱中的“圆角矩形工具”，在控制栏中设置“填充”为浅粉色，“描边”为无，设置完成后在画面中适当的位置按住鼠标左键拖动，绘制一个圆角矩形，效果如图9-32所示。

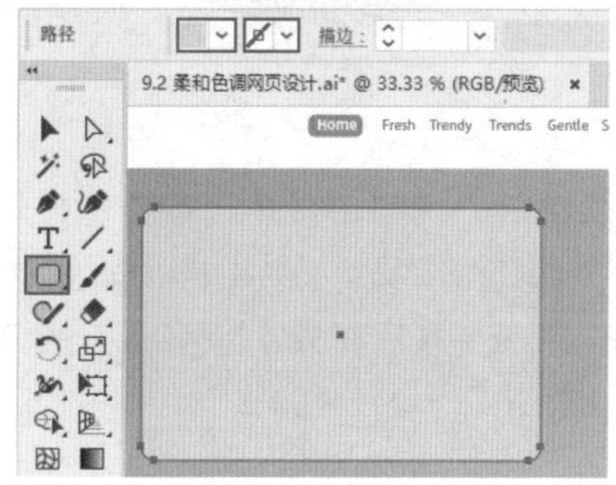
图9-32

❷ 使用同样的方法继续绘制圆角矩形，如图9-33所示。

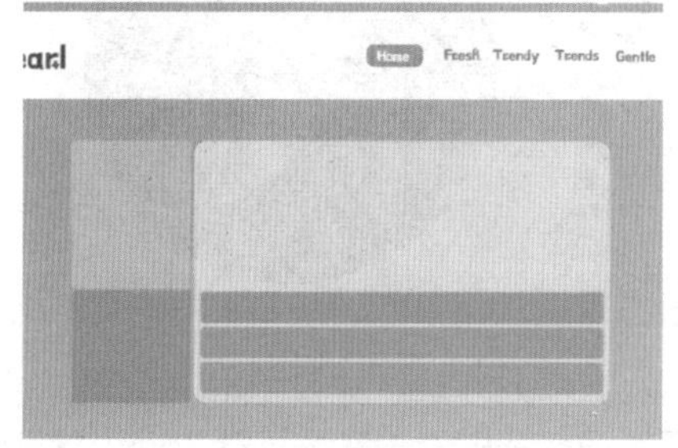
图9-33

❸ 再次执行“窗口>符号库>网页图标”命令，在弹出的“网页图标”面板中选择合适的符号，将其添加在合适的位置，如图9-34所示。

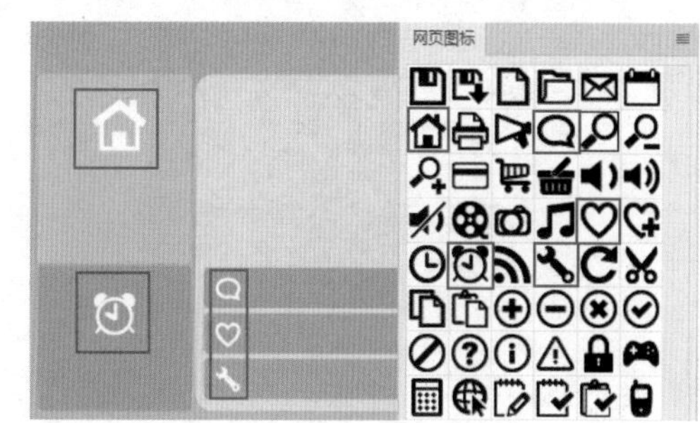

图9-34

❹ 选择工具箱中的“直线段工具”，在控制栏中设置“填充”为无，“描边”为白色，描边“粗细”为2pt，设置完成后在左上方的圆角矩形上按住Shift键的同时按住鼠标左键拖动，绘制一条直线段，如图9-35所示。

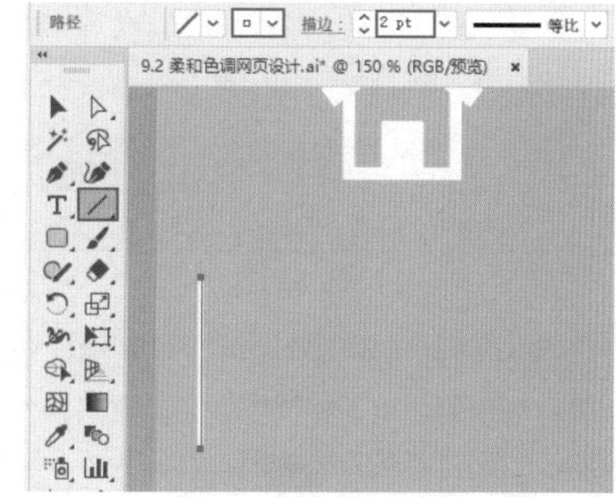
图9-35

❺ 使用同样的方法继续绘制直线段，在控制栏中分别设置不同的粗细值，如图9-36所示。

图9-36

❻ 选择工具箱中的“文字工具”，在闹钟符号的下方输入文字，如图9-37所示。

图9-37

7 执行“文件>置入”命令，在弹出的“置入”对话框中选择“1.jpg”素材文件，单击“置入”按钮，如图9-38所示。

图9-38

8 在画面下方合适的位置按住鼠标左键拖动，控制置入对象的大小，释放鼠标完成置入操作。在控制栏中单击“嵌入”按钮，将图片嵌入到文档内，如图9-39所示。

图9-39

9 选择工具箱中的“椭圆工具”，在素材上按住Shift键的同时按住鼠标左键拖动，绘制一个正圆形，如图9-40所示。

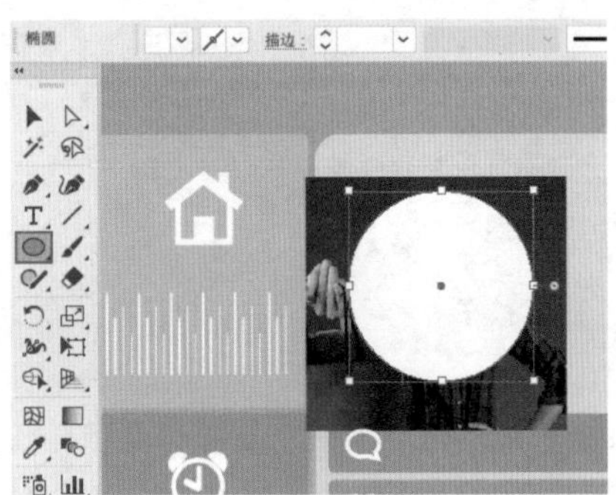

图9-40

10 选择工具箱中的“选择工具”，按住Shift键单击加选素材和白色的正圆形，然后单击鼠标右键，在弹出的快捷菜单中选择“建立剪切蒙版”命令，如图9-41所示。

图9-41

11 继续使用“椭圆工具”，在控制栏中设置“填充”为无，“描边”为白色，描边“粗细”为1.5pt，设置完成后在头像外侧绘制一个正圆，如图9-42所示。

图9-42

12 选择工具箱中的“文字工具”，在适当的位置输入文字，在控制栏中设置合适的字体、字号及颜色，如图9-43所示。

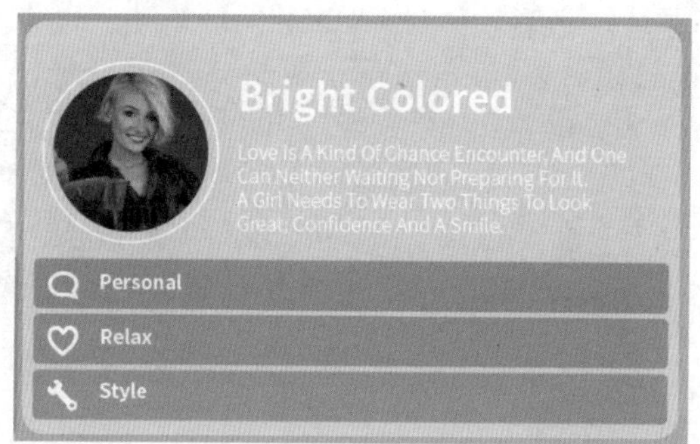

图9-43

⑬ 选择工具箱中的“直线段工具”，在控制栏中设置“填充”为无，“描边”为白色，描边“粗细”为2pt，设置完成后在文字的右侧按住鼠标左键的同时按住Shift键绘制直线段，如图9-44所示。

图9-44

⑭ 将直线复制两份并移动到合适的位置，如图9-45所示。

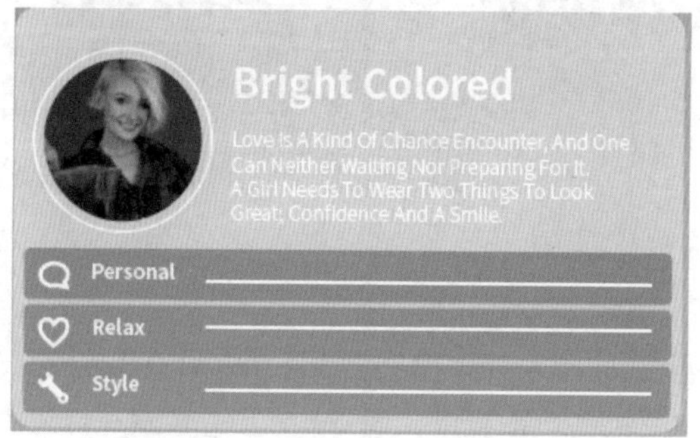

图9-45

4.制作产品宣传栏

① 使用“文字工具”在下方白色区域中依次添加文字，如图9-46所示。

② 选择工具箱中的“圆角矩形工具”，设置“填充”为无，“描边”为灰色，描边“粗细”为2pt，设置完成后在文字的外侧绘制一个圆角矩形，如图9-47所示。

INFINITE HAPPINESS
GENTLE AND LOVELY

At The Beginning Of The Story, The Little Boy Karl Ferdinand And Johnson (Carl Fredrickson) Are Attentively Press Film, Charles Symonds Famous Explorer (Charles Muntz) And His Dog, Has Just Returned From South American Expedition, Symonds Announced That Discovered A New Species, But Scientists Do Not Believe, That He Is A Liar, Symonds Discredited. Coby Karl To Symonds Experience Convinced, However, To His Words In Mind, Especially His "Adventure" Ahead (Adventure Is Out There) Are More Smal.

WAY HOME

图9-46

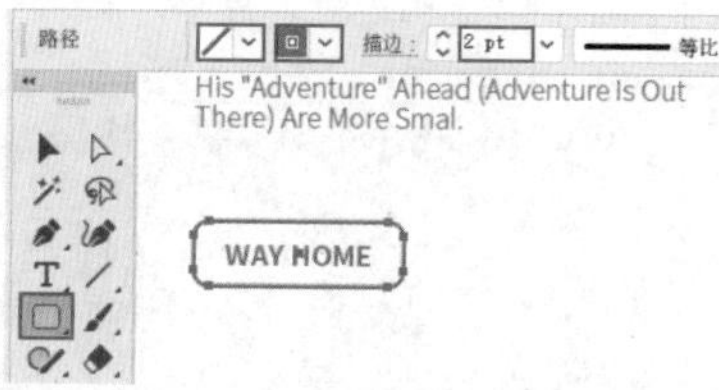

图9-47

③ 执行“文件>置入”命令，将素材“2.png”置入并嵌入到文档内，并放置在宣传栏的右侧，如图9-48所示。

图9-48

5.制作数据分析模块

① 选择工具箱中的“矩形工具”，设置“填充”为紫色系的渐变，“描边”为无，设置完成后在画面的产品宣传栏下方按住鼠标左键拖动，绘制一个矩形，如图9-49所示。

② 选择工具箱中的“椭圆工具”，在控制栏中设置“填充”为无，“描边”为白色，描边“粗细”为1pt，设置完成后在数据分析模块的左侧按住Shift键的同时按住鼠标左键拖动，绘制一个

白色的圆环，如图9-50所示。

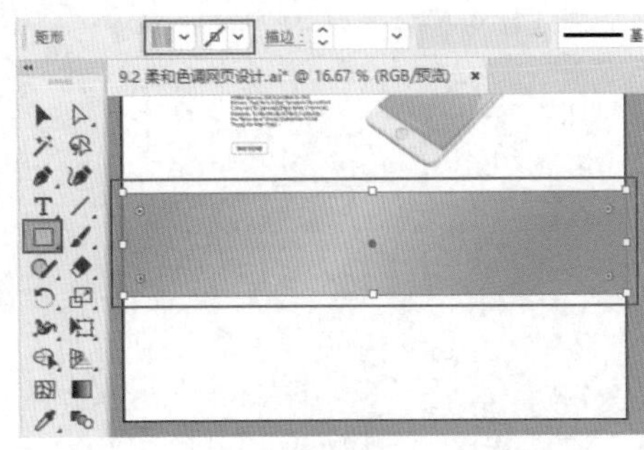
图9-49

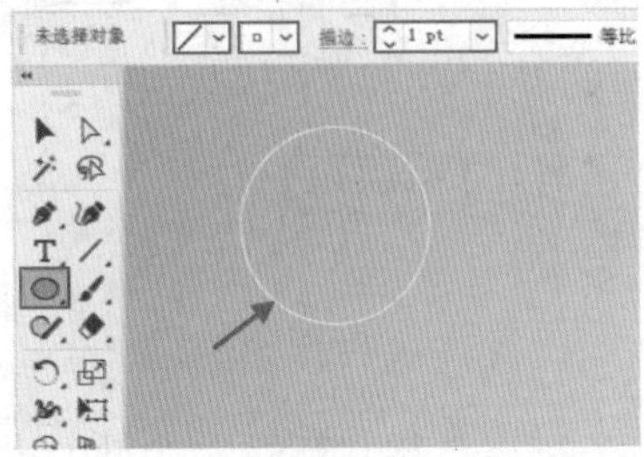
图9-50

3 选择工具箱中的“文字工具”，在白色圆环内和圆环的下方输入文字，如图9-51所示。

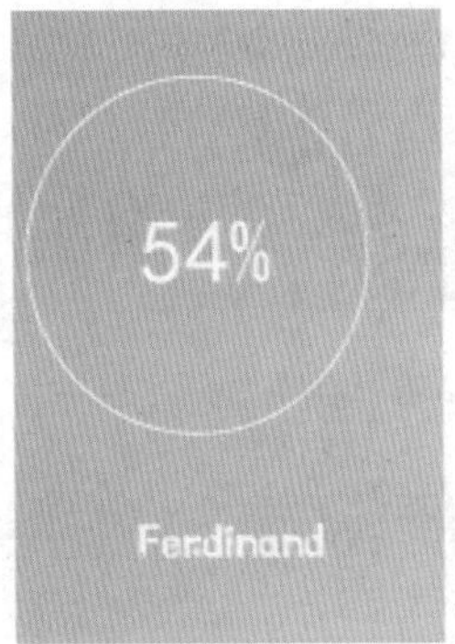

图9-51

4 选中圆形和附近的文字，多次按住Alt+Shift组合键并按住鼠标左键向右拖动，将其移动并复制，然后更改文字的内容，如图9-52所示。

图9-52

5 执行“文件>打开”命令，将素材“3.ai”在Illustrator中打开。框选文档中上面的一排符号，按Ctrl+C组合键将其复制，如图9-53所示。

图9-53

6 返回刚刚操作的文档内，按Ctrl+V组合键将其粘贴在画面当中，调整其大小并放置在合适的位置，如图9-54所示。

图9-54

6. 制作资讯栏

1 返回素材“3.ai”文档中，框选下面的一排符号，按Ctrl+C组合键将其复制，如图9-55所示。

图9-55

2 返回刚刚操作的文档中，按Ctrl+V组合键将其粘贴在画面当中，调整其大小并放置在合适的位置，如图9-56所示。

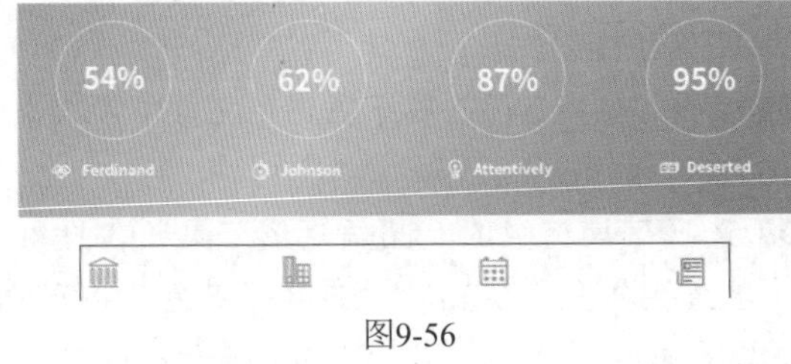

图9-56

3 选择工具箱中的“文字工具”，在符号的下方输入文字，效果如图9-57所示。

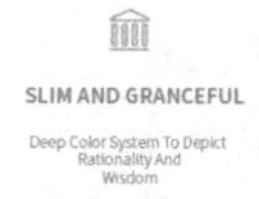

图9-57

7. 制作网页底栏

❶ 选择工具箱中的“矩形工具”，设置“填充”为灰色，“描边”为无，设置完成后在画面的底部按住鼠标左键拖动，绘制一个灰色的矩形，如图9-58所示。

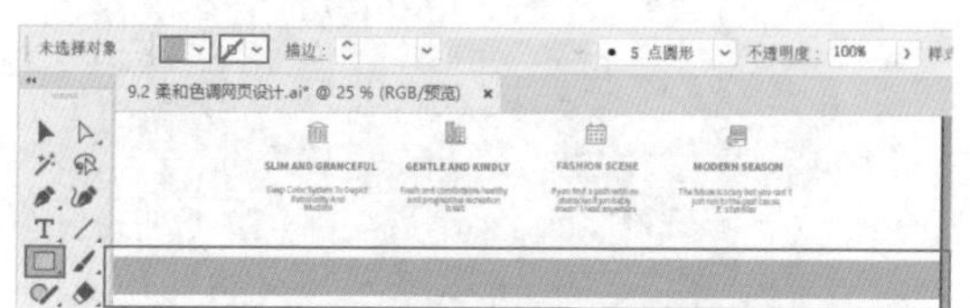

图9-58

❷ 再次使用“文字工具”，在灰色矩形的上方输入文字。案例最终效果如图9-59所示。

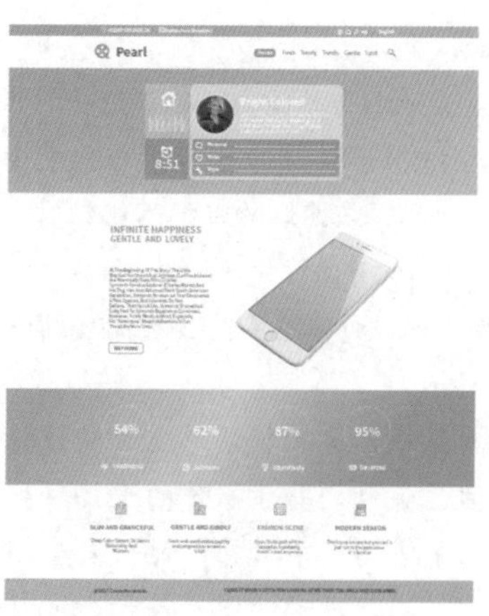

图9-59

9.2.2 实例：数码产品购物网站

设计思路

案例类型：

本案例为数码产品购物网站首页的设计项目，如图9-60所示。

图9-60

项目诉求：

随着生活水平的提高，越来越多的非专业人员也会选择购买数码相机，而非仅仅是专业人员的选择。因此，该网站的目标不仅针对专业摄影师，也需要面向普通消费者。为了满足大众的审美需求，网站的设计风格需要具有高度的包容性。

设计定位：

针对数码产品购物网站首页的设计，可以采用简洁、直观、易于操作的设计风格，以符合广大消费者的需求。在网站首页中，可以采用大尺寸、高清晰度的图片展示数码相机的特点和优势，搭配简洁明了的文字介绍，突出产品的重要特点和功能。

配色方案

该作品采用中明度的色彩基调，以卡其色作为背景色，搭配咖啡色作为辅助色，呈现出稳重、内敛的视觉效果。产品部分则以白色作为背景色，提升整个画面的亮度，使整体色彩柔和而高雅，如图9-61所示。

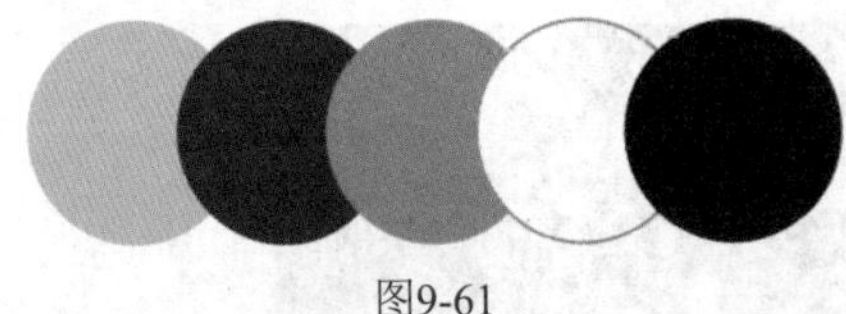

图9-61

版面构图

网站首页采用了简洁明了的构图方式，导航栏、轮播广告和产品展示等模块排布有序。产品展示模块是整个页面的视觉重心，商品数量不多，但分类清晰，一目了然。浏览商品时，用户不仅能够直观地了解产品外观，还能够快速了解产品参数和价格，如图9-62所示。

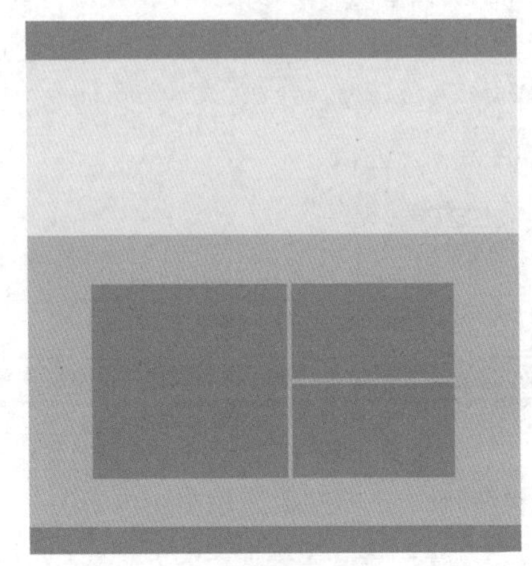

图9-62

本案例制作流程如图9-63所示。

技术要点

- 设置对象的“不透明度”。
- 使用移动复制的方法制作相同的对象。

图9-63

操作步骤

1. 制作网页顶栏

❶ 执行“文件>新建”命令，创建一个“宽度”为1280px、“高度”为1360px的新文档。执行“文件>置入”命令，在弹出的“置入”对话框中选择“1.jpg”素材文件，单击“置入”按钮，如图9-64所示。

❷ 在画面下方合适的位置按住鼠标左键拖动，控制置入对象的大小，释放鼠标完成置入操作。在控制栏中单击“嵌入”按钮，将图片嵌入到文档中，如图9-65所示。

图9-64

图9-65

❸ 选择工具箱中的“矩形工具”，在素材上按住鼠标左键拖动，绘制一个矩形，如图9-66所示。

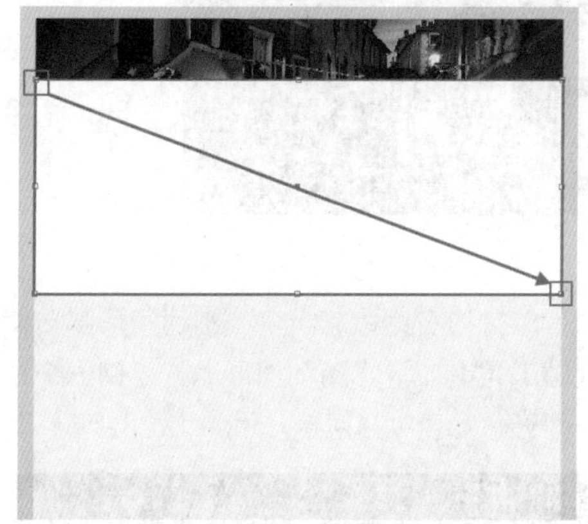
图9-66

❹ 选择工具箱中的“选择工具”，按住Shift键单击加选白色的矩形和素材，然后单击鼠标右键，在弹出的快捷菜单中选择“建立剪切蒙版”命令，如图9-67所示。

❺ 在工具箱中选择“椭圆工具”，双击“填色”按钮，在弹出的“拾色器”对话框中设置颜色为红色，设置完成后单击“确定”按钮，接着单击“描边”按钮，如图9-68所示。

图9-67

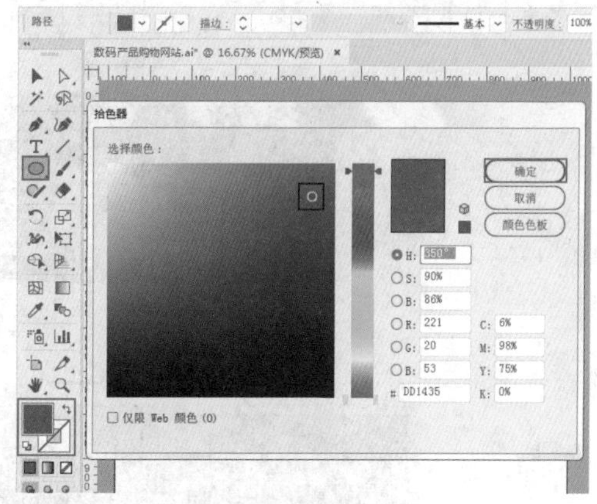
图9-68

❻ 在使用“椭圆工具”的状态下，在素材的下方按住Shift键的同时按住鼠标左键拖动，绘制一个红色的正圆形，如图9-69所示。

图9-69

❼ 选择工具箱中的“选择工具”，选中红色的正圆形，按住Shift+Alt组合键的同时按住鼠标左键向右拖动，将其移动并复制。在控制栏中设置“填充”为白色，“描边”为无，多次进行该操作，将白色的正圆形复制出另外4个，如图9-70所示。

图9-70

2. 制作导航栏

❶ 选择工具箱中的“矩形工具”，在控制栏中设置“填充”为棕色，“描边”为无，设置完成后在画面的左上角按住鼠标左键拖动绘制一个矩形，如图9-71所示。

❷ 在该矩形被选中的状态下，在控制栏中设置“不透明度”为60%，如图9-72所示。

❸ 制作网页的标志以及导航文字。选择工具箱中的“文字工具”，在导航栏的左侧单击插入光标，在控制栏中设置“填充”为白色，“描边”为白色，描边“粗细”为1pt，选择合适的字体、字号，设置“段落”为“左对齐”，设置完成后输入新文字，按Ctrl+Enter组合键提交操作，如图9-73所示。

图9-71

图9-72

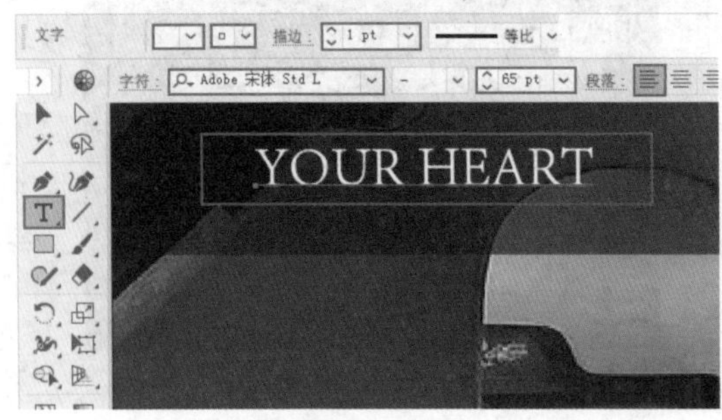

图9-73

❹ 继续使用“文字工具”，在导航栏的右侧输入文字并设置不同的文字属性，效果如图 9-74所示。

❺ 选择工具箱中的“钢笔工具”，在控制栏中设置“填充”为蓝色，“描边”为无，设置完成后在导航栏的右侧绘制一个“水滴”形状。使用“椭圆工具”在“水滴”图形上方绘制一个白色的小圆形，如图9-75所示。

图9-74

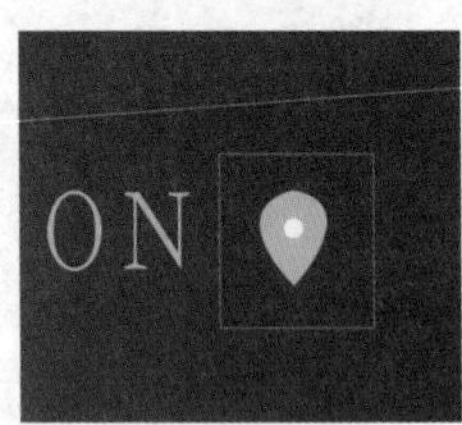

图9-75

6 选择工具箱中的“直线段工具”，在控制栏中设置“填充”为无，“描边”为白色，描边“粗细”为2pt。然后在导航文字之间绘制线条作为分隔线，如图9-76所示。

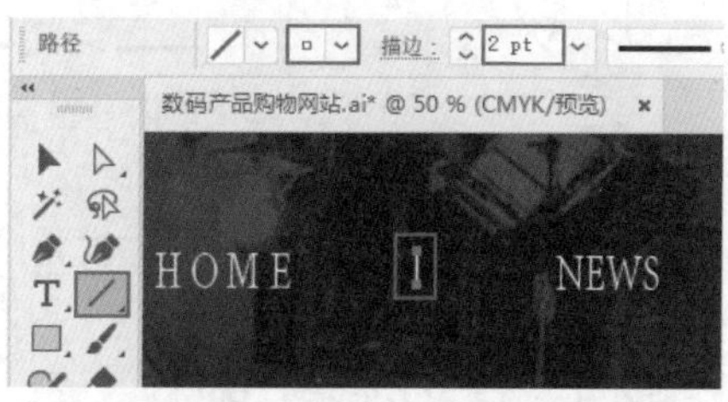

图9-76

7 将分隔线复制两份移动到合适位置，如图9-77所示。

图9-77

3. 制作产品模块

1 选择工具箱中的“矩形工具”，将“填充”设置为卡其色，“描边”设置为无，设置完成后在广告图下方绘制矩形，如图9-78所示。

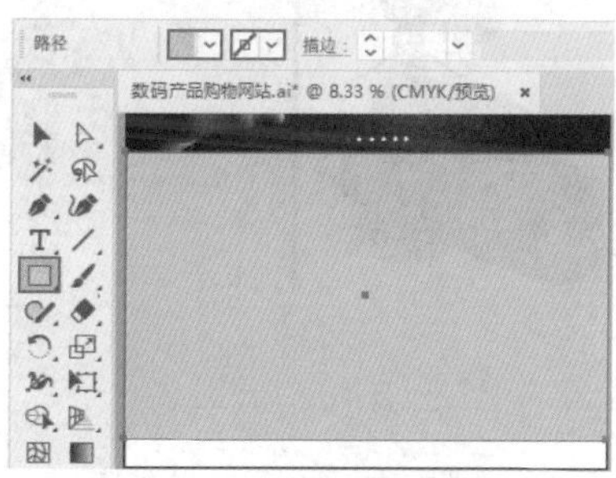

图9-78

2 执行“文件>置入”命令，将素材“2.jpg”置入并嵌入到文档中，如图9-79所示。

图9-79

3 选择工具箱中的“矩形工具”，在素材的下方绘制一个白色的矩形，如图9-80所示。

图9-80

4 继续使用“文字工具”，在白色矩形上添加文字，如图9-81所示。

图9-81

5 继续执行“文件>置入”命令，将素材“3.jpg”和素材“4.jpg”置入并嵌入到文档中，如图9-82所示。

图9-82

6 选择工具箱中的“矩形工具”，分别在两个素材的右侧绘制白色矩形，如图9-83所示。

图9-83

7 选择工具箱中的“直线段工具”，设置“填充”为无，“描边”为红色，描边“粗细”为11pt，设置完成后在两个素材的右侧按住Shift键的同时按住鼠标左键拖动，分别绘制一条红色的线段，如图9-84所示。

图9-84

8 使用“文字工具”在产品的右侧依次添加文字，如图9-85所示。

图9-85

9 选择工具箱中的“直线段工具”，设置“描边”为褐色，描边“粗细”为1pt，设置完成后在文字的间隔位置按住Shift键的同时按住鼠标左键拖动，绘制一条直线段，如图9-86所示。

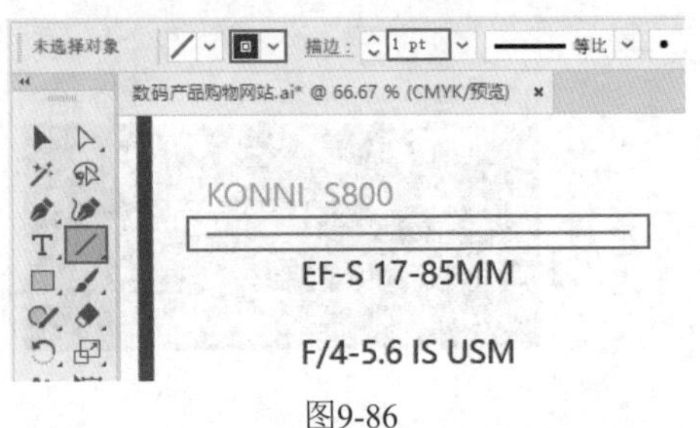

图9-86

10 将直线选中，按住Shift+Alt组合键的同时按住鼠标左键向下拖动进行移动并复制的操作。以同样的方法为其他文字添加分隔线，如图9-87所示。

图9-87

11 选择工具箱中的“矩形工具”，设置“填充”为棕色，“描边”为无，设置完成后在产品图左上角的位置按住Shift键的同时按住鼠标左键拖动，绘制一个正方形，如图9-88所示。

图9-88

⑫ 选择工具箱中的“选择工具”，按住Alt键的同时按住鼠标左键向右拖动，将其移动并复制，如图9-89所示。

图9-89

⑬ 继续使用“文字工具”分别在相机模块的上下输入几组文字，如图9-90所示。

图9-90

4. 制作网页底栏

① 制作网页的底栏。选择工具箱中的“矩形工具”，设置“填充”为棕色，“描边”为无，设置完成后在画面底部绘制一个矩形，如图9-91所示。

图9-91

② 选择工具箱中的“文字工具”，在矩形上方依次添加文字，如图9-92所示。

图9-92

③ 本案例制作完成，最终效果如图9-93所示。

图9-93

第10章

电商美工设计

本章概述

随着电商的飞速发展，越来越多的商家入驻电商平台。在日益激烈的竞争中，电商美工设计也变得尤为重要。电商平台中美工设计需要将图像、文字、图形等元素进行有机结合，将信息更有效地传递给消费者。购物网页设计的好坏会直接关系到店铺的经营状况以及品牌的宣传与推广。本章主要从认识电商美工、网店页面的组成部分等几个方面来学习电商美工设计。

10.1 电商美工设计概述

10.1.1 认识电商美工

电商美工是随着电子商务的兴起而发展的职业，是对网店美化工作者的统称。在日常工作中，电商美工主要包括以下几项工作。

1. 网店店铺装修

网店店铺装修与实体店的装修意思是相同的，都是让店铺变得更美、更具吸引力。在网店装修过程中，设计人员需要尽可能地通过图片、文字、色彩的合理运用，让店铺更加美观。

2. 制作主题海报

在不同季节、不同节日平台都会推出一些促销活动，为了吸引消费者，店铺都会制作一些相应的促销海报。

3. 对商品进行美化

在给商品拍照后，需要通过制图软件进行修饰与美化后再上传到店铺中，美化后的照片更能够吸引消费者。

4. 内容编辑

上传商品照片后，还需要对商品进行一些说明信息的展示，这类信息通常以图文结合的方式呈现在产品的详情页中，详情页内容是否合理关系到消费者是否会购买该商品。

10.1.2 电商网页的主要组成部分

电商网站通常都由网站首页、产品详情页两大类型的页面构成，而网站首页通常包括店招、导航栏、店铺标志、产品广告以及部分产品模块。而产品详情页通常包括产品主图以及产品说明等信息。

1. 网站首页

网站首页就像商店的门面一样，代表着店铺的形象。通常分为促销区、商品展示区以及店铺信息区3个主要板块，如图10-1所示。

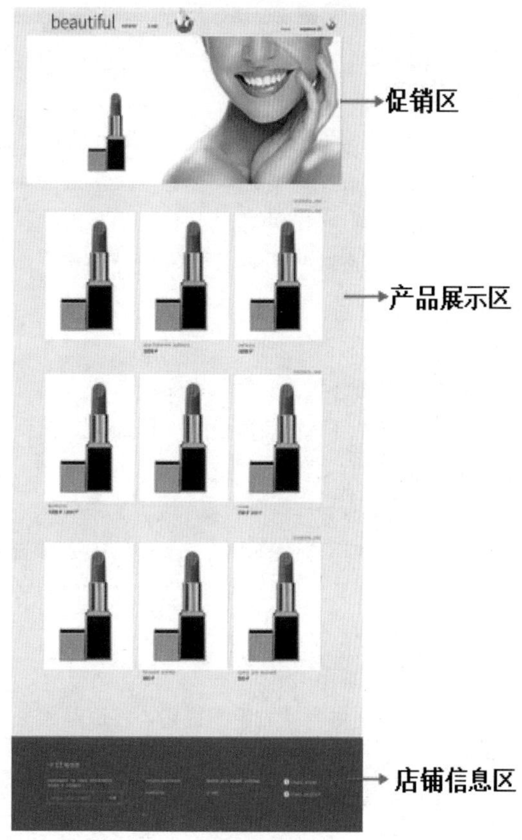

图10-1

店招就是店铺招牌的意思，线下商店会在门口悬挂牌匾告诉客人店铺的名字和经营内容，网店店招也具有相同的作用。网店店招位于整个网页的最顶部，其中包括店铺名称、店铺标志、店铺经营标语、收藏按钮、关注按钮、促销商品、优惠券、活动信息/时间/倒计时、搜索框、店铺公告等一系列信息。除了店铺名称外，其他信息可以根据店家的实际情况进行安排，如图10-2所示。

图10-2

用户可以通过导航栏的指引快速跳转到另一个页面，在导航栏中通常包括店铺经营项目的分类、首页按钮和所有宝贝按钮。将经营项目进行分类到导航栏中可以让访客快速找到自己需要的商品，首页按钮可以让访客跳转到店铺首页，而所有宝贝按钮可以展示店铺中所有商品，如图10-3所示。

本店所有商品 首页 新品上新 卫衣 毛衣/针织衫 连衣裙 衬衫
长袖连衣裙
短袖连衣裙
背心连衣裙

图10-3

2. 商品详情页

商品详情页的目的是为了更详尽地将商品介绍给消费者，消费者通过浏览详情页后最后决定是否进行购买。详情页中通常包括商品海报、商品参数、商品细节、商品优势和配件物流几项内容。

（1）商品海报

商品海报是消费者对商品的第一印象，需要将商品的特点尽可能地表现出来，从而激发消费者的购买欲望。

（2）商品参数

在详情页中需要让消费者更加全面地了解商品信息，例如商品的尺寸、颜色、材质、使用方法、内部构造等信息。

（3）商品细节

商品细节是对商品的详细描述，将商品参数中的重点方面扩大化地进行讲解。

（4）商品优势

在同一电商平台中，存在着非常多的同质化商品。消费者通常会货比三家，这时就需要将商品优势展现出来，尽可能地展现出竞争者没有的特征，从而激发购买欲。

（5）配件物流

配件物流通常会放在详情页的末端，会介绍商品打包方法、物流信息等事项。

3. 宝贝主图

宝贝主图就是商品的商品图，通过发布主图，可以吸引买家的注意力并且查看。宝贝主图具有两方面的意义，一方面在详情页中作为商品的第一张图展现给消费者，另一方面在搜索页面中直接展示出来。尤其是在搜索页面中，出现的都是同类商品，能够从众多同类产品中脱颖而出的宝贝主图就显得至关重要了。可以说选择一张优秀的宝贝主图是提高点击、转化、收藏的关键，如图10-4所示。

图10-4

图10-4（续）

10.1.3 电商网页的常见风格

随着电商行业的发展，电商网页也逐渐演化出不同的风格，选择符合店铺的设计风格不仅可以宣传品牌形象，同时可以帮助商品的销售。

1. 国潮风格

“国潮”是将中国传统美学与现代设计思维巧妙地融合，既能体现文化特色，又符合当下潮流。国潮风格中常见的元素有水墨元素、传统图案、传统建筑、传统服饰、吉祥色彩等。

2. 3D风格

简单来说，3D风格就是由三维元素构成，具有颜色艳丽、效果灵活、空间感强的特征。由于画面中的元素皆可通过建模与渲染得到，所以应用广泛、不设限。无论是小清新感、卡通感或是炫酷感的效果，都可实现。常用于电商美工领域的3D制图软件有Cinema 4D、3ds Max等，如图10-5所示。

3. 动态风格

相对于静止画面，动态的画面显然更具有吸引力。动态元素既可以运用在网店的宣传广告中，也可以运用在产品信息的展示中，如图10-6所示。

图10-5

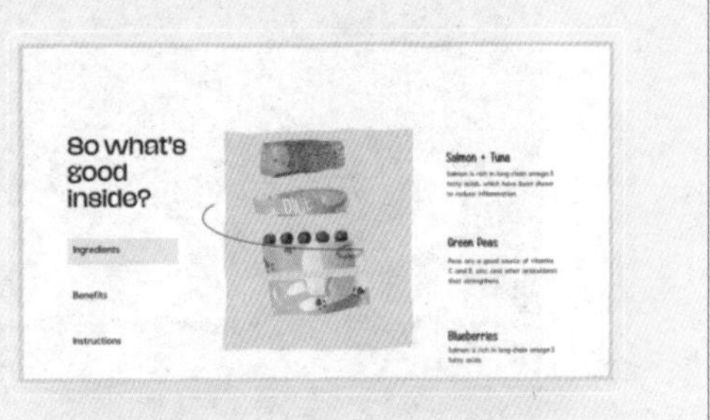

图10-6

4. 插画风格

插画风格也是电商美工领域中常见的风格之一。插画可运用的领域和受众十分广泛，可根据产品类型或营销需求选择适合的画风及元素，生动的插画配上产品信息或促销信息，表现力十足，如图10-7所示。

图10-7

5. 霓虹风格

霓虹灯五光十色、璀璨华丽，将霓虹元素应用在电商网页中，既可以营造出神秘精致、年轻酷炫的氛围，还可以轻松打造出科技感和未来感，如图10-8所示。

图10-8

6. 简约风格

在信息多元化的今天，越来越多的电商网站选择简约风格。简约风格具有简洁明快、直观大方的特点，在信息大爆炸的今天，能够让访客在最短时间内了解信息，也不失为一种明智的选择，如图10-9所示。

图10-9

10.2 电商美工设计实战

10.2.1 实例：圣诞节促销网页广告

设计思路

案例类型：

本案例为一款圣诞节网页广告设计项目，如图10-10所示。

图10-10

项目诉求：

该网页广告主要用于电商平台在圣诞节期间的促销宣传活动中。要求广告的设计元素应该体现出圣诞的氛围和特点，页面排版需要简洁明了，便于用户快速浏览和理解，同时也要突出产品展示区域。

设计定位：

该设计旨在打造一个以圣诞节为主题的促销广告，其设计要点包括传递节日氛围、突出产品特色、传达促销信息等。该作品主要在配色上体现节日氛围，并添加礼物、彩带等节庆元素，加强圣诞节氛围的营造。在页面排版上，结合节日元素和产品特色，注重整体布局，以突出产品特点，并吸引消费者的注意力，提高购买率。

配色方案

该广告采用了经典的圣诞配色——红色和绿色。主色调为红色，既符合节日氛围，又能够吸引访客的注意。点缀色为绿色，两种颜色是互补色，相互搭配形成鲜明对比。同时，白色作为辅助色，可以缓和互补色的强烈刺激感，如图10-11所示。

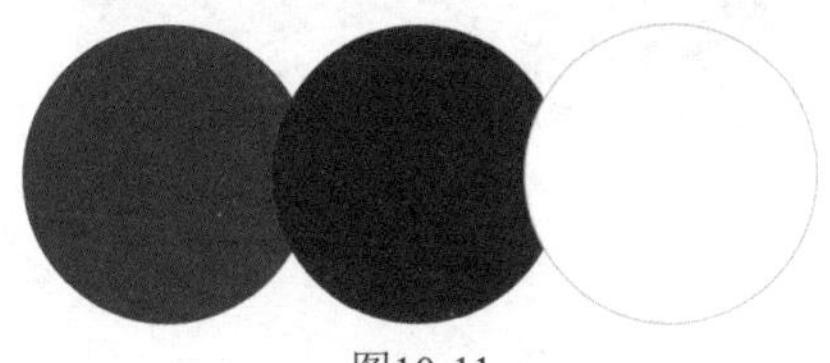

图10-11

版面构图

该网页广告为横排构图，由于篇幅较宽，所以将版面分为左右两个部分。左侧为文字，右侧为产品展示。广告主体文字字号较大，使用白色粗体字体，非常醒目。说明文字字号较小，围绕标题文字布局，呈现出强烈的对比效果。右侧的产品部分，采用统一的尺寸，并使用白色背景，整体视觉效果协调一致，如图10-12所示。

图10-12

本案例制作流程如图10-13所示。

图10-13

技术要点

- 使用“剪切蒙版”制作圆形的产品展示模块。
- 使用移动复制与再制功能快速制作相同的模块。

操作步骤

1.制作广告左侧文字信息

1 新建一个“宽度”为950px、“高度”为530px的新文档。选择工具箱中的“矩形工具”，双击“填色”按钮，在弹出的“拾色器”对话框中设置颜色为红色，接着设置“描边”为无，如图10-14所示。

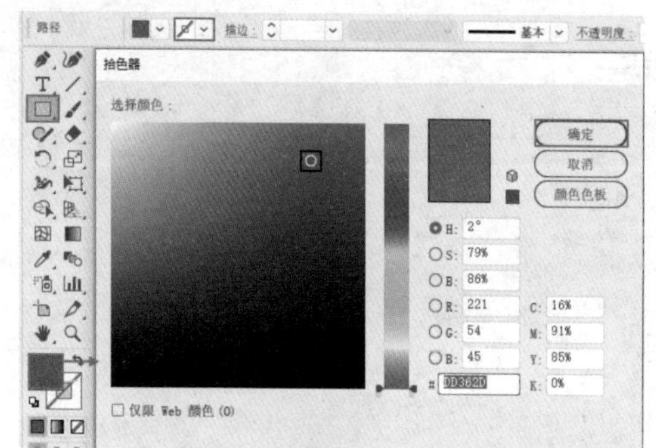

图10-14

2 选择工具箱中的“矩形工具”，绘制一个与画板等大的矩形，如图10-15所示。

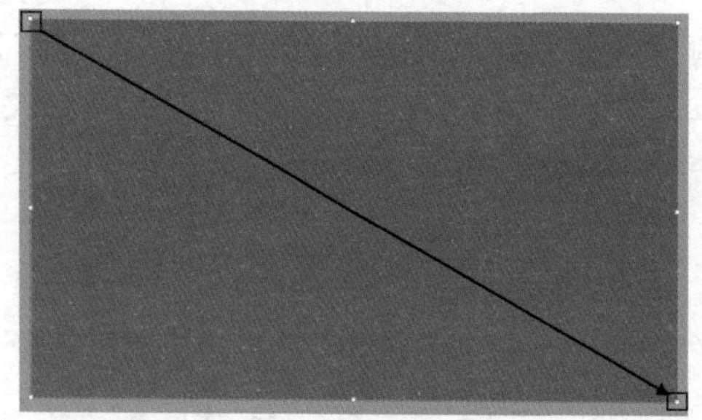

图10-15

3 选择工具箱中的“钢笔工具”，在工具箱的底部设置“填色”为深红色，“描边”为无，设置完成后在画面的左上角绘制一个三角形，效果如图10-16所示。

4 使用同样的方法，再次绘制一个蓝色的图形，如图10-17所示。

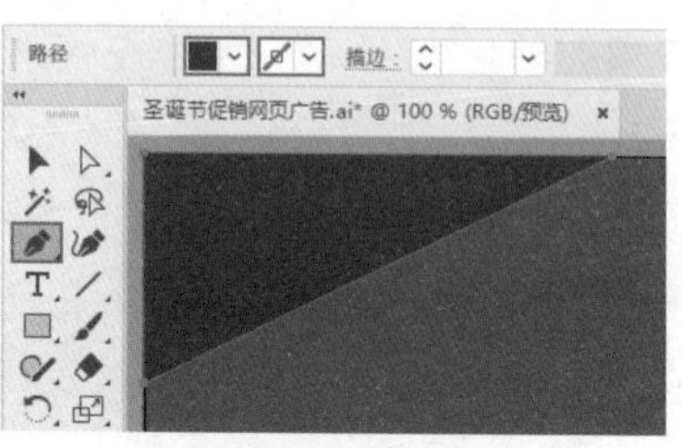

图10-16

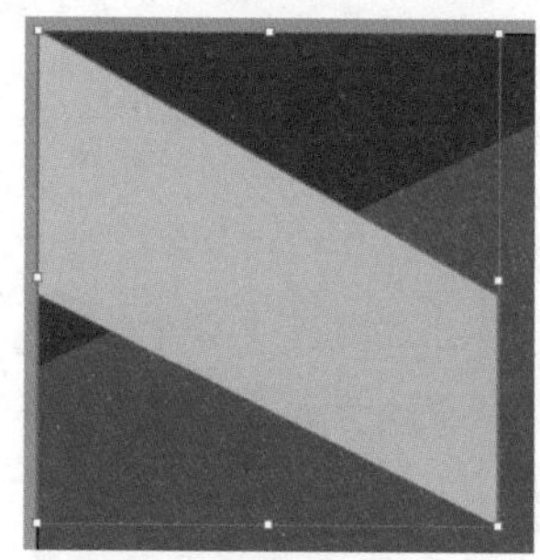

图10-17

5 在蓝色图形被选中的状态下，单击鼠标右键，在弹出的快捷菜单中选择“排列>后移一层”命令，将其移动到深红色图形的后方，效果如图10-18所示。

图10-18

6 使用同样的方法，绘制其他图形并放置在合适的位置，效果如图10-19所示。

图10-19

⑦ 选择工具箱中的“文字工具”，在图形的右侧单击鼠标左键插入光标，设置“填色”为深绿色，“描边”为无，在控制栏中设置合适的字体、字号，设置完成后在画面中输入新文字，按Ctrl+Enter组合键确认操作，如图10-20所示。

图10-20

⑧ 使用同样的方法继续在画面中输入文字，效果如图10-21所示。

图10-21

⑨ 选择工具箱中的“直线段工具”，在控制栏中设置“描边”为白色，设置合适的描边粗细，设置完成后在文字的中间按住Shift键的同时按住鼠标左键拖动，绘制一条线段，效果如图10-22所示。

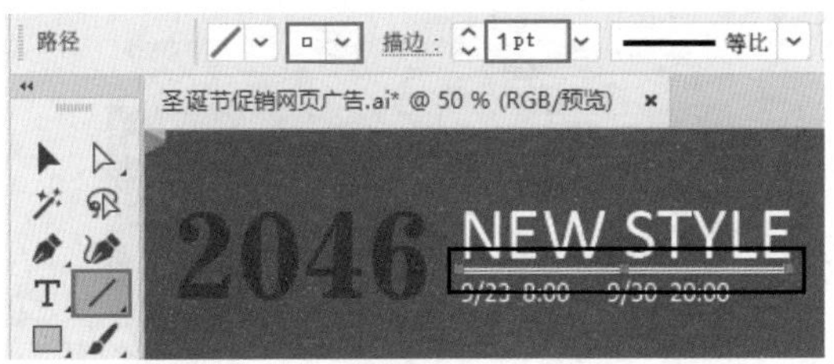

图10-22

⑩ 再次使用“文字工具”，在画面左侧适当的位置输入文字，效果如图10-23所示。

⑪ 将素材“1.ai”在Illustrator中打开，然后选择礼物素材，按Ctrl+C组合键将其复制，接着返回刚刚操作的文档内，按Ctrl+V组合键将其粘贴在画面当中，效果如图10-24所示。

图10-23

图10-24

2. 制作广告右侧的产品展示

① 执行“文件>置入”命令，在弹出的“置入”对话框中选择“2.jpg”素材文件，取消选中“链接”复选框，接着单击“置入”按钮，如图10-25所示。

图10-25

② 在画面下方合适的位置按住鼠标左键拖动，控制置入对象的大小，释放鼠标完成置入操作，如图10-26所示。

图10-26

❸ 选择工具箱中的“椭圆工具”，在素材上按住Shift键的同时按住鼠标左键拖动，绘制一个正圆形，如图10-27所示。

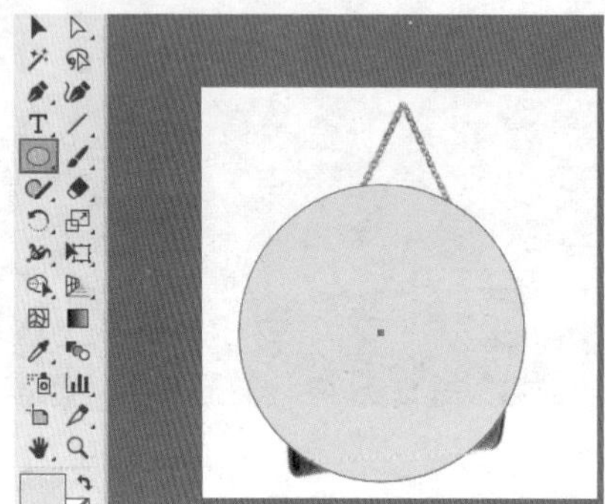

图10-27

❹ 选择工具箱中的“选择工具”，按住Shift键单击加选素材和正圆形，然后单击鼠标右键，在弹出的快捷菜单中选择“建立剪切蒙版”命令，创建剪切蒙版，如图10-28所示。

图10-28

❺ 选择工具箱中的“文字工具”，在图片的下方依次添加文字，如图10-29所示。

图10-29

❻ 选中产品及文字，使用移动复制的方式复制出横向第二个，接着使用再制的方式得到横向第三个。选中横向的3个产品模块，向下方移动复制出另外两行，如图10-30所示。

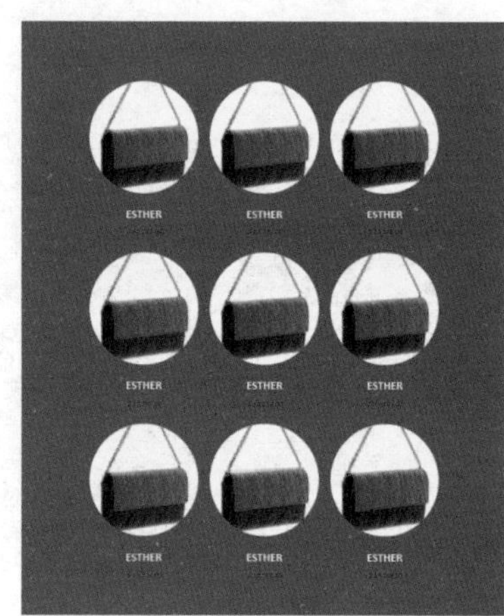

图10-30

❼ 更换图像内容，选择第二个圆形图像，单击控制栏中的“编辑内容”按钮⊙。接着单击右侧的“1.jpg”，在弹出的下拉菜单中选择“重新链接”命令，如图10-31所示。

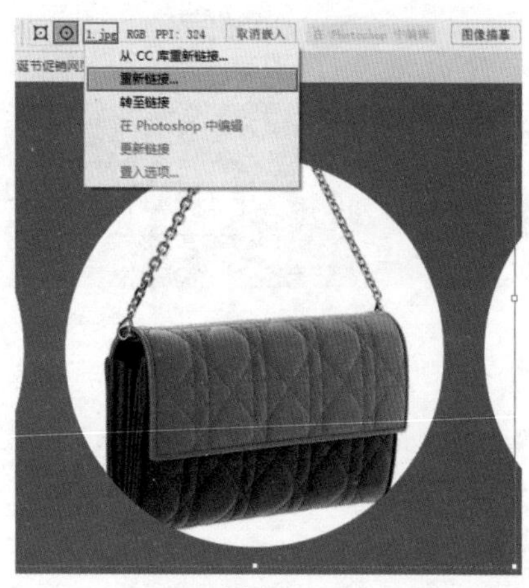

图10-31

8在弹出的对话框中选择“3.jpg”素材文件，如图10-32所示。

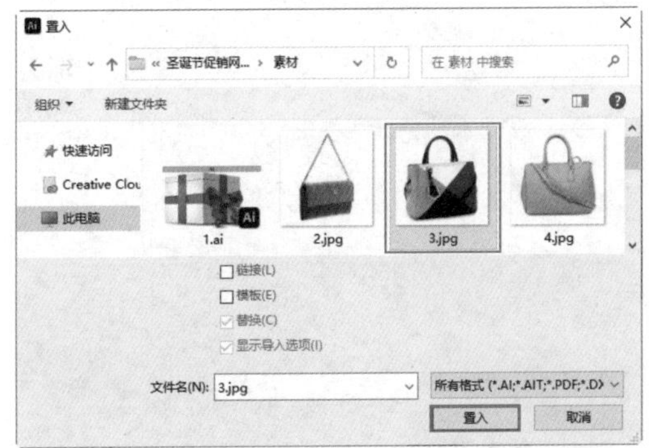

图10-32

9更换了图像后，需要对新的图像适当调整大小及位置，如图10-33所示。

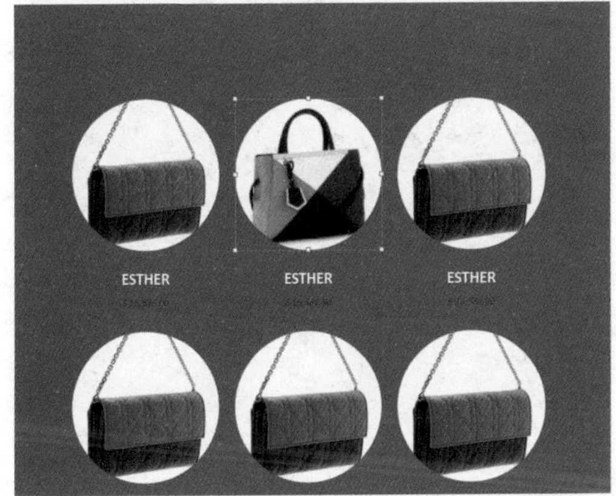

图10-33

10 使用同样的方法继续更换其他模块的图像，并更改产品的文字信息，如图10-34所示。

11 本案例制作完成，效果如图10-35所示。

图10-34

图10-35

10.2.2 实例：促销活动通栏广告

设计思路

案例类型：

本案例为电商平台使用的食品促销活动通栏广告设计项目，如图10-36所示。

图10-36

项目诉求：

每逢节日电商平台都会举行促销活动，要求通过广告宣传吸引消费者关注，增加用户点击率，进而进入到售卖专区。

设计定位：

本案例作为食品专区的广告，最常用的方式就是通过美味食品的展示，吸引消费者的注意力。本案例在画面中将大量图像元素与图形相结合，充分地展示了品类的丰富性。运用高饱和度的颜色，营造出美味感的色彩氛围，使人垂涎。

配色方案

该广告以橘黄色为主色调，大面积的橘黄色给人温暖、美味、活泼的视觉印象，非常符合作品的主题。以红色作为辅助色能够增加画面热闹的氛围，进一步烘托主题。以绿色点缀其中，可以平衡过多橙色带来的烦躁之感。以白色展示文字能够较好地突出画面中的文字，也可以减少画面因为颜色丰富产生的凌乱之感，如图10-37所示。

图10-37

版面构图

网页通栏广告通常为宽幅，宽度大、高度小。在这样比例的画面中，可选择的布局方式并不多。

本案例将大量商品元素组合在三角形的范围内，摆放在画面中心位置，形成稳定的画面布局。广告的文字内容较少，只有简短的标题文字，摆放在三角形两侧即可，简明、直接，如图10-38所示。

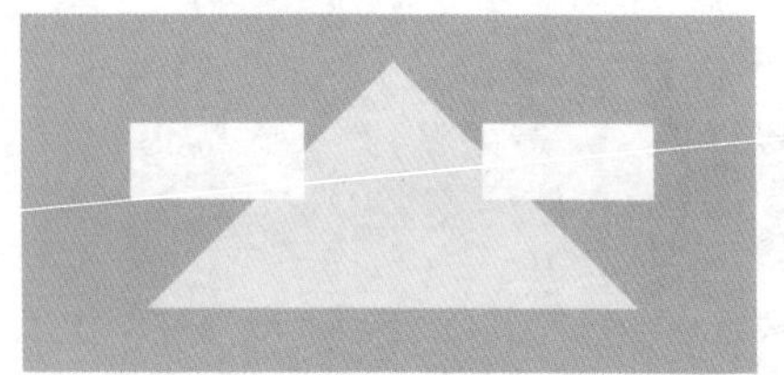

图10-38

本案例制作流程如图10-39所示。

图10-39

技术要点

- 使用“钢笔工具”和“形状工具”制作图形。
- 使用“高斯模糊”和“投影”等制作图形效果。

操作步骤

1.制作广告的背景

❶ 执行“文件>新建”命令，新建一个“宽度”为950px、“高度”为450px的文档。选择工具箱中的“矩形工具”，按住鼠标左键绘制一个与画板等大的矩形，如图10-40所示。

❷ 选择工具箱中的“渐变工具”，在“渐变”面板中设置“类型”为径向渐变，然后编辑一个橘黄色的渐变颜色，如图10-41所示。

图10-40

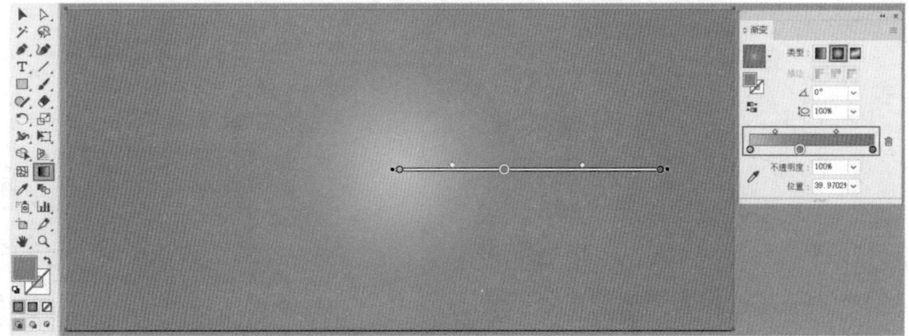

图10-41

❸ 选择工具箱中的“钢笔工具”，绘制一个图形，绘制完成后在控制栏中设置“填充”为黄色，“描边”为无，“不透明度”为50%，如图10-42所示。

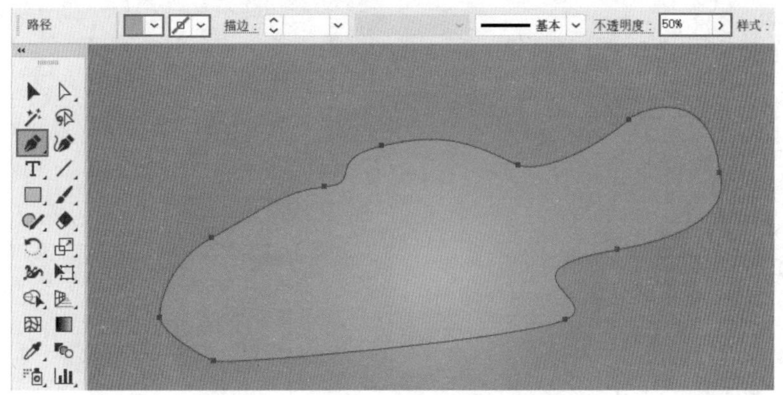

图10-42

❹ 选择刚才绘制的图形，执行“效果>模糊>高斯模糊”命令，在弹出的对话框中设置“半径”为3像素，单击“确定”按钮，如图10-43所示。

❺ 设置完成后，图形效果如图10-44所示。

❻ 使用同样的方法绘制其他的图形，调整图形的不透明度，并为图形添加高斯模糊效果，如图10-45所示。

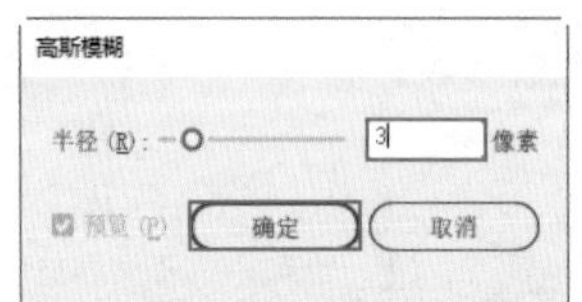

图10-43

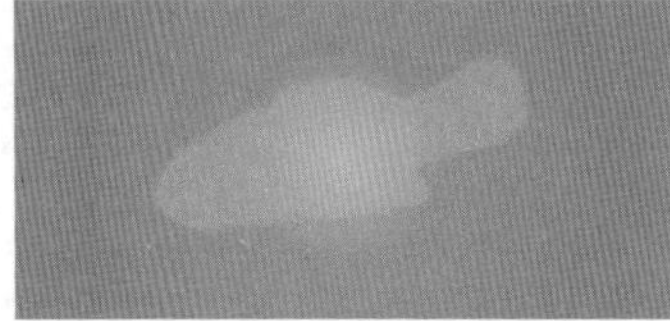

图10-44

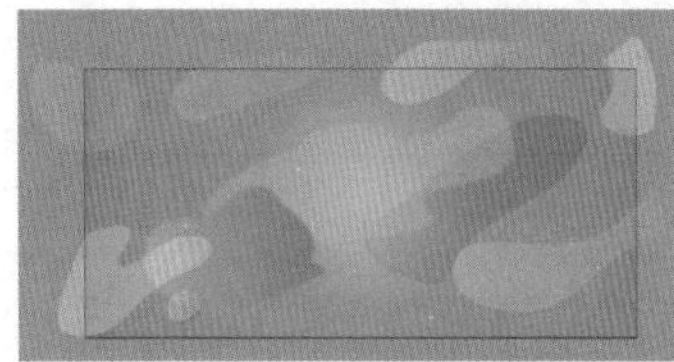

图10-45

7 选择左下方的图形，执行“效果>风格化>投影”命令，在弹出的对话框中设置“模式”为“正片叠底”，“不透明度”为30%，“X位移”为3px，“Y位移”为3px，“模糊”为2px，“颜色”为深红色，设置完成后单击“确定”按钮，如图10-46所示。

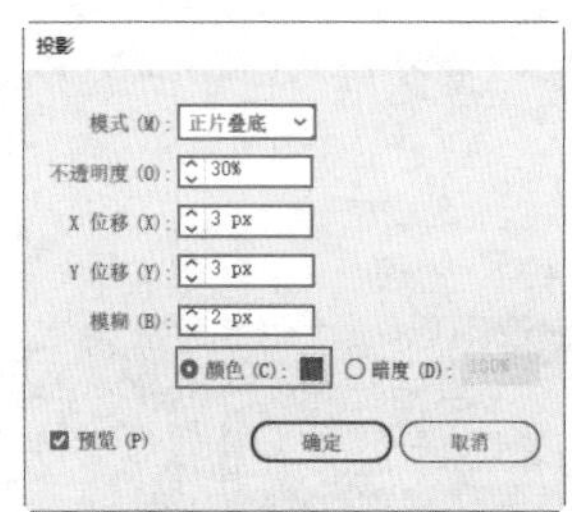

图10-46

8 此时图形效果如图10-47所示。

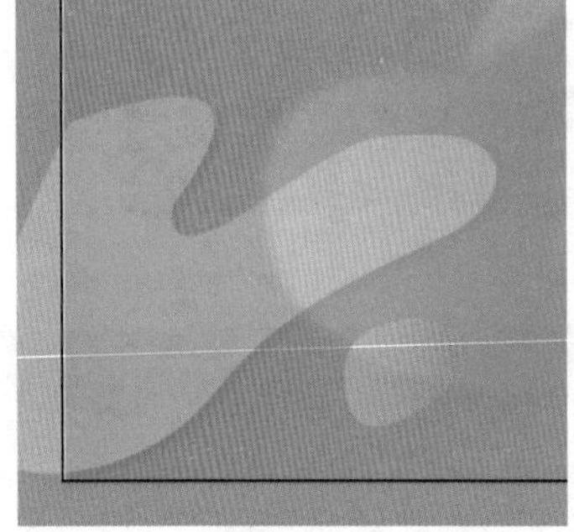

图10-47

9 使用同样的方法，选择其中几个图形，添加投影效果，如图10-48所示。

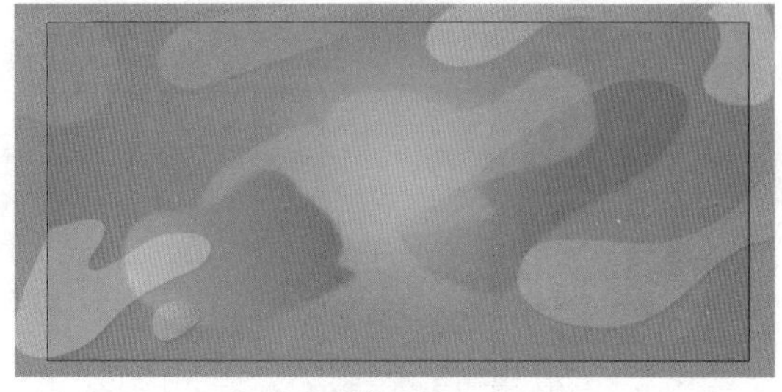

图10-48

2. 制作广告的主体内容

1 再次使用“钢笔工具”，在画面的左上方绘制一个图形，绘制完成后在控制栏中设置“填充”为一个橘红色的渐变，“描边”为橘色，描边“粗细”为3pt，如图10-49所示。

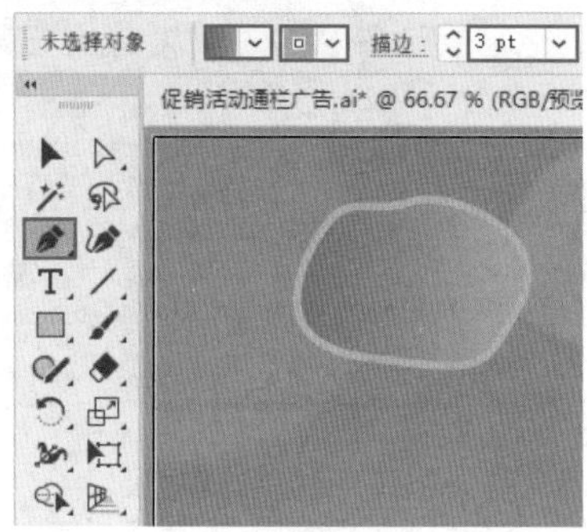

图10-49

2 选择刚才绘制的图形，执行“效果>风格化>投影”命令，在弹出的对话框中设置“模式”为“正片叠底”，“不透明度”为30%，“X位移”为3px，“Y位移”为3px，“模糊”为2px，“颜色”为棕色，单击“确定”按钮，如图10-50所示。

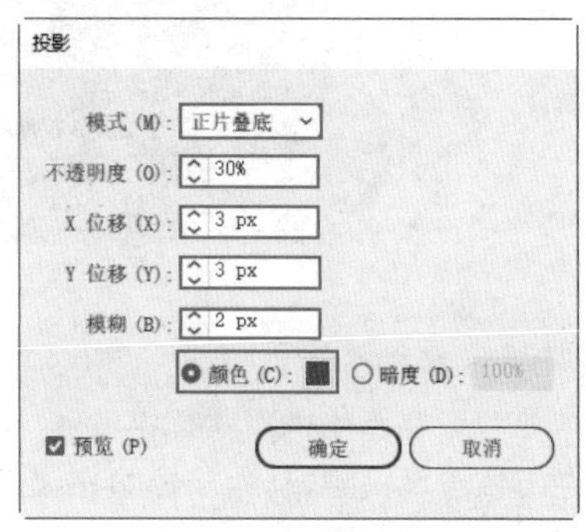

图10-50

❸ 设置完成后，图形效果如图10-51所示。

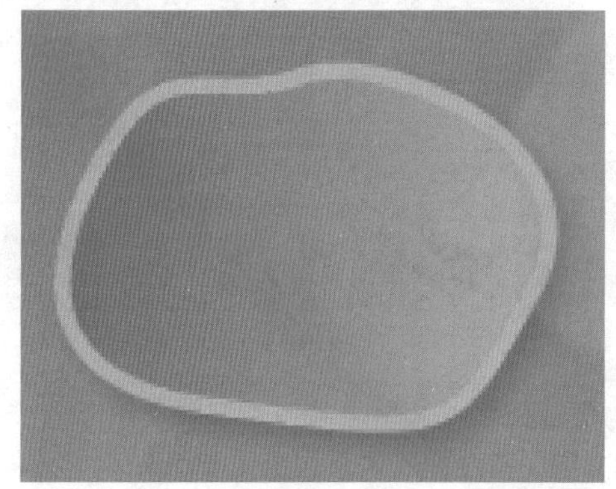

图10-51

❹ 选择工具箱中的“文字工具”，在画面中单击鼠标左键插入光标，输入文字。在控制栏中设置合适的字体、字号及颜色，如图10-52所示。

图10-52

❺ 执行“文件>置入”命令，在弹出的“置入”对话框中选择“1.png”素材文件，单击“置入”按钮，如图10-53所示。

图10-53

❻ 按住鼠标左键拖动将素材置入到文档中，调整合适大小后单击“嵌入”按钮，如图10-54所示。

❼ 使用“文字工具”在素材左上部分单击鼠标左键插入光标，输入相应文字。在控制栏中设置相应的字体、字号及颜色，如图10-55所示。

图10-54

图10-55

❽ 选择刚才输入的文字，执行“效果>风格化>投影”命令，在弹出的对话框中设置“模式”为“正片叠底”，“不透明度”为30%，“X位移”为3px，“Y位移”为3px，“模糊”为2px，“颜色”为棕色，设置完成后单击“确定”按钮，如图10-56所示。

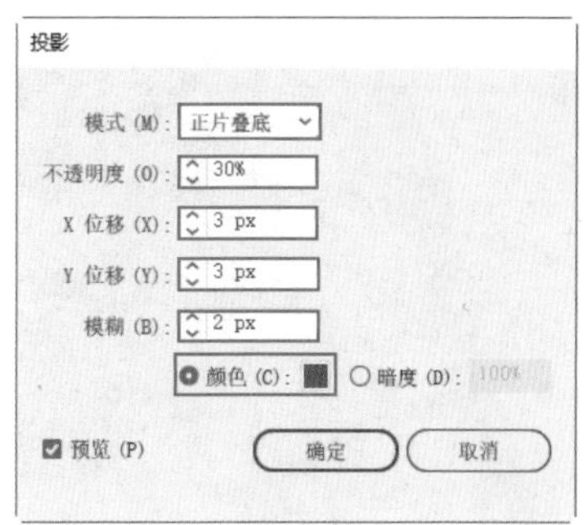

图10-56

❾ 此时文字效果如图10-57所示。

❿ 将左侧文字移动复制到右侧，并更改文字内容，如图10-58所示。

⑪ 选择工具箱中的“圆角矩形工具”，在左侧文字的下方按住鼠标左键拖动绘制一个圆角矩形，绘制完成后在控制栏中设置“填充”为黄色，“描边”为橙色，描边“粗细”为3pt，如图10-59所示。

图10-57

图10-58

图10-59

⑫ 继续使用“文字工具”，在圆角矩形上方添加文字。案例完成效果如图10-60所示。

图10-60